データサイエンスの基礎
Rによる統計学独習

An Introduction to Statistics with R : A Self-Learning Text

地道正行 著
Masayuki JIMICHI

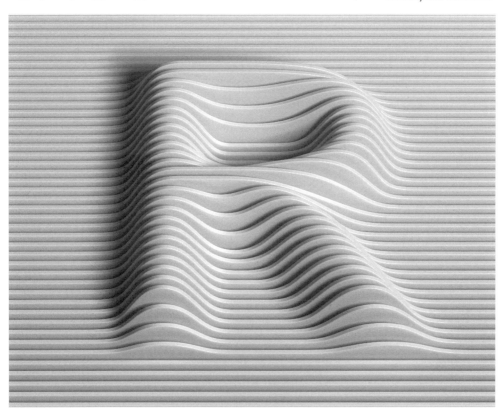

裳華房

An Introduction to Statistics with R :
A Self-Learning Text
by
Masayuki Jimichi, Ph.D.

SHOKABO
TOKYO

JCOPY 〈(社)出版者著作権管理機構 委託出版物〉

はじめに

　1989 年に筆者が本格的に利用したデータ解析環境は，Unix 上で稼働していた S システムである．1990 年前後は，専用回線によってインターネットに接続されたワークステーションが大学などの教育・研究機関に導入され始めた時期であり，そのような環境は当時としては非常に高性能で魅力的なものであったが，個人で占有して利用することは価格等の面で夢であったことを記憶している．しかしながら，四半世紀あまりを経た現在，インターネット・ハードウェア・ソフトウェアを利用する上での「価格」，「利便性」，「性能」，そして「情報量」などの点で，当初の想像を遙かに超えた発展があったことには驚きを禁じ得ない．特にソフトウェアに関しては，本書で扱っているデータ解析環境 R[1]が，これらの観点を満たすものの象徴といえよう．本書は，このような劇的な改善があった情報通信環境のもとで R を利用し，その設計のベースとなっている「探索的データ解析」における要約と可視化の重要性を再認識しながら，「統計学の基礎」を学ぶことを目的としている．

　本書は，「目的別」に R に関する事項を学ぶために，R 自体を学ぶ部分 (第 I 部) と統計学の基礎を学ぶ部分 (第 II 部)，そして，実際に R を使ってデータ解析と統計的推測を行う部分 (第 III 部) に分ける構成とした．

　まず，第 I 部では，初学者が最初に疑問をもつであろう「R とは何か」ということに対する解説からはじめて，R を利用する上で重要となる情報のソースや入手法などを述べた．また，利用をはじめるときの設定や利用する際に重要となる各種の用語 (オブジェクト，演算，関数) と，それらの役割や利用法について述べた．さらに，実際にデータ解析を行う際に必須となる R へのデータの読み込み方や，データを可視化するために必須となる R におけるグラフィック環境について，最近の話題と共に述べた．また，R を利用するに従って自然に必要となる，新たな関数の定義の方法についても与えた．

　次に，第 II 部では，まず確率変数と確率分布を多変量の場合も含めて述べた後，母集団分布と標本分布について解説した．通常の統計学の教科書では，データを要約したり可視化したりする「データ処理」について，確率分布などの事項よりも前に述べていることが多いが，本書では，特に「分布」の概念を先に述べることによって，実際のデータの要約と可視化を行う目的が，分布の情報をデータから得ることであることを理解していただけるようにした．また，確率に関する事項は，確率変数や確率分布の基礎となっているために，通常の統計学の教科書でははじめの章で取り上げられることが多いが，本書では統計学を R で学ぶということを主目的としたため，その重要性も理解した上で，付録 A として与えた．

　最後に，第 III 部では，実際のデータを要約し，可視化する方法を実践的に述べた後，統計的推測の 3 本柱である「推定」・「検定」・「回帰」について，R を利用して実際のデータを利用しながら体系的に学べるような構成とした．検定については，特に 2 標本問題についても章を別立てにしており，回帰の章では，説明変数が単一の場合の「単回帰分析」と 2 個の場合の「重

[1) 日本では，1990 年代の半ばから R の存在がネットニュースなどで聞かれるようになり，1999 年に筆者が講義・演習の教育現場で実際に利用を開始した当時でも，学部レベルの統計学の講義を行うための機能 (関数) が実装されていたことを思い出す．このことは，フリーの本格的なデータ解析環境の到来を予感させるものであった．

回帰分析」を扱った．通常の統計学の教科書では，単回帰の次に一般の個数の説明変数をもつ場合の重回帰が扱われるが，本書では，ステップ・バイ・ステップで回帰分析を学べるように配慮した．また，データの要約・可視化の結果を回帰を行うときの知見を得るための情報として利用しており，このことは，「探索的データ解析」の立場そのものであることに注意しよう．

なお，付録 B では R の tips[2]として，R の実行環境を調べる方法やスクリプトの管理，R のグラフィック機能について述べた．また，コマンド・ライン・エディタの利用法，Windows 環境下での目的別ショートカットの作成法，パッケージのインストール法や R の統合開発環境である RStudio に関する話題にもふれた．そして，付録 C では，正規分布と標本分布に関する上側確率や上側パーセント点に関する値を R を用いて求める方法についてまとめた．さらに，付録 D では，本書で利用したデータの解説を，付録 E では，本書で独自に用意した関数のソースコードを与えた[3]．

なお，本書で引用したインターネット上のリンク情報などは，原稿執筆時点でのものであること，また，本書では R version 3.4.3 (2017-11-30) を利用していることに注意していただきたい．

これまでの R の発展は，多くの開発者たちによってなされたたゆまぬ努力の成果であることは疑いのないことであるが，R のオリジナル開発者である Ross Ihaka 氏と Robert Gentleman 氏に感謝の意を表したい．特に，Ross Ihaka 氏には 2003 年から 2004 年の 1 年間，彼が在籍するオークランド大学統計学科に滞在する機会を与えていただき，数多くの貴重なコメントをいただいたことに感謝したい．

また，本書は，これまで大阪大学，関西学院大学，大阪府立大学，神戸大学における講義で利用した資料に大幅に加筆・修正を加えて作成したものである．その間，多くの学生から質問・意見などをいただいたことに感謝したい．特に，神戸大学発達科学部の鷲見菜月氏と関西学院大学商学部の荒川聖悟氏，柳 麻衣氏には本稿のドラフトを読んでいただき，数多くの有益なコメントをいただいた．また，神戸大学の阪本雄二氏からは本書の構成や内容に関する貴重なご指摘をいただいた．ここに記して感謝の意を表したい．

末筆となったが，本書のドラフトに関する製本などの雑務を毎回快く引き受けていただいた関西学院大学商学部研究資料室の高瀬 忍氏と，本書を世に出すことに粘り強い対応と多大なる励ましをいただいた裳華房の小野達也氏に心から御礼を申し上げる．

2018 年　初秋

地道　正行

---

[2] 情報環境利用上の便利な技法などのこと．

[3] 本書で扱うデータと関数は，裳華房のホームページにある本書に関する Web ページからダウンロード可能である．ただし，本書で利用している「新生児の身体測定データ」と「企業の財務データ」の二次利用は許可されていないことにご注意いただきたい．なお，このサイトでは，データの「分散」を「2 乗平均」から「平均の 2 乗」を引くことによって求めることができるという，いわゆる「分散公式」の幾何学的説明と，説明変数の個数が一般の場合の重回帰分析について述べた補足資料 (補遺) も掲載しているので，併せて利用してほしい．

目　次

第Ⅰ部　データ解析環境R

1. R入門

1.1　Rとは ……………………… 2
1.2　Rの特徴 …………………… 3
1.3　Rに関するマニュアル・書籍・情報提供サイト ……………… 4
1.4　Rの入手とインストール ………… 5
演習問題 ……………………………… 6

2. Rの基礎知識

2.1　Rの起動と終了 ……………… 7
2.2　作業ディレクトリと作業空間 …… 8
2.3　ヘルプ機能の利用 …………… 9
2.4　オブジェクト名に関する制約 …… 9
2.5　Rにおける基本的な演算 ……… 10
2.6　R関数 ……………………… 12
2.7　ベクトル …………………… 13
　　　2.7.1　数値ベクトル ………… 13
2.7.2　変数の利用 ………………… 15
2.7.3　文字ベクトル ……………… 18
2.7.4　論理ベクトル ……………… 19
2.8　行列 ………………………… 20
2.9　特殊値 ……………………… 24
　　　2.9.1　欠損値 ……………… 24
　　　2.9.2　無限大と非数値 ……… 24
演習問題 ……………………………… 25

3. Rへのデータの読み込み

3.1　`scan`を利用したデータの読み込み … 26
3.2　`read.csv`を利用したデータの読み込み … 27
3.3　`read.table`を利用したデータの読み込み ……………………… 29
3.4　補足 ………………………… 30
演習問題 ……………………………… 30

4. グラフィック環境

4.1　`graphics`パッケージの利用 …… 32
4.2　`ggplot2`パッケージの利用 …… 33
　　　4.2.1　`qplot`の利用 ………… 33
4.2.2　`ggplot`の利用 …………… 34
演習問題 ……………………………… 36

5. Rにおける関数の定義

5.1　関数の一般形と引数 ………… 37
5.2　関数の定義 ………………… 38
5.3　条件分岐と繰り返し ………… 39
5.4　補足 ………………………… 41
演習問題 ……………………………… 41

第 II 部 R による統計学の基礎

6. 確率変数と確率分布

- 6.1 統計学における確率の役割 44
- 6.2 確率変数 44
- 6.3 確率分布 45
  - 6.3.1 分布関数 45
  - 6.3.2 密度関数 46
  - 6.3.3 確率関数 46
  - 6.3.4 分位点関数 47
  - 6.3.5 特性値 47
- 6.4 連続型確率分布 48
  - 6.4.1 正規分布 48
  - 6.4.2 一様分布 54
  - 6.4.3 指数分布 55
- 6.5 離散型確率分布 57
  - 6.5.1 ベルヌイ分布 $Ber(p)$ と 2項分布 $B_N(n,p)$ 57
  - 6.5.2 ポアソン分布 60
- 6.6 R における確率分布と母数のコーディング 62
- 演習問題 63

7. 多変量確率変数と多変量確率分布

- 7.1 2変量確率変数 64
- 7.2 2変量同時確率分布 64
  - 7.2.1 同時分布関数 64
  - 7.2.2 同時密度関数 65
  - 7.2.3 周辺密度関数 66
  - 7.2.4 同時確率関数 66
  - 7.2.5 周辺確率関数 66
  - 7.2.6 特性を表すベクトルと行列 ... 67
- 7.3 2変量連続型確率分布 69
- 7.4 2変量離散型確率分布 74
- 7.5 多変量確率変数 77
- 7.6 多変量同時確率分布 77
  - 7.6.1 同時分布関数 77
  - 7.6.2 周辺分布関数 77
  - 7.6.3 同時密度関数 78
  - 7.6.4 周辺密度関数 78
  - 7.6.5 同時確率関数 79
  - 7.6.6 周辺確率関数 79
  - 7.6.7 特性を表すベクトルと行列 ... 79
- 7.7 多変量連続型確率分布 81
- 7.8 多変量離散型確率分布 84
- 7.9 独立同分布性 87
- 演習問題 88

8. 母集団分布と標本分布

- 8.1 母集団分布と標本分布 89
- 8.2 標本平均の分布 91
  - 8.2.1 正規母集団の場合 91
  - 8.2.2 母集団分布が一般の場合 94
- 8.3 正規分布から導かれる標本分布 96
  - 8.3.1 カイ自乗分布 96
  - 8.3.2 ティー分布 99
  - 8.3.3 エフ分布 100
- 8.4 補足 102
  - 8.4.1 標本分布の研究の始まり 102
  - 8.4.2 多変量の場合の母集団分布と標本分布 103
- 演習問題 104

第III部 Rによるデータ解析と統計的推測

9. データの要約と可視化

9.1 1変量データの要約 ･･････････ 106	9.5 多変量データの要約 ･･････････ 116
9.2 1変量データの可視化 ･････････ 109	9.6 多変量データの可視化 ･････････ 118
9.3 2変量データの要約 ･･････････ 113	演習問題 ････････････････････ 121
9.4 2変量データの可視化 ･････････ 114	

10. 推 定

10.1 統計的推定 ････････････････ 123	10.4.6 Rによる母平均の区間推定
10.2 推定量の性質 ･･････････････ 124	(母分散：未知) ････････ 131
10.3 区間推定 ･････････････････ 126	10.5 母分散の推定 ･･････････････ 132
10.4 母平均の推定 ･･････････････ 126	10.5.1 母分散の点推定 ･･･････ 132
10.4.1 母平均の点推定 ･･･････ 126	10.5.2 Rによる母分散の点推定 ･･ 132
10.4.2 Rによる母平均の点推定 ･･ 127	10.5.3 母分散の区間推定 ･････ 132
10.4.3 母平均の区間推定 (母分散：既知)	10.5.4 Rによる母分散の区間推定 ･･ 133
･･･････････････････ 128	10.6 母比率の推定 ･･････････････ 134
10.4.4 Rによる母平均の区間推定の	10.6.1 母比率の点推定 ･･･････ 134
シミュレーション (母分散：既知)	10.6.2 Rによる母比率の点推定 ･･ 135
･･･････････････････ 128	10.6.3 母比率の区間推定 ･････ 135
10.4.5 母平均の区間推定 (母分散：未知)	10.6.4 Rによる母比率の区間推定 ･･ 136
･･･････････････････ 130	演習問題 ････････････････････ 138

11. 検 定

11.1 帰無仮説と対立仮説 ･･･････････ 139	11.7.1 仮説の設定 ･････････ 145
11.2 第1種の過誤と第2種の過誤 ･･････ 140	11.7.2 検定統計量 ･････････ 145
11.3 検定統計量 ･･･････････････ 140	11.7.3 棄却域 ･･･････････ 145
11.4 有意水準と棄却域 ･･･････････ 141	11.7.4 検定の実行 ･････････ 145
11.5 検定の実行と仮説検定の手順 ･････ 141	11.7.5 Rを用いた母分散の検定 ･･ 145
11.6 母平均の検定 ･･････････････ 141	11.8 母比率の検定 ･･････････････ 147
11.6.1 仮説の設定 ･････････ 141	11.8.1 仮説の設定 ･････････ 147
11.6.2 検定統計量 ･････････ 142	11.8.2 検定統計量 ･････････ 147
11.6.3 棄却域 ･･･････････ 142	11.8.3 棄却域 ･･･････････ 147
11.6.4 検定の実行 ･････････ 143	11.8.4 Rを用いた母比率の検定 ･･ 148
11.6.5 Rを用いた母平均の検定 ･･ 143	演習問題 ････････････････････ 149
11.7 母分散の検定 ･･････････････ 145	

12. 2標本問題

12.1 2標本問題 ････････････････ 150	12.2.2 Rを用いた母分散比の点推定と
12.2 母分散比の推定と検定 ･･･････････ 150	区間推定 ･･････････････ 152
12.2.1 母分散比の点推定と区間推定 ･･ 151	12.2.3 母分散比の検定 ･･････････ 153

12.2.4 R による母分散比の検定 …… 153	12.3.4 等分散の場合 ……………… 158
12.3 母平均の差の推定と検定 ………… 155	12.3.5 R による母平均の差の検定 (等分散の場合) …………… 158
12.3.1 母平均の差の点推定と区間推定 ……………………………… 155	12.3.6 等分散ではない場合 ……… 159
12.3.2 R による母平均の差の点推定と区間推定 ……………… 157	12.3.7 R による母平均の差の検定 (等分散ではない場合) …… 160
12.3.3 母平均の差の検定 ………… 158	演習問題 ………………………………… 161

13. 回帰分析

13.1 単回帰分析 ……………………… 163	13.2.1 重回帰モデル ……………… 182
13.1.1 単回帰モデル ……………… 163	13.2.2 最小自乗法と最小自乗推定値 … 183
13.1.2 最小自乗法と最小自乗推定値 … 164	13.2.3 標本回帰平面, 当てはめ値, 残差 ……………………………… 184
13.1.3 標本回帰直線, 当てはめ値, 残差 ……………………………… 166	13.2.4 R による重回帰分析 ……… 184
13.1.4 R による単回帰分析 ……… 167	13.2.5 最小自乗推定量の性質 …… 186
13.1.5 最小自乗推定量の性質 …… 169	13.2.6 誤差分散の推定 …………… 188
13.1.6 誤差分散の推定 …………… 171	13.2.7 回帰係数の検定 …………… 189
13.1.7 回帰係数の検定 …………… 172	13.2.8 回帰係数ベクトルの検定 … 189
13.1.8 モデルの当てはまりの程度をみるための指標 … 173	13.2.9 モデルの当てはまりの程度をみるための指標 … 191
13.1.9 R による単回帰分析 (続き) … 175	13.2.10 R による重回帰分析 (続き) … 191
13.1.10 回帰係数の区間推定 ……… 178	13.2.11 回帰係数の区間推定 ……… 193
13.1.11 R による単回帰分析 (続き) … 179	13.2.12 R による重回帰分析 (続き) … 194
13.1.12 線形予測子の区間推定 …… 179	13.2.13 R による重回帰分析に対する回帰診断 ……………………………… 194
13.1.13 R による単回帰分析 (続き) … 180	13.3 補足 ………………………………… 195
13.1.14 R による単回帰分析に対する回帰診断 ……………………………… 180	演習問題 ………………………………… 195
13.2 重回帰分析 ……………………… 182	

付録 A 確率

A.1 用語, 記号 ………………………… 197	A.3 加法定理と乗法定理 ……………… 199
A.2 確率の定義 ………………………… 198	A.4 ベイズの定理 ……………………… 200

付録 B Tips

B.1 R の実行環境 …………………… 201	B.3.2 R for macOS におけるグラフィック機能 ………… 205
B.2 R スクリプトの管理 …………… 202	
B.2.1 R for Windows のエディタ … 202	B.4 コマンド・ライン・エディタとキーバインディング ……… 206
B.2.2 R for macOS のエディタ …… 203	
B.3 R におけるグラフィック機能 ……… 204	B.5 目的別ショートカットの作成 …… 207
B.3.1 R for Windows におけるグラフィック機能 ………… 204	B.6 R パッケージのインストール …… 207
	B.7 統合開発環境 RStudio ………… 208

付録C　Rによる分布表の計算

C.1　Rによる標準正規分布表の計算 210
   C.1.1　標準正規分布の上側確率の計算 · 210
   C.1.2　標準正規分布の上側パーセント点
        の計算 210
C.2　Rによる標本分布に関する分布表の計算
       211

   C.2.1　カイ自乗分布の上側パーセント点
        の計算 211
   C.2.2　ティー分布の上側パーセント点
        の計算 211
   C.2.3　エフ分布の上側パーセント点の計算
        212

付録D　データ

D.1　新生児の体重のデータ 213
D.2　新生児の身長と体重のデータ 213

D.3　新生児に関する各種のデータ 214
D.4　財務データ 215

付録E　R関数

E.1　第5章で利用した関数 216
E.2　第6章で利用した関数 216
E.3　第7章で利用した関数 219
E.4　第8章で利用した関数 220

E.5　第9章で利用した関数 221
E.6　第10章で利用した関数 221
E.7　第11章で利用した関数 223
E.8　第13章で利用した関数 224

参考文献 225
演習問題略解 227
索　引 234

本書の使い方

本書は，大学で学ぶ統計学の基礎を R を使いながら独習することを目的に執筆しており，以下のように構成している．

まず，第 I 部で R 自体やその利用法について学び，次に，第 II 部では R を利用して確率変数と確率分布，標本分布などの統計学の基礎を理解することを目的としている．さらに，第 III 部では R を使って実際にデータ解析や統計的推測を行う方法を扱っている．

ここでは読者のニーズに応じて，本書の使い方の例を以下のように提案する．

- R についての知識がほとんどなく，基礎的な事項から学びたいという読者
    - ⟶ まずは第 I 部へ
- 統計学に関する確率分布などの事項を R を用いて学びたいという読者
    - ⟶ まずは第 II 部へ
- R を用いてデータの要約や可視化によるデータ解析の基礎，および推定・検定・回帰といった統計的推測を学びたい読者
    - ⟶ まずは第 III 部へ
- R を使ったデータ解析の基礎を学びたいという実践向きの要望をもつ読者
    - ⟶ まずは第 III 部の第 9 章へ

なお，第 II 部から学ぼうという読者の方も，本書で用意したデータを利用するためには，第 I 部の第 3 章の事項を学ぶ必要があることに注意してほしい．また，R を利用したデータ解析を本格的に行うためには，章末の演習問題を解いたり，各自のデータを本書で扱った手法を応用することによって解析することをお勧めする．

本書は，読者が統計学の基礎的な事項を R のコード (スクリプト) を入力して結果を確認しながら学んだり，実際のデータを R で要約や可視化したりすることによってデータ解析を体験し，そのことから知識と技術を身に付けることを念頭においている．そのため，本書に掲載した関数のソースコードやデータが収められたファイルは，次の 2 通りの方法によって提供する．

QR コードを利用する方法：

以下の QR コードを読み取ることによって ID とパスワードが表示されるので，それぞれを裳華房のホームページにある本書の Web ページ (https://www.shokabo.co.jp/author/1578/) に入力することによって，ソースコードやデータのファイル一式がまとめられた圧縮ファイル (zip ファイル) がダウンロード可能となる．

メールによる方法：
　info@shokabo.co.jp 宛に「R 統計学ダウンロード」の件名でメールを送付いただければ ID とパスワードが送付されてくるので，QR コードと同様の方法でファイルをダウンロードすることができる．

ただし，利用上の注意として，ID とパスワードの第三者への譲渡は禁止されており，データファイルの利用にあたっては，権利の関係上，本書で統計学を学習することを目的として利用することに限られることに留意してほしい．

記 号

記　号	定　義
$\mathbb{N}$	自然数全体
$\mathbb{Z}$	整数全体
$\mathbb{R}, \mathbb{R}^n$	実数全体, n 次元ユークリッド空間
$\mathbb{R}^+$	正の実数全体
$\sum_{i=1}^{n} a_i := a_1 + \cdots + a_n$	和 (シグマ記号)
$\prod_{i=1}^{n} a_i := a_1 \times \cdots \times a_n$	積
$\mathrm{E}(\cdot)$	平均 (期待値)
$\mathrm{V}(\cdot)$	分散
Ω	母集団
ω	結果
P	確率 (測度)
A, B	事象
$\mathcal{A}, \mathcal{B}$	事象族
$X = X(\omega)$	確率変数, 標本, 観測
P^X	確率分布, 母集団分布
$F(x), f(x), p(x)$	分布関数, 密度関数, 確率関数
θ	母数
μ	母平均
σ^2	母分散
p	母比率
$\{X_1, \cdots, X_n\}$	無作為標本
$\{x_1, \cdots, x_n\}$	データ
$\overline{X}_n, \overline{x}$	標本平均, 平均値
S_n^2, s^2	標本分散, データから計算された分散
U_n^2, u^2	不偏分散, データから計算された不偏分散
$\widehat{p}_n, \widehat{p}$	標本比率, データから計算された比率
$\Gamma(x), B(x,y)$	ガンマ関数, ベータ関数
$:=, \overset{\mathrm{def.}}{\Longleftrightarrow}$	定義する
$\sim$	分布に従う
$\overset{a}{\sim}$	漸近的に分布に従う
$\overset{d}{=}$	分布として等しい
$\overset{\mathrm{i.i.d.}}{\sim}$	独立に同一の分布に従う
$\overset{\mathrm{ind.}}{\sim}$	独立に分布に従う
$\overset{P}{\longrightarrow}$	確率収束する
$\overset{d}{\longrightarrow}$	分布収束する

箇条書きに関する追加説明

本文中の箇条書きの中には，(R1), (R2) や (PDF1), (PDF2) 等のイニシャルをともなったものを利用したが，これらのイニシャルは以下のことを意味する．

- R： データ解析環境 R
- DF： 分布関数 (Distribution Function) の性質
- PDF： 確率密度関数 (Probability Density Function) の性質
- PMF： 確率素分関数 (Probability Mass Function) の性質
- N： 正規分布 (Normal distribution) の性質
- BDF： 2 変量分布関数 (Bivariate Distribution Function) の性質
- BPDF： 2 変量確率密度関数 (Bivariate Probability Density Function) の性質
- BPMF： 2 変量確率素分関数 (Bivariate Probability Mass Function) の性質
- Cor： 相関係数 (Correlation coefficient) の性質
- BN： 2 変量正規分布 (Bivariate Normal distribution) の性質
- MDF： 多変量分布関数 (Multivariate Distribution Function) の性質
- MPDF： 多変量確率密度関数 (Multivariate Probability Density Function) の性質
- MPMF： 多変量確率素分関数 (Multivariate Probability Mass Function) の性質
- MN： 多変量正規分布 (Multivariate Normal distribution) の性質
- SMN： 標本平均 (Sample Mean) の正規 (Normal) 母集団にもとづく場合の性質
- NS： 正規分布 (Normal distribution) に従う場合の母平均に関するシミュレーション (Simulation) のアルゴリズムのステップ
- SM： 標本平均 (Sample Mean) の一般の母集団にもとづく場合の性質
- US： 一様分布 (Uniform distribution) に従う場合の母平均に関するシミュレーション (Simulation) のアルゴリズムのステップ
- NC： 正規分布 (Normal distribution) に従う場合の母平均の区間推定 (Confidential interval) に関するシミュレーション (simulation) のアルゴリズムのステップ
- LS： 最小自乗推定量 (Least Square estimator) の性質
- EV： 誤差分散 (Error Variance) の推定量の性質
- LSM： 最小自乗推定量 (Least Square estimator) (重回帰 (Multiple regression) の場合) の性質
- EVM： 誤差分散 (Error Variance) (重回帰 (Multiple regression) の場合) の推定量の性質
- F： σ-集合体 (σ-Field) に関する公理
- P： 確率測度 (Probability measure) に関する公理

第I部

データ解析環境R

R 入 門

本章では，R の生い立ちとデータ解析環境としての位置づけを与え，次に，R に関するマニュアルや参考文献，利用上有益となるインターネット上の情報を与える．さらに，R のインストールに際して留意すべき点や，コンピュータ言語・ソフトウェアとしての R の特徴にも言及する．これらの事項を学ぶことによって，「R とは何か」，「R を利用するための情報はどのように得ることができるのか」，「R を実際に使うための準備においてどのようなことに留意すべきか」という，非常に素朴かつ重要な R 自体に関する知識を体系的に得ることができるであろう．

1.1 R とは

R は，オープンソースのデータ解析環境 (data analysis environment) の一つである．現在は "The R Core Team"[1] を中心として保守や改良などが行われており，多様な分野やユーザ層に普及している．

データ解析環境としての R の位置づけを明確にするためには，**探索的データ解析** (Exploratory Data Analysis: EDA) の提唱と S 言語の開発についてふれることが自然であろう．まず，データ解析に関係する統計科学の分野における一つのブレークスルーは，J. W. Tukey (1977) によって提唱された探索的データ解析である．探索的データ解析は，モデルを構築する前にデータを数値的に**要約** (summarization) したり，図式的に**可視化** (visualization) することによってデータ自身のもつ情報を探索的に引き出し，その結果をふまえた**統計モデリング** (statistical modeling) を行う方法を提供する (図 1.1 を参照)．

探索的データ解析をコンセプトとし，それを具体的に実現するためのソフトウェア環境が R. A. Becker と J. M. Chambers によって S という名称で**設計** (design) され，S システム (後に S 言語) として**実装** (implementation) された (Becker and Chambers (1984) を参照)．

また R は，1990 年代のはじめに R. Gentleman と R. Ihaka によって開発が開始され[2]，S 言語の文法を参考にしながら発展してきた[3] (Ihaka (1998)

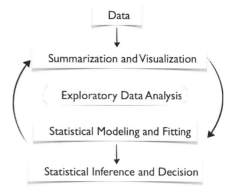

図 1.1 探索的データ解析 (EDA) に関する概念図

---

[1] https://www.r-project.org/

[2] R という名称は，開発者のファーストネームの頭文字が理由の一つといわれる．なお，R 開発の動機については，Ihaka (2009) に興味深い記述がある (https://www.stat.auckland.ac.nz/~ihaka/downloads/Waikato.pdf)．

[3] R の開発は S に影響を受けたことは事実と思われるが，Ross Ihaka 氏によると，むしろ Scheme という Lisp 系の言語に強い影響を受けたとのことである．

を参照).

　この一連の流れから，R は共通の設計にもとづく「S の異なった実装」とみることができよう (図 1.2 を参照)．なお，S, R の開発・発展に関する歴史的な背景については，柴田 (2015) に興味深い記述がある．また，最新の R 環境による探索的データ解析の実行については Wickham and Grolemund (2016) に与えられているので参照してほしい．

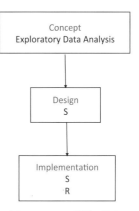

図 1.2　S, R 開発の流れ

1.2　R の特徴　　check box □□□

R の特徴を以下に与える．

(R1)　各種のオペレーティング・システム (Operating System: OS) に対応

　　　Windows[4]，macOS[5]，Linux[6] などの主要な OS に対応したインストーラが利用できる[7]．

(R2)　フリーソフトウェア

　　　Free Software Foundation (FSF)[8] によって制定された GNU[9] General Public License[10] の意味でのフリーであり，R の再配布や改変などが可能である．

(R3)　オープンソース

　　　ソースコードが開示されており，R の設計や仕様を知ることが可能である．

(R4)　オブジェクト指向プログラミング言語

　　　R で扱われるすべての対象は**オブジェクト** (object) とよばれ，統一的に扱われる[11]．

(R5)　関数型言語

　　　R での処理は**関数** (function) によって行われる．**演算子** (operator) も関数である．

---

4)　Windows は，米国 Microsoft Corporation の米国およびその他の国における登録商標です．

5)　macOS は，米国および他の国々で登録された Apple Inc. の商標です．

6)　Linux は，Linus Torvalds 氏の日本およびその他の国における登録商標または商標です．

7)　ソースコードも配布されているので，Unix などでは `configure`, `make` コマンドを利用してユーザが構築することも可能である．

8)　1985 年 10 月 4 日に Richard Stallman によって創設された非営利団体である．当団体は，フリーソフトウェア運動，すなわち，コンピュータ・ソフトウェアを作成，頒布，改変する自由をユーザーに広く遍く推し進めることを狙い，コピーレフトを基本とする社会運動の支援を目的に掲げている (https://www.fsf.org/)．

9)　Gnu is Not Unix の略．Unix 互換のソフトウェア環境をすべてフリーソフトウェアで実装することを目的とし，FSF によって進められているプロジェクト (https://www.gnu.org/)．

10)　一般公衆利用許諾契約書のこと．GPL と略される．

11)　一般に，扱う対象をオブジェクトとして扱うプログラミングは，**オブジェクト指向プログラミング** (Object Oriented Programing: OOP) とよばれ，オブジェクト指向プログラミングが可能なコンピュータ言語を**オブジェクト指向プログラミング言語** (OOP languaege) という．R におけるオブジェクト指向に関する詳細は，Wickham (2014) を参照してほしい．

(R6) 対話型言語

R での処理の流れは，ユーザが R プロンプト (>) に続いて命令を入力し，それに対する結果が返されるという，いわゆる**対話的** (interactive) に処理が行われる．

(R7) 豊富なパッケージ群

R には基本機能に加えて，最新の統計手法を網羅した豊富な関数やデータセットが**パッケージ** (package) という形式でインターネット経由で配布されている．

(R8) その他

R は上記の特徴に加えて，スクリプト言語，インタプリタという側面ももっている．

これらの特徴のうち，いくつかを総合すると，R はユーザーの情報環境を選ばずにフリーで利用でき，データを主体とした分析が可能であることがわかる．また，追加パッケージを導入することによって最新の統計手法が利用可能となり，その機能の詳細も知ることができる．また，我々ユーザーが R と「対話」を繰り返すことによって，データ解析・統計解析を行う上での素晴らしいパートナーであることが実感されるであろう．なお，本書で随時紹介するように，他の特徴も有益となることに注意しよう．

1.3 R に関するマニュアル・書籍・情報提供サイト　　check box □□□

R に関するマニュアル・書籍・情報提供サイトは近年急速に増加しているため網羅することは難しいが，ここでは主要と思われるものを紹介する．

まず，R には充実したオンラインマニュアルが PDF, HTML などのファイル形式で付属しており，最も身近で有用なものである．また，R ではパッケージを追加インストールすることによって多様な関数が**ライブラリ** (library) として利用でき，それらの中には利用マニュアルに加えて，**ビネット** (vignette) とよばれる少し詳しいマニュアルが付属していることがある．

書籍に関しては，Kabacoff (2015), Lander (2017) が入門のみならず応用の面でも優れた良書であり，"Use R!" シリーズ[12](Springer) や "The R Series" (CRC Press)，『R で学ぶデータサイエンス』，『"Useful R" シリーズ』，『"Wonderful R" シリーズ』(共立出版) は興味深いテーマを扱った書籍群である．また，石田 (2016) は R に関する事項を網羅的に扱ったものであり，RStudio や ggplot2 パッケージなど，R に関連する最近の話題について丁寧に解説されている．なお，本書も R を用いて統計学の基礎を学ぶための一助となることを目指したものである．

一方，インターネット上の主な情報提供サイト[13]としては，以下のものがある．

The R Project :　https://www.r-project.org/

R に関する最新のリリースや動向などの有益な情報が提供されている．例えば，R に関するオンラインジャーナル "The R Journal" や書籍リストが提供されている．

---

[12] Springer 社の "Use R!" シリーズのうち，いくつかのものについては邦訳がある．

[13] 本書で引用している URL (Uniform Resource Locator) などのリンク情報は，執筆時点のものであることに注意しよう．

The Comprehensive R Archive Network (CRAN)： https://cran.r-project.org/
　　R 関連のソフトウェアやパッケージ，マニュアルなどを集めたサイト．全世界にミラーサーバがある．

RSudio： https://www.rstudio.com/
　　R の統合開発環境 RStudio や様々なパッケージ (ggplot2, dplyr, Shiny 等) を開発・配布している．なお，このサイトから配布されているパッケージ等の機能が簡潔にまとめられた「一覧表」(cheat sheet) は秀逸なので，ぜひ参照してほしい．

Quick-R： https://www.statmethods.net/
　　R に関する総合情報サイトであり，このサイトからのスピンオフとして Kabacoff (2015) がある．

RjpWiki： http://www.okadajp.org/RWiki/
　　R に関する国内の Wiki サイトであり，R に関する総合的な情報を日本語で読むことができる．

なお，コンピュータ・情報技術・プログラミング技術の Q&A に関するサイトである Stack Overflow[14] では，R に関する多くの情報を得ることができる．また，R パッケージの最新バージョンやその情報は，GitHub[15] から提供されているものもある．

1.4 Rの入手とインストール　　check box □□□

R は，最寄りの CRAN サイトからインストールを行うためのファイル (インストーラ) がインターネット経由で入手可能である．インストールに関する具体的な手順はインターネット上のサイト (例えば RjpWiki など) から提供されているが，以下の事項に留意してほしい．

- バージョンに関する注意
　　R のバージョンに関して，マイナーバージョンの最後の桁が 0 のものよりも，1, 2, 3 などのバージョンをインストールする方がよい (例えば，3.3.0 よりも 3.3.2 をインストールする方がよい)．

- EPS, PDF ファイルに関する設定
　　R から「日本語」を含む EPS, PDF ファイルを生成し，TeX などで利用する場合は，R の環境設定ファイルに日本語に関するフォントの指定を行う必要がある．例えば，Windows の場合は，R がインストールされたフォルダのサブフォルダ etc 内にある環境設定ファイル Rprofile.site に以下のような行を追加する．

```
setHook(packageEvent("grDevices", "onLoad"),
  function(...) grDevices::ps.options(family="Japan1"))
  function(...) grDevices::pdf.options(family="Japan1"))
```

　　なお，個人のフォルダに環境設定ファイルを用意している場合は，それに追記することで対応してもよい．

---

14) https://stackoverflow.com/
15) https://github.com/

また，Rに限ったことではないが，海外製ソフトウェアのインストール・利用にあたっては，ユーザ名は「半角英数文字」を利用することが推奨される[16]．

演習問題

Q 1.1 読者各自のコンピュータ環境に応じた R のインストーラを適当なサイトからダウンロードし，適切にインストールを行え．

Q 1.2 R に関する情報が提供されているサイト (例えば，The R Project や RjpWik) にアクセスし，どのような情報が提供されているかを調べよ．

[16) Rのインストールは問題なくできても，追加パッケージや R の統合開発環境である RStudio をインストールして利用する際にトラブルの原因となることがある．なお，Windows 8.1 以降で「Microsoft アカウント」を使ってログインする場合は，ユーザフォルダに漢字の名前が付いてしまうことがあるので注意が必要である．この場合は，別途ユーザを半角英数文字を使って登録して利用するか，推奨はしないが，ユーザフォルダ名を半角英数文字に変更後，レジストリを環境に応じて修正することによって対応する方法等が考えられる．

Rの基礎知識

1	2	3
R入門		Rへのデータの読み込み

　本章では，Rを利用する上での必要最小限の知識を学ぶ．内容としては，Rの起動・終了と，Rによって作業を行う場所を指定する方法を与え，基本的なヘルプ機能について述べる．また，実数の四則演算や対数関数などの数学で利用される関数をRで利用する方法を与え，データ解析に利用する際に必ず学ばなければならないベクトルや行列，文字列，論理値，特殊値などに関する話題も扱う．これらの事項を学ぶことによって，Rを利用する上での必要最小限の知識を得ることができる．

　なお，本章で与えたRのスクリプト (コード) を実際に入力し，結果を確認しながら読み進めることによって，Rの基本的な機能を知ることができると共に，「Rとの対話」がどのようなものかということを実体験できよう．ただし，Rを利用する上で重要となるスクリプトの管理やグラフィック機能などの情報については付録Bを参照してほしい．

2.1　Rの起動と終了　　check box □□□

　Rを起動すると[1]，[R Console] (または [R コンソール]) にメッセージが出力された後，以下のような状態となる．

```
>
```

　ここで，">"はRプロンプト (R prompt) とよばれる．Rプロンプトに続いてユーザが各種の命令を入力すると，その結果がRから返される[2]．例えば，Rを終了する方法は，プロンプトに続いてq()と入力すればよい．

```
> q()
```

　Windows環境では，この入力によって，[作業スペースを保存させますか?] というメッセージがダイアログボックスに表示され，起動中に作成されたオブジェクトを保存するか否か，または終了をキャンセルするかどうかを問われるので，保存したい場合は [はい (Y)]，保存したくない場合は [いいえ (N)]，終了自体をキャンセルしたいときは，[キャンセル] を選択する．

　また，macOS環境では，[Rセッション終了 ワークスペースのイメージファイルを保存しますか?] というメッセージが表示され，保存したい場合は，保存 を選択し，保存したくない場合は 保存しない を選択する．なお，終了自体をキャンセルしたい場合は キャンセル を選択する．

　なお，保存を選択した場合は，結果がRの作業ディレクトリに.RDataというファイル名で

---

[1]　Windows環境下では，インストール後にデスクトップに作成されたRのショートカットアイコンをダブルクリックすればよい．なお，Windows 10 では，[スタートメニュー] の [すべてのアプリ] にあるRのフォルダにもアイコンが登録されている．また，macOS環境ではLaunchpadにアイコンが登録されている．さらに，Ubuntu環境では端末 (ターミナル) を起動後，Rとタイプすればよい．

[2]　このような仕様の言語は「対話型言語」といわれる．

保存され，入力履歴が.Rhistoryファイル[3]に保存される．また，専用メニューからRを終了させることも可能である．

2.2 作業ディレクトリと作業空間　　　　　　　　　　　check box □□□

Rに限らず，一般にソフトウェアを利用するときに，

「どの場所の何というファイルを利用しているのか？」

ということを意識することは重要である．最近のコンピュータ環境は検索機能が優れているため，ファイルの場所や名称を意識することが軽視されがちであることは否めないが，このことを意識していないと，以前に作ったファイルが見当たらず，探すのに思わぬ手間と時間をとられることがある．

Rで作業を行う場所は**作業ディレクトリ** (working directory) とよばれ，作業を行った結果を保存するファイルを**作業空間**または**作業スペース** (workspace) という．

作業空間はデフォルト[4]では，Rのホームディレクトリ[5]にある.RDataというファイルである．

現在の作業ディレクトリを調べる方法は，関数getwdを以下のように利用する．

```
> getwd()
```

Windows環境下でこの関数による出力が，例えばC:/Rhomeであったときは，Cドライブにある作業ディレクトリRhomeへの階層を示しており，/(スラッシュ)は階層構造の**分割符** (separator) を表す[6]．また，明示的に作業ディレクトリを変更するためには，関数setwdを利用する．例えば，作業ディレクトリをC:/Rhome2に変更したい場合は以下のように入力する．

```
> setwd("C:/Rhome2")
```

このような方法で変更した作業ディレクトリに作業空間.RDataが存在し，それを利用して作業を行いたい場合は，以下のように関数loadを利用する．

```
> load(".RData")
```

なお，作業空間の名前はデフォルトでは.RDataであるが，これ以外にも任意のファイル名が利用できる．ただし，あまり一般的な名称を用いてしまうと，そのファイルがRの作業空間であることの判別ができない可能性があるので，例えば，mywork.RDataのように.RDataをファイルの**拡張子** (extension) として利用すればよい．

---

3) .Rhistoryファイルにはすべての入力履歴がテキストファイルとして保存されているため，この記録を適当なエディタで編集することによって，関数の作成や処理の自動化などに再利用することができる．

4) コンピュータに関連する用語で**デフォルト** (default) とは，ユーザーが特に指定しない場合に設定されている標準の動作条件を指している．なお，引数に対しては，省略した場合の値を意味することに注意しよう．

5) Windowsの場合，スタートメニューなどに登録されたアイコンでRを起動したときのホームディレクトリは，各ユーザのドキュメントフォルダである．ただし，「日本語」を含むフォルダ(ディレクトリ)名を利用している場合にはRが正常に動作しない場合があるため，注意が必要である．半角英数文字(ASCII(American National Standard Code for Information Interchange)コード)のみのフォルダ(ディレクトリ)名が強く推奨される．

6) 通常，Windowsにおける分割符はバックスラッシュ(\)であるが，Rではスラッシュ(/)で表し，日本語版Windows環境下における分割符は円マーク(¥)であることに注意してほしい．

2.3 ヘルプ機能の利用　　　check box ☐☐☐

Rには多彩なヘルプ機能が関数として用意されている．最も一般的なヘルプ関数はhelp.startであろう．コンソールで

```
> help.start()
```

と入力して関数を実行すると，図2.1のように適当なブラウザが起動し，Rのマニュアルを読んだり，キーワードで検索したりすることができる．

図 2.1　Web ブラウザによる R のヘルプ

また，特定の関数などの一般的な使用法を調べたいときにはhelp[7]を利用する．例えば，平均を求める関数meanの利用法を調べたいときは以下のように利用する．

```
> help(mean)
```

さらに，特定のキーワード (例えば "bootstrap") を含むものを検索したいときにはhelp.searchを利用する[8]．

```
> help.search("bootstrap")
```

2.4 オブジェクト名に関する制約　　　check box ☐☐☐

Rで扱われるすべてのもの (データ，関数など) は**オブジェクト**とよばれ，オブジェクトの名前には以下の文字が利用できる．

- 大文字，小文字のアルファベット a-z, A-Z
- 半角数字 0-9(ただし，先頭には置けない)
- ドット "." (ただし，先頭に置くことは避けた方がよい)

---

[7]　?を利用することもできる (例: ?mean).
[8]　??を利用することもできる (例: ??bootstrap).

なお，命名に関して注意すべきことを以下に与える．

- 以下の特殊記号は，名前の一部として利用できない．

   ^ ! $? @ ~ + - = / * % : & | > < ( ) { } [ ]

- 大文字と小文字の区別

   例えば，オブジェクト abc と ABC，aBc は異なったものとして認識される．

- **予約語** (reserved word) の存在

   以下は予約語であるので，オブジェクト名として利用できない．

   > 予約語
   >
   > if else repeat while function for in next break
   > TRUE FALSE NULL Inf NaN NA NA_integer_ NA_real_
   > NA_complex_ NA_character_ ... ..1, ..2

   なお，予約語は以下のような入力によって参照できる．

   ```
   > help("reserved")
   ```

- 避けた方がよい文字列

   以下に代表されるオブジェクト名をそのまま使用することは避けた方がよい．

   　　c　q　t　C　D　F　I　T　exp　diff　mean　pi　range　rank　sd　var

   なお，ここで与えたオブジェクト名は典型的なものであり，Rの基本パッケージで用意されているオブジェクト全体がその対象となることに注意してほしい．

- 日本語の使用

   オブジェクト名やオブジェクトの要素として「日本語」を利用することは可能であるが，その使用は極力避けた方がよい[9]．

2.5 Rにおける基本的な演算

Rには，加減乗除などを含む演算を行うために**演算子** (operator) が用意されている．ここでは，まずRにおける基本的な操作を数値の**四則演算**と**べき乗**を例としてみることにする．

```
> 2+3 # 加法
[1] 5
> 2-3 # 減法
[1] -1
> 2*3 # 乗法
[1] 6
> 2/3 # 除法
[1] 0.6666667
> 2^3 # べき乗
[1] 8
```

---

[9] 中国などの「漢字文化圏」からの留学生などが自国から持ち込んだコンピュータを利用している場合に，日本語を利用したオブジェクトは「漢字」の文字コードに関するトラブルが予想される．

ここでRプロンプトに続いて入力された命令は，一般に **R式** (R expression)，**R コード** (R code)，**R スクリプト** (R script) などとよばれる[10]．また，入力に対してRから返される結果における [1] という表示は，そのとなりの値の「番号」を表している．ここでは，結果が単一であるため，このような出力となっているが，出力結果が複数行にまたがる場合には，行頭の結果が何番目に位置するものかを出力してくれる．なお，#以降はコメントである．

べき乗演算子（^）を利用することによって，平方根は以下のように計算される．

$\sqrt{2} = 2^{\frac{1}{2}}$ の計算
```
> 2^(1/2)
[1] 1.414214
```

続いて，演算の優先順位を考える．通常の演算は加法 (+)，減法 (-) よりも乗法 (*)，除法 (/) が先に計算されるが，Rにおいても全く同様に実行される．

$2 \times 3 - 6 \div 3$ の計算
```
> 2*3-6/3
[1] 4
```

一方，演算の優先順位を上げるためには（ ）を使う．

$2 \times (3-6) \div 3$ の計算
```
> 2*(3-6)/3
[1] -2
```

複数の演算に関する優先順位を順次上げて行くには，さらに（ ）を使う．

$2 \times \{(3-6) \div 3 + 2\} - 2$ の計算
```
> 2*((3-6)/3+2)-2
[1] 0
```

なお，優先順位を上げるための括弧として { } や [ ] は利用できないが，( ) は必要に応じて複数回利用できる．

次に，少し詳しく演算子をみることにする．演算子は，**算術演算子** (arithmetic operator)，**比較演算子** (comparative operator)，**論理演算子** (logical operator)，**特殊演算子** (special operator) の4つに大別される．表 2.1 に，これらの分類に従って主な演算子をまとめておく．

表 2.1 において，算術演算子の中の%/%, %%はそれぞれ，整数商と剰余である[11]．また，比較演算子における!=は等号が成り立たないこと ($\neq$) を表し，論理演算子における!は論理演算における否定を行う．また，&と|はベクトル化された論理

表 2.1 演算子の分類

分類	演算子
算術演算子	+ - * / ^ %/% %%
比較演算子	== != <= >= < >
論理演算子	! & | && ||
特殊演算子	: %*% %o% [ ] [[ ]] $ @

---
10) 一般に，プログラム言語で書かれたプログラムは「（ソース）コード」とよばれる．また，コンパイルが不要なプログラミング言語をスクリプト型言語とよび，その言語で書かれたプログラムを「スクリプト」とよぶ．Rではその実行にコンパイルが必要ないので，コードまたはスクリプトのどちらの用語を用いることも可能である（http://e-words.jp/ を参照）．

11) 例えば，10 を 3 で割ることを考えたとき，"$10 \div 3 = 3 \cdots 1$（余り）" という表記法があるが，そのとき，右辺の 3 が整数商を表し，余り 1 が剰余に対応する．

積，論理和を表し，引数として与えられたベクトルの成分ごとの論理演算を実行し，論理値のベクトルを返す．

一方，&&と||は引数としてベクトルを与えることもできるが，最初の成分のみの論理積，論理和を実行し，単一の真偽値を返す[12]．さらに，特殊演算子においては，%*%(行列積)，%o%(外積)，[ ](行列・ベクトルの成分抽出 (列，行単位を含む))，[[ ]]または$(リストの成分抽出)，@(スロットの成分抽出) をそれぞれ表す．

これらの演算子には表 2.2 のような優先順位がある．この表における演算子は，(行が) 下にいくほど優先順位が低く，後で実行される．同じ行にある演算子は，同じ優先順位で同じ式中に現れた場合は左から順に実行される．

表 2.2 演算子の優先順位

演算子	役割	優先順位
$	リストの成分抽出	高い
[ ] [[ ]]	リストや行列 (ベクトル) の成分抽出	
^	べき乗	
-	負号	
:	等差数列	
%/% %% %*% %o%	特殊演算	
* /	乗除算	
+ -	加減算	
== != <= >= < >	比較演算子	
!	論理的否定	
&	&& ||	論理演算子	
~	モデル式	
<- -> =	付値	低い

2.6 R 関 数　　　　　　　　　　　　check box □□□

R におけるすべての計算や処理は，関数[13](function) を利用して行われる[14]．この意味で，「R を利用すること」は「(R) 関数を利用すること」と同義であり，目的に応じて関数の利用法を学ぶことが R に習熟することといえる．第 5 章において，関数の引数と，その定義の方法について紹介しているので参照してほしい．

まず，簡単な例として，べき乗演算子 (^) を使わずに平方根を求めるために関数 sqrt を利用する．

$\sqrt{2}$ の計算

---

[12] 間瀬 (2014), p.8 を参照．
[13] R では数学や他のプログラミング言語における関数と区別するために，R 関数 (R funciton) とよばれることがある．
[14] 関数が利用できるプログラミング言語を，一般に関数型プログラミング言語 (functional programing language) という．なお，四則演算も関数である．

```
> sqrt(2)
[1] 1.414214
```

次に，**対数** (logarithm) を取り上げよう．まず，関数 log は自然対数 (自然対数の底 e = 2.71828182845904⋯ を利用した対数) を計算する．

$\boxed{\log_e 10 \text{ の計算}}$
```
> log(10)
[1] 2.302585
```

底を明示的に与えたい場合は，以下のように追加引数 base(底の意) を利用する．以下に，底を 10 とすることによって常用対数を求める例を与える．

$\boxed{\log_{10} 10000 = \log_{10} 10^4 = 4 \text{ の計算}}$
```
> log(10000,base=10)
[1] 4
```

一般に，R 関数を利用するときは，**引数** (argument) に値を与える必要がある．この例では，10000 が必須引数の値であり，base が追加引数，10 がその値である．また，追加引数にはデフォルトとして exp(1) (e = 2.71828182845904⋯) が与えられており，省略した場合には自然対数 $\log_e$ が計算される仕様となっている．なお，常用対数 $\log_{10}$ を求めるための関数 log10 も別途用意されている．

$\boxed{\log_{10} 10000 = \log_{10} 10^4 = 4 \text{ の計算}}$
```
> log10(10000)
[1] 4
```

2.7 ベクトル

複数の**数値** (numeric value)，**文字列** (character strings)，**論理値** (logical value) から構成される最も単純なデータ構造をもつオブジェクトを**ベクトル** (vector) という[15]．ここでは，各種のベクトルに関連する基本的な事項を扱う．

2.7.1 数値ベクトル

R において主に扱われるベクトルは，**整数** (integer) または**実数** (real number) を成分としてもつ数値ベクトルであろう．ここでは，数値ベクトルの簡易的な作り方や実数列の生成法，数値ベクトルへの関数の適用などを述べる．なお，R では数値ベクトルの成分としては，実数以外にも**複素数** (complex number) を使うこともできる．

手軽にベクトルを作る方法は，関数 c[16]を利用することである．例として，初期値 1，公比 10 の 5 項の等比数列を生成するためには以下のように入力する．

---

[15] ベクトルは，**型** (type, mode) と**長さ** (length) という 2 つの**属性** (attribute) をもつオブジェクトである．
[16] 本来は「連結する」(concatenate) という意味をもつ関数であるが，「結合する」(combine) や「集める」(collect) とも解釈できよう．

```
> c(1,10,100,1000,10000)
[1]     1    10   100  1000 10000
```

等差数列を生成するものは様々な用途で利用されるので，ここでまとめて解説する．まず，**等差数列演算子** (sequence operator) (:) がある．

```
> 1:10
 [1]  1  2  3  4  5  6  7  8  9 10
```

この入力によって，1 から 10 までの公差 1 の等差数列 (自然数列) を生成できる．この演算子は自然数のみではなく，以下のように負の数を含む整数列も生成できることに注意しよう．

```
> -5:5
 [1] -5 -4 -3 -2 -1  0  1  2  3  4  5
```

さらに，降順に自然数列を生成することも可能である．

```
> 10:1
 [1] 10  9  8  7  6  5  4  3  2  1
```

この演算子は，繰り返し計算を行う際に重要な役割を果たす．

次に，関数 seq[17] を利用する例を与える．この関数を使って 1 から 10 までの公差 1 の等差数列を与えるには以下のように入力する．

```
> seq(1,10)
 [1]  1  2  3  4  5  6  7  8  9 10
```

引数 by に適切な公差の値を与えることによって，様々な等差数列を生成することができる．

```
> seq(1,10,by=2) # 公差 2
[1] 1 3 5 7 9
> seq(0,1,by=0.1) # 公差 0.1
 [1] 0.0 0.1 0.2 0.3 0.4 0.5 0.6 0.7 0.8 0.9 1.0
```

さらに，引数 length を利用すると，初項と終項を任意個の数列に等分割する数列を生成することができる．

```
> seq(0,1,length=5)
[1] 0.00 0.25 0.50 0.75 1.00
```

ベクトルは様々な演算の対象となり，以下のような計算が可能である．

```
> 2*seq(1,10)
 [1]  2  4  6  8 10 12 14 16 18 20
> seq(2,20,by=2)/2
 [1]  1  2  3  4  5  6  7  8  9 10
> seq(1,10)+seq(10,1)
 [1] 11 11 11 11 11 11 11 11 11 11
> seq(1,10)/seq(1,10)
 [1] 1 1 1 1 1 1 1 1 1 1
```

さらに，R 関数にはベクトルを引数として与えることが可能なものがある．例えば，常用対数を計算する関数 log10 の引数にベクトルを与えることによって，以下のような結果が得られる．

---

17) 数列 (sequence) の意．

```
> log10(c(1,10,100,1000,10000))
[1] 0 1 2 3 4
```

2.7.2 変数の利用

これまでは，数値や数値ベクトルに対する演算や関数を利用した「その場限り」の計算を主に扱った．これらの結果はRの終了とともにオブジェクトとして保存されることはない．繰り返し利用するような数値や数値ベクトルを「保存」しておいて再利用するために，数値や数値ベクトルに**名前** (name) を**付値**[18] (assignment) するという方法を解説する．ここで，結果として与えられる名前と値のペアは**変数** (variable) とよばれる．なお，2.4節に変数（またはオブジェクト）を作成する際の命名に関する注意点を与えるので適宜参照してほしい．

例として，$\{1, 10, 100, 1000, 10000\}$ という数列に x という名前を付値することを考える．

```
> x<-c(1,10,100,1000,10000)
```

ここで，<-はベクトル c(1,10,100,1000,10000) に x という名前を付値するための演算子[19]である．このように作られた変数 (x, c(1,10,100,1000,10000)) はオブジェクト（ベクトルオブジェクト）として扱われ，明示的に削除しない限り，作業空間に保存される．

実際に x が作業空間に存在することは，オブジェクトのリスト (list) を表示させる関数 ls を使って以下のように確かめることができる．

```
> ls()
[1] "x"
```

さらに，オブジェクトのリストとともに，そのオブジェクトの構造 (structure) を表示させるためには，関数 ls.str を利用すればよい．

```
> ls.str()
x :  num [1:5] 1 10 100 1000 10000
```

この結果は，オブジェクト x が作業空間に存在し，それが長さ 5 ([1:5]) の実数 (数値; numeric) であることを示している．

オブジェクトの「内容」を表示させたいときには，オブジェクト名そのものをプロンプトに続いて入力すればよい．

```
> x
[1]     1    10   100  1000 10000
```

なお，名前を与えると同時にコンソールに内容を表示させたいときには，式を括弧 ( ) で括ればよい．

```
> (x<-c(1,10,100,1000,10000))
[1]     1    10   100  1000 10000
```

x は数値のように扱うことができる．例えば，四則演算を含む式で計算させたり，関数 log10 の引数として以下のように利用することができる．

[18) **代入**という用語が使われることもある．
[19) **付値演算子** (assignment operator) とよばれる．<-と同様の付値演算子として，=も利用することができる．

```
> 2*x+1
[1]     3    21   201  2001 20001
> log10(x)
[1] 0 1 2 3 4
```

ベクトルは，属性として**長さ** (length) をもつ．例えば，x の長さは関数 `length` を用いて調べることができる．

```
> length(x)
[1] 5
```

ベクトルの**成分** (element) を部分的に抽出したい場合は [ ] を利用する．例えば，x の 2 番目の成分を抽出したい場合には，以下のように入力する．

```
> x
[1]     1    10   100  1000 10000
> x[2]
[1] 10
```

複数の成分を抽出することもでき，例えば，1 番目と 5 番目の成分や，2 番目から 4 番目までの成分を抽出したい場合には，以下のように入力する．

```
> x[c(1,5)]
[1]     1 10000
> x[2:4]
[1]   10  100 1000
```

逆に，特定の成分を取り除いたものを得ることもできる．例えば，x の 1 番目と 3 番目の成分を取り除いたものを作りたい場合には，以下のように入力する．

```
> x[c(-1,-3)]
[1]    10  1000 10000
```

変数は必要に応じて**再定義** (redefine) することが可能である．例として，x を標準正規分布[20]に従う 50 個の乱数で強制的に置き換える (再命名する) ことを考える．

```
> x
[1]     1    10   100  1000 10000
> set.seed(12345)
> x<-rnorm(50)
> x
 [1]  0.58552882  0.70946602 -0.10930331 -0.45349717
 [5]  0.60588746 -1.81795597  0.63009855 -0.27618411
 [9] -0.28415974 -0.91932200 -0.11624781  1.81731204
[13]  0.37062786  0.52021646 -0.75053199  0.81689984
[17] -0.88635752 -0.33157759  1.12071265  0.29872370
[21]  0.77962192  1.45578508 -0.64432843 -1.55313741
[25] -1.59770952  1.80509752 -0.48164736  0.62037980
[29]  0.61212349 -0.16231098  0.81187318  2.19683355
[33]  2.04919034  1.63244564  0.25427119  0.49118828
[37] -0.32408658 -1.66205024  1.76773385  0.02580105
```

---

[20] 平均 0，標準偏差 1 (分散 $1^2 = 1$) の正規分布のこと．

```
[41]  1.12851083 -2.38035806 -1.06026555  0.93714054
[45]  0.85445172  1.46072940 -1.41309878  0.56740325
[49]  0.58318765 -1.30679883
```

ここで set.seed は乱数の生成に利用される種 (seed) を指定するための関数であり, 12345 を種として与えている. なお, この関数を実行する理由は, 本書の結果と読者が実際に実行した結果を一致 (再現) させるためである[21]. このように再定義された変数 x も, 以下のように関数の引数として与えることによって利用できる.

```
> sum(x) # x の和
[1] 8.978313
> summary(x) # x の要約
   Min. 1st Qu.  Median    Mean 3rd Qu.    Max.
-2.3804 -0.4746  0.4309  0.1796  0.8156  2.1968
```

ここで, sum はオブジェクトの要素の和を計算する関数である. また, summary はオブジェクトを**要約** (summary) する関数[22]であり, 引数に数値ベクトルが与えられた場合は, その最小値 (minimum value), 第1四分位点 (1st quartile), 中央値 (median), 平均値 (mean), 第3四分位点 (3rd quartile), 最大値 (maximun value) を結果として返す. これらの値の解説については 9.1 節を参照してほしい.

次に, 関数 plot を利用することによって, このオブジェクトの**インデックスプロット** (index plot) を行うことができる (図 2.2 も参照).

```
> plot(x)
```

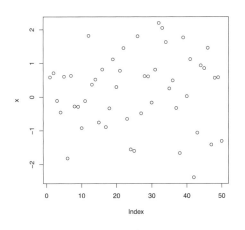

図 **2.2** 50 個の標準正規乱数のインデックスプロット: 横軸はデータ (ベクトル) のインデックス (添字)

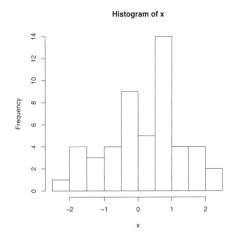

図 **2.3** 50 個の標準正規乱数のヒストグラム

---

21) 逆に, set.seed 関数を実行しない場合は乱数を生成するごとに異なったものが生成されるため, 再現性を確保できない.
22) summary は**総称関数** (generic funciton) の一つである. 総称関数は, オブジェクトの**クラス** (class) に対して適切な方法 (**メソッド** (method) とよばれる) を割り当てる (**ディスパッチ** (dispatch) とよばれる) ことによってオブジェクトを処理する. この他にも, plot(プロットする), print(表示する) などの総称関数がある. なお, 総称関数はオブジェクト指向プログラミング言語の特徴の一つである.

なお，Rで描かれたプロットは，OS環境ごとに若干方法は異なるが，コピーすることによって他の文書にペーストすることができたり，PDFファイルや他の画像形式でファイルとして保存することも可能である．なお，Rのグラフィック機能に関する詳細は付録B.3を参照してほしい．

また，データの分布状況をみるための可視化の基本的なものである**ヒストグラム** (histogram) は，関数 hist を用いて描くことができる（図2.3も参照）．

```
> hist(x)
```

2.7.3 文字ベクトル

Rでは，数値以外に**文字列** (character strings) を成分としてもつベクトル，すなわち**文字ベクトル** (character vector) も扱うことができる．文字列はダブルクォーテーション (") で囲む必要がある．

例えば，関数 c を使って以下のように文字ベクトルを作成することができる．

```
> c("Open","the","sesame")
[1] "Open"   "the"    "sesame"
```

文字ベクトルは，数値ベクトルと同様に名前を付値することができる．

```
> (incantation<-c("Open","the","sesame"))
[1] "Open"   "the"    "sesame"
```

なお，日本語環境下では，以下のように「日本語」も扱うことができる[23]．

```
> 呪文<-c("開け","ごま")
> 呪文
[1] "開け" "ごま"
```

ここで，オブジェクト「呪文」はRのベクトルに付置された名前である．

文字ベクトルも数値ベクトルと同様に，[ ] を使って成分を抽出することができる．

```
> incantation[1:2]
[1] "Open" "the"
```

また，文字ベクトルに対して特別に用意された関数も存在する．例えば，関数 nchar は文字ベクトルにおける文字列の文字数を与える．

```
> incantation
[1] "Open"   "the"    "sesame"
> nchar(incantation)
[1] 4 3 6
```

文字列の一部を関数 substring で取り出すこともできる．incantation におけるそれぞれの成分の1番目から2番目の文字を取り出すには，以下のように入力する．

```
> substring(incantation,1,2)
[1] "Op" "th" "se"
```

さらに，関数 paste を利用すると，文字列を以下のように結合することができる．

---

[23] Rはマルチバイト文字を扱うことができる．

```
> paste("Open","the","sesame")
[1] "Open the sesame"
```

ここで，連結部分に利用されるデフォルトの文字列は「半角空白」であるが，引数 sep に適切な文字列 (ここではマイナス記号 (-)[24]) を与えることによって，連結文字を変更することができる．

```
> paste("Open","the","sesame",sep="-")
[1] "Open-the-sesame"
```

また，引数 collapse を適切に与えることによって，文字ベクトルにおける成分を結合して一つの文字列にすることができる．

```
> paste(incantation,collapse=" ")
[1] "Open the sesame"
```

ここでは，半角空白を与えている．

2.7.4 論理ベクトル

R では**論理値** (logical value) を扱うことができる．**真** (true) は TRUE, **偽** (false) は FALSE と入力することによって生成される．例えば，論理値を成分としてもつベクトル (**論理ベクトル** (logical vector)) は以下のように生成される．

```
> (TF<-c(TRUE,FALSE))
[1]  TRUE FALSE
```

例として，このベクトルに対して，論理ベクトルに対する特殊な演算である**否定演算子** (negation operator)！を適用する．

```
> !TF
[1] FALSE  TRUE
```

論理値が逆になっていることに注意しよう．

また，関数 as.numeric を利用することによって，論理値を数値に変換することができる．

```
> as.numeric(TF)
[1] 1 0
```

すなわち，論理値 TRUE は数値 1 に変換され，FALSE は数値 0 に変換される．

さらに，論理値は，ある種の条件を満たすベクトルの成分の抽出などに利用できる．例えば，標準正規乱数のオブジェクト x の成分の中で，0 以上のものの真偽や，その個数，そして，その成分そのものを調べる例を以下に与える．

```
> x
 [1]  0.58552882  0.70946602 -0.10930331 -0.45349717
 [5]  0.60588746 -1.81795597  0.63009855 -0.27618411
 [9] -0.28415974 -0.91932200 -0.11624781  1.81731204
[13]  0.37062786  0.52021646 -0.75053199  0.81689984
[17] -0.88635752 -0.33157759  1.12071265  0.29872370
[21]  0.77962192  1.45578508 -0.64432843 -1.55313741
```

---

[24] ここでは，この名称を使うことにする．ちなみに，ハイフン，ダッシュ，マイナス，ハイフンマイナスなどとよばれ混同されるが，厳密には区別するべきである．

```
[25] -1.59770952  1.80509752 -0.48164736  0.62037980
[29]  0.61212349 -0.16231098  0.81187318  2.19683355
[33]  2.04919034  1.63244564  0.25427119  0.49118828
[37] -0.32408658 -1.66205024  1.76773385  0.02580105
[41]  1.12851083 -2.38035806 -1.06026555  0.93714054
[45]  0.85445172  1.46072940 -1.41309878  0.56740325
[49]  0.58318765 -1.30679883
> x>=0
 [1]  TRUE  TRUE FALSE FALSE  TRUE FALSE  TRUE FALSE FALSE
[10] FALSE FALSE  TRUE  TRUE  TRUE FALSE  TRUE FALSE FALSE
[19]  TRUE  TRUE  TRUE  TRUE FALSE FALSE FALSE  TRUE FALSE
[28]  TRUE  TRUE FALSE  TRUE  TRUE  TRUE  TRUE  TRUE  TRUE
[37] FALSE FALSE  TRUE  TRUE  TRUE FALSE FALSE  TRUE  TRUE
[46]  TRUE FALSE  TRUE  TRUE FALSE
> sum(x>=0)
[1] 29
> x[x>=0]
 [1] 0.58552882 0.70946602 0.60588746 0.63009855 1.81731204
 [6] 0.37062786 0.52021646 0.81689984 1.12071265 0.29872370
[11] 0.77962192 1.45578508 1.80509752 0.62037980 0.61212349
[16] 0.81187318 2.19683355 2.04919034 1.63244564 0.25427119
[21] 0.49118828 1.76773385 0.02580105 1.12851083 0.93714054
[26] 0.85445172 1.46072940 0.56740325 0.58318765
```

ここで, sum は論理値が TRUE の場合に 1, FALSE の場合は 0 と置き換えて和をとったことを意味する (すなわち, 非負の値をもつ成分の個数となる).

2.8 行列

R で**行列** (matrix) を扱うための主な関数と演算子の役割を表 2.3 に与える.

では, 行列 $\mathbf{X}$ と列ベクトル y を

$$\mathbf{X} = \begin{bmatrix} 1 & -1 \\ 1 & 0 \\ 1 & 1 \end{bmatrix}, \quad y = \begin{bmatrix} 1 \\ 2 \\ 3 \end{bmatrix}$$

として, 行列計算を R を用いて行うことを考える.

まず, 関数 matrix(行列の生成), cbind(ベクトルを列結合して行列を生成), rep(数値または文字列を指定回数分繰り返す), c(数値または文字列の結合) を適切に利用して, 以下のように行列 $\mathbf{X}$ と列ベクトル y を定義しよう.

```
> (X<-cbind(rep(1,3),c(-1,0,1)))
     [,1] [,2]
[1,]    1   -1
[2,]    1    0
[3,]    1    1
```

表 2.3 行列を扱うための関数と演算子の役割

関数，演算子	役割
cbind	ベクトルを列結合して行列を生成
rbind	ベクトルを行結合して行列を生成
+,-	行列の和，差
%*%	行列積
%o%	外積
[ ]	行列から成分を抽出
matrix	行列の生成
dim, nrow, ncol	行列の次元，行数，列数を計算
diag	対角成分の抜出し，対角行列の生成
t	行列の転置
crossprod	行列の交差積
det	行列式の計算
solve	逆行列の計算，連立 1 次方程式を解く
eigen	行列の固有値，固有ベクトルの計算
svd	特異値分解
qr	QR 分解
chol	コレスキー分解

```
> (y<-matrix(c(1,2,3)))
     [,1]
[1,]    1
[2,]    2
[3,]    3
```

一般に行列は数値を行と列に配置したもので定義されるが，R における**行列オブジェクト** (matrix object) は行数と列数を併せた dim を属性としてもつ．これを調べるためには，関数 dim を利用すればよい．

```
> dim(X)
[1] 3 2
> dim(y)
[1] 3 1
```

ここで，R において列ベクトルは列数 1 の行列として定義されることに注意しよう[25]．また，行列の行数と列数は関数 nrow，ncol を利用して単独に求めることも可能である．

```
> nrow(X)
[1] 3
> ncol(X)
[1] 2
> nrow(y)
[1] 3
> ncol(y)
[1] 1
```

次に，関数 t を利用して行列 **X** の**転置行列** (transpose matrix) $\mathbf{X}'(=\mathbf{X}^t)$ を計算する．

---

[25] 同様に，行ベクトルは行数 1 の行列として定義される．

```
> t(X)
     [,1] [,2] [,3]
[1,]    1    1    1
[2,]   -1    0    1
```

行列の**転置** (transpose) は「列を行に置き換える」演算であることを思い出そう.

次に, 演算%*%を利用して, この転置された行列 $\mathbf{X}'$ ともとの行列 $\mathbf{X}$ の積 $\mathbf{X}'\mathbf{X}$ を計算する.

```
> t(X)%*%X
     [,1] [,2]
[1,]    3    0
[2,]    0    2
```

この行列は**交差積行列** (cross product matrix) とよばれ, 関数 crossprod を利用すると直接求めることができる.

```
> crossprod(X)
     [,1] [,2]
[1,]    3    0
[2,]    0    2
```

この行列は, 非対角成分がすべて 0 であることから**対角行列** (diagonal matrix) である. なお, 対角行列は転置をとっても変化しない**対称行列** (symmetric matrix) となっている. すなわち, $(\mathbf{X}'\mathbf{X})' = \mathbf{X}'\mathbf{X}$ となる.

次に, 関数 solve を利用して交差積行列の逆行列 $(\mathbf{X}'\mathbf{X})^{-1}$ を計算する.

```
> solve(crossprod(X))
          [,1] [,2]
[1,] 0.3333333  0.0
[2,] 0.0000000  0.5
```

この結果は, もとの対角成分の逆数を対角成分としてもつことを表している. なお, 一般に対角行列の逆行列は, 対角成分の逆数を対角成分としてもつことを思い出そう.

次に, $\mathbf{P} := \mathbf{X}(\mathbf{X}'\mathbf{X})^{-1}\mathbf{X}'$ で定義される**射影行列** (projection matrix) を R で定義しよう.

```
> (P<-X%*%solve(crossprod(X))%*%t(X))
            [,1]      [,2]       [,3]
[1,]   0.8333333 0.3333333 -0.1666667
[2,]   0.3333333 0.3333333  0.3333333
[3,]  -0.1666667 0.3333333  0.8333333
```

射影行列 $\mathbf{P}$ は対称性 $\mathbf{P}' = \mathbf{P}$ と冪等性 $\mathbf{P}^2 = \mathbf{P}$ をもつが, R で以下のように確かめることができる.

```
> (t(P))
            [,1]      [,2]       [,3]
[1,]   0.8333333 0.3333333 -0.1666667
[2,]   0.3333333 0.3333333  0.3333333
[3,]  -0.1666667 0.3333333  0.8333333
> (P%*%P)
            [,1]      [,2]       [,3]
[1,]   0.8333333 0.3333333 -0.1666667
```

```
[2,]  0.3333333  0.3333333  0.3333333
[3,] -0.1666667  0.3333333  0.8333333
```

一般に，射影行列の**固有値** (eigen value) は 0 または 1 であることが知られている．R では関数 eigen で対称行列の固有値，固有ベクトルを以下のように求めることができる．

```
> eigen(P)
eigen() decomposition
$values
[1] 1.000000e+00 1.000000e+00 6.661338e-16

$vectors
           [,1]       [,2]       [,3]
[1,]  0.9128709  0.0000000  0.4082483
[2,]  0.3651484  0.4472136 -0.8164966
[3,] -0.1825742  0.8944272  0.4082483
```

ここで，$values が固有値を表しており，2 個の 1 と 1 個の 0[26]の値をもつことがわかる．

一般に，n 次射影行列 $\mathbf{P}$ は n 次元ベクトル $\boldsymbol{y} \in \mathbb{R}^n$ を $(n \times p)$ 行列 $\mathbf{X}$ の列ベクトルの張る空間 $\mathcal{M}(\mathbf{X}) := \{\alpha_1 \boldsymbol{x}_1 + \cdots + \alpha_p \boldsymbol{x}_p \mid \alpha_1, \cdots, \alpha_p \in \mathbb{R}\}$ へ正射影する行列である．一方，$\mathbf{Q} := \mathbf{I}_3 - \mathbf{P}$ と定義すると，行列 $\mathbf{X}$ の列ベクトルの張る空間 $\mathcal{M}(\mathbf{X})$ の直交補空間 $\mathcal{M}^\perp(\mathbf{X})$ への射影行列となっている．ここで，$\mathbf{I}_3 := \mathrm{diag}(1,1,1)$ (; 3 次単位行列) であり，R では関数 diag を利用して生成することができる．このことは，ベクトル $\mathbf{P}\boldsymbol{y}$ と $\mathbf{Q}\boldsymbol{y}$ の内積が 0，すなわち直交することによって確かめることができる．

$$\langle \mathbf{P}\boldsymbol{y}, \mathbf{Q}\boldsymbol{y} \rangle = (\mathbf{P}\boldsymbol{y})' \mathbf{Q}\boldsymbol{y} = 0$$

実際，

```
> P%*%y
     [,1]
[1,]   1
[2,]   2
[3,]   3
> (Q <- (diag(3)-P))
           [,1]       [,2]       [,3]
[1,]  0.1666667 -0.3333333  0.1666667
[2,] -0.3333333  0.6666667 -0.3333333
[3,]  0.1666667 -0.3333333  0.1666667
> Q%*%y
             [,1]
[1,] 1.110223e-16
[2,] 2.220446e-16
[3,] 2.775558e-16
> t(P%*%y)%*%Q%*%y
             [,1]
[1,] 1.387779e-15
```

となり，計算誤差を無視すると内積が 0 となり，直交していることがわかる．

---

26) 計算機による計算の丸め誤差によって 6.66133814775094e−16 となり，厳密には 0 とはなっていない．

2.9 特殊値

2.9.1 欠損値

Rでは**欠損値** (Not Avarable value: NA) を NA と表記する．欠損値を含むベクトルの例を以下に与える．

```
> (y<-c(1,2,NA,4,5))
[1]  1  2 NA  4  5
```

ここで，欠損値がベクトルに含まれるかどうかを判断する一つの方法は，関数 is.na[27] を利用することである．

```
> is.na(y)
[1] FALSE FALSE  TRUE FALSE FALSE
```

この例では，3番目の成分が欠損値であることを示す結果が与えられている．

一般に，欠損値の取り扱いは難しいが，最も簡単な処理法は取り除くことである．Rでは関数 na.omit を使って欠損値を取り除くことができる．

```
> na.omit(y)
[1] 1 2 4 5
attr(,"na.action")
[1] 3
attr(,"class")
[1] "omit"
```

また，関数によっては，欠損値の存在を許すものや，デフォルトでは欠損値を扱うことができないが，欠損値を除去してから計算を実行するための引数 na.rm を利用できるものもある．

```
> summary(y)
   Min. 1st Qu.  Median    Mean 3rd Qu.    Max.    NA's
   1.00    1.75    3.00    3.00    4.25    5.00       1
> mean(y)
[1] NA
> mean(y,na.rm=TRUE)
[1] 3
```

ここで，summary は欠損値を許す関数であり，その数をカウントして表示してくれる．また，mean はデフォルトでは欠損値を許さない．すなわち，欠損値が含まれる場合は欠損値 NA を結果として返すが，引数に na.rm = TRUE と与えることによって，欠損値を取り除いた残りのものに対して**平均** (mean) を返す．

2.9.2 無限大と非数値

Rにおいて**無限大** (infinity) ∞ は Inf と表記される．例えば，

---

[27] Rには，そのオブジェクトの型やクラスがどのようなものかを調べるために，is で始まる関数が用意されている．例えば，is.numeric, is.character などがある．

```
> 1/0
[1] Inf
> -1/0
[1] -Inf
```

などの結果において現れる．

また，$0/0, \infty - \infty, \infty/\infty$ などのいわゆる**不定形** (indeterminate form) は，R では NaN[28] として扱われる．

```
> 0/0
[1] NaN
> Inf-Inf
[1] NaN
> Inf/Inf
[1] NaN
```

演習問題

Q 2.1 演算子 : と関数 seq を使った例をそれぞれ 3 つずつ考えよ．

Q 2.2 以下の数列を生成せよ．

(1)　[1]　1　4　7　10　13　16　19　22　25　28

(2)　[1]　　1　　8　27　64　125　216　343　512　729　1000

(3)　[1]　1.000000　1.473684　1.947368　2.421053　2.894737
　　[6]　3.368421　3.842105　4.315789　4.789474　5.263158
　　[11]　5.736842　6.210526　6.684211　7.157895　7.631579
　　[16]　8.105263　8.578947　9.052632　9.526316　10.000000

Q 2.3 以下は，R に標準的に用意されているオブジェクトである．実際にコンソールから入力して，どのようなものかを確認せよ．

```
LETTERS
letters
month.abb
month.name
```

Q 2.4 行列 $\mathbf{X}$ と列ベクトル y を

$$\mathbf{X} = \begin{bmatrix} 1 & -2 \\ 1 & -1 \\ 1 & 0 \\ 1 & 1 \\ 1 & 2 \end{bmatrix}, \quad y = \begin{bmatrix} 1 \\ 2 \\ 1 \\ 2 \\ 1 \end{bmatrix}$$

として，以下の計算を R を用いて行え．

(1) $\mathbf{X}'\mathbf{X}$　　(2) $(\mathbf{X}'\mathbf{X})^{-1}$　　(3) $(\mathbf{X}'\mathbf{X})^{-1}\mathbf{X}'y$　　(4) $\mathbf{P} := \mathbf{X}(\mathbf{X}'\mathbf{X})^{-1}\mathbf{X}'$, $\mathbf{Q} := \mathbf{I}_5 - \mathbf{P}$

(5) $\mathbf{P}'$, $\mathbf{Q}'$　　(6) $\mathbf{P}^2$, $\mathbf{Q}^2$　　(7) trace$\mathbf{P}$, trace$\mathbf{Q}$　　(8) $\langle \mathbf{P}y, \mathbf{Q}y \rangle$

---

[28] Not a Number (非数値) の略．

Rへのデータの読み込み

Rには，(外部) ファイルからデータを読み込むための多様な関数が提供されている．ここでは主に以下のような関数を利用することによって，データをRに読み込む方法について述べる．

- scan: データが半角空白などで区切られた形式でテキストファイルに保存されたものから逐次的にRに読み込む際に利用する．
- read.csv: データがCSV[1]ファイルで用意されているときにRに読み込む際に利用する．
- read.table: データが「表」形式に整形されたテキストファイルからRに読み込む際に利用する．

これらの関数を利用し，各種のファイルをRに読み込むことを実体験することによって，実際のデータをRで解析するための第一歩を踏み出したことを実感できよう．なお，本章で扱うデータについての詳細は付録Dに与えたので参照してほしい[2]．

3.1 scan を利用したデータの読み込み　　check box □□□

以下のような**テキストファイル** (text file) が作業ディレクトリに用意されているものとし[3]，このファイルからデータをRへ読み込む方法について述べる．

データファイル: weight.rda

3110	2500	2770	3010	3000	3000	2740	3040
3060	3410	3100	2620	3910	3650	2840	2480
2790	3720	3520	2850	3140	2780	2270	2700
2830	3020	3160	4060	2620	3390	3050	3190
3710	3460	3200	3260	3040	3610	3360	3280
2480	3440	2970	3050	2590	3320	3580	3820
3450	4150	3300	3020	3360	3140	3300	3600
3330	3300	3300	3170	3340	3250	2880	3560
3060	3320	2740	2380	3590	2460	2960	3170
3000	3250	3140	3220	3160	3730	3460	3360
3160	3540	2890	3060	2900	3040	3220	3590
2680	3150	2770	3220	2970	3300	3560	3520
2760	2740	2820	4180				

---

1) **C**omma **S**eparated **V**alues の略．**区切り文字** (separator) としてカンマ (,) を使ったテキストファイル．
2) 付録Dに与えたデータは，「本書の使い方」で述べた方法によって各種のファイル形式で入手可能である．
3) 本来，ファイルの拡張子はユーザが任意に与えることができるが，ここではRのデータ (**R** d**a**ta) が収められたファイルであることを明示することと，R以外のソフトウェアとのバッティングを避けるために rda としている．

ここで，数値と数値の間は半角空白と改行コードで区切られたものであればよい[4]．この形式のファイルからデータをオブジェクトとして R に読み込むためには，関数 scan を利用して以下のように入力する．

```
> (weight<-scan("weight.rda"))
  [1] 3110 2500 2770 3010 3000 3000 2740 3040 3060 3410 3100
 [12] 2620 3910 3650 2840 2480 2790 3720 3520 2850 3140 2780
 [23] 2270 2700 2830 3020 3160 4060 2620 3390 3050 3190 3710
 [34] 3460 3200 3260 3040 3610 3360 3280 2480 3440 2970 3050
 [45] 2590 3320 3580 3820 3450 4150 3300 3020 3360 3140 3300
 [56] 3600 3330 3300 3300 3170 3340 3250 2880 3560 3060 3320
 [67] 2740 2380 3590 2460 2960 3170 3000 3250 3140 3220 3160
 [78] 3730 3460 3360 3160 3540 2890 3060 2900 3040 3220 3590
 [89] 2680 3150 2770 3220 2970 3300 3560 3520 2760 2740 2820
[100] 4180
```

以上の操作で，データがオブジェクト weight として作業空間に用意された．weight がどのようなオブジェクトであるかは，以下のように入力することによって調べることができる．

```
> class(weight)
[1] "numeric"
> length(weight)
[1] 100
> is.vector(weight)
[1] TRUE
```

この結果から，長さ 100 の**数値ベクトル** (numeric vector) であることがわかる．なお，関数 str を利用することによって，オブジェクト weight の**データ構造** (data structure) を簡単に調べることができる．

```
> str(weight)
 num [1:100] 3110 2500 2770 3010 3000 3000 2740 3040 3060 3410 ...
```

なお，このデータは新生児の体重 (weight) に関するデータである (付録 D.1 も参照).

3.2 read.csv を利用したデータの読み込み

以下のような CSV ファイルが作業ディレクトリに用意されているものとする．

データファイル: babieshw.csv(一部)

```
height,weight
46,2700
49.5,3220
50,3360
```

---

[4] もし，データ間の区切り文字がカンマやタブ等でも，関数 scan の引数 sep に適切なコードを与えることによって対応できる．例えば，カンマ区切り (CSV 形式等) の場合は，sep=",", タブ区切りの場合は，sep="¥t" と指定すればよい．

```
    :    :
    :    :
   48,2620
   47.5,2860
   48,2530
```

ただし，1行目には2行目以降のデータに関する変量名 (heigth, weight) が与えられている．これは，**多変量データ** (multivariate data) の典型的な例であり，行が**観測** (observation)，列が**変量** (variate) という構造をもち，カンマ (,) と改行コードで区切られている．なお，多変量データの定義については8.4節を，その要約と可視化については第9章をそれぞれ参照してほしい．

この形式のファイルからデータをオブジェクトとしてRに読み込むためには，関数 read.csv を利用して以下のように入力する．

```
> babieshw.frame<-read.csv("babieshw.csv",header=TRUE)
```

ここでは，第1引数でRへ読み込むデータのファイル名"babieshw.csv"を指定しており，引数 header に論理値 TRUE を与えることによってファイルの1行目に表形式のデータの列名 (ヘッダー) が与えられていることを表している．このデータは60人分の新生児の身長 (height) と体重 (weight) に関するデータである (付録D.2も参照)．

オブジェクト babieshw.frame は，**データフレーム**[5] (data frame) クラスのオブジェクトであり，その構造として，行数が**観測数** (number of observations)，列数が**変量数** (number of variates) を表す．これらの数は関数 dim で調べることができる．

```
> dim(babieshw.frame)
[1] 60  2
```

この結果から，babieshw.frame は観測数60，変量数2をもつ多変量データであることがわかる．関数 head を利用すると，以下のように babieshw.frame の一部 (観測番号の上位) を表示することができる．

```
> head(babieshw.frame)
  height weight
1   46.0   2700
2   49.5   3220
3   50.0   3360
4   50.0   3500
5   49.0   3120
6   50.0   3160
```

さらに，関数 str を利用すると，以下のように babieshw.frame の構造を表示することができる．

```
> str(babieshw.frame)
'data.frame':    60 obs. of  2 variables:
 $ height: num  46 49.5 50 50 49 50 53 48 49 50.5 ...
 $ weight: int  2700 3220 3360 3500 3120 3160 4150 3310 2880 3090 ...
```

---

[5] データフレームは，多変量データを扱うことに適したRのデータ構造である．データフレームは，行列オブジェクトと似ているが，異なった**型** (mode) の列をもつことができる点が行列オブジェクトとの違いであることに注意しよう．

この結果から，babieshw.frame が 2 変数 (variables)[6] の 60 個の観測 (obs.) をもつデータフレーム (data frame) であることがわかり，さらに，変数 height が実数 (num)，変数 weight が整数 (int) であることがわかる．なお，$ はデータフレームからリスト (この場合は変数) を抽出するための演算子であり，実際に以下のように weight をオブジェクト babieshw.frame から抽出することができる．

```
> babieshw.frame$weight
 [1] 2700 3220 3360 3500 3120 3160 4150 3310 2880 3090 3020
[12] 3360 3110 3560 2990 3440 2920 3060 3360 3400 3200 2940
[23] 2850 3220 2750 3020 2570 3030 2410 3280 3140 3040 3910
[34] 2770 2340 3140 3560 3390 3420 3450 3590 2830 3120 3190
[45] 3600 2980 3090 3630 4060 3720 3400 3430 3250 2760 3320
[56] 2930 3320 2620 2860 2530
```

3.3 read.table を利用したデータの読み込み　　check box □□□

以下のような「表形式」のデータがテキストファイルとして用意されているものとする．

```
データファイル: babies.rda (一部)
 weight height chest head gender
  3170   49.5  33.5 34.0  female
  2610   45.0  30.5 31.5    male
  3020   48.5  32.5 32.5    male
  3020   49.0  31.0 32.5    male
    :      :     :    :       :
    :      :     :    :       :
  3090   50.0  31.5 32.5    male
  3450   49.0  33.0 36.0  female
```

ただし，1 行目には 2 行目以降のデータに関する変数名 (weight, height, chest, head, gender) が与えられている．この場合も多変量データの典型的な例であり，行が観測，列が変量という構造をもつ．なお，データ間の区切り文字は，半角空白と改行コードであることに注意しよう[7]．

この形式のファイルからデータをオブジェクトとして R に読み込むためには，関数 read.table を利用して以下のように入力する．

```
> babies.frame<-read.table("babies.rda",header=TRUE)
```

このデータは 100 人分の新生児の身長 (height)，体重 (weight)，胸囲 (chest)，頭囲 (head)，性別 (gendar) に関するデータである (付録 D.3 も参照)．

関数 str で babies.frame の構造を以下のように調べることができる．

---

6) R では変数とよぶが，統計学では変量とよばれる．
7) タブ区切り (¥t) でも，引数に sep="¥t" と与えることによって読み込むことができる．

```
> str(babies.frame)
'data.frame':       100 obs. of  5 variables:
 $ weight: int  3170 2610 3020 3020 3330 2180 3140 3420 2580 3360 ...
 $ height: num  49.5 45 48.5 49 50 46 50 50 47 49.5 ...
 $ chest : num  33.5 30.5 32.5 31 34 28 32 33 30.5 32 ...
 $ head  : num  34 31.5 32.5 32.5 35 32 31.5 35 32.5 33 ...
 $ gender: Factor w/ 2 levels "female","male": 1 2 2 2 2 2 1 2 1 2 ...
```

この結果から，babies.frame が 5 変数 (variables)，100 個の観測 (obs.) をもつデータフレーム (data frame) であることがわかり，変数 gender 以外の変数が整数 (integer) または実数 (numeric) であり，gender が Factor (**因子**) という型 (type) であることがわかる．型 Factor であれば，gender (性別) を類別 (名義) 尺度として扱うことが可能となる．

3.4 補足

R を通常に起動することによって利用できる関数として，固定幅フォーマット (fixed width formatted) のデータをファイルからデータフレームに読み込むための read.fwf も用意されていることに注意しよう[8]．また，R に標準的に付属するパッケージ foreign を利用することで，様々なソフトウェア (Minitab, S, SAS, SPSS, Stata, Systat, Weka 等) によって作成されたデータファイルを読み込むための関数群が利用できる．

近年の「ビッグデータ」という言葉に象徴される規模の大きなデータを読み込む必要がある場合は，readr パッケージなどの導入を検討することが必要となろう．さらに，MySQL, PostgreSQL などのデータベースからデータを抽出し，データフレームに読み込む場合は，パッケージ RMySQL, RPostgreSQL などを導入することによって利用可能となる．

なお，本章ではデータをファイルから読み込むことのみを扱ったが，例えば，データを CSV 形式のファイルに出力するためには，write.csv が用意されている．ファイルの入出力に関する詳細は，オンラインマニュアル *R Data Import/Export* や Spector (2008), Ren (2016) などを参照してほしい．

演習問題

Q 3.1 以下のようなファイル[9]が作業ディレクトリに用意されているものとする．

データファイル: firms.rda(一部)

sales	employees	assets	code
77674	1540	121201	1
682385	32595	720707	1
80006	1443	138767	1
251358	51406	306772	1

---
8) パッケージ utils に収められている．
9) このデータの説明は付録 D.4 を，データファイルの入手法は「本書の使い方」を参照してほしい．

171763	1554	204786	1
⋮	⋮	⋮	⋮
101879	2407	83815	2

このファイルはデータ間の区切り文字が半角空白のテキストファイルである．なお，1 行目には 2 行目以降のデータに関する変量名 (sales, employees, assets, code) が与えられている．関数 read.table を利用してこのファイルからデータを読み込み，firms.frame というオブジェクトに代入 (付値) せよ．

Q 3.2 R には Microsoft Excel[10] (以後，Excel と略す) で作成されたファイルから直接 R へデータを読み込むための関数がいくつかのパッケージとして提供されている．以下の手順に従って，パッケージ readxl で提供されている read_excel を利用してデータを R へ読み込め．

(1) Excel ファイル babies.xlsx[11] を作業ディレクトリに保存せよ．

(2) パッケージ readxl をインストールせよ[12]．

(3) library を利用して readxl をロードせよ．

> library(readxl)

(4) read_excel を使って，以下のように R に読み込め[13]．

> babies.readxl.frame<-read_excel("babies.xlsx")

(5) この結果と 3.3 節で read.table を使って読み込んだ結果とを比較し，どのような違いがあるかを考察せよ．

Q 3.3 各自が用意したデータファイルを，本章で扱った関数を利用して R に読み込め．

---

[10] Microsoft Excel は米国 Microsoft Corporation の米国およびその他の国における登録商標です．

[11] このデータの説明は付録 D.3 を，データファイルの入手法は「本書の使い方」を参照してほしい．

[12] R におけるパッケージのインストールについては付録 B.6 を参照してほしい．

[13] ファイル babies.xlsx には単一のシートしかないが，複数のシートが存在する場合には引数 sheet を利用することによって，読み込む対象のシートを指定することができる．

グラフィック環境

3 Rへのデータの読み込み　**4**　**5** Rにおける関数の定義

Rでは，データを可視化するための基本的なグラフィック環境 (graphical environment) が graphics パッケージとして提供されている．このパッケージだけでもデータに対する多様なプロットを行うことが可能であるが，追加インストールすることによって利用できる ggplot2 パッケージが近年注目されている．本章では，これらのパッケージで提供される関数の機能を学び，データを実際に可視化することによって，R のグラフィック環境を体験する．このことによって，データを数値的に要約するだけでなく，「目に見える形」にすることの基本を身に付けることができるであろう．なお，付録 B.3 に R のグラフィック機能に関する補足を与えたので参照してほしい．

4.1 graphics パッケージの利用　　　　　　　　　　check box ☐☐☐

R でプロットを行う最も基本的な方法は，デフォルトで用意されている graphics パッケージの関数 plot[1] を利用することである．

> plot の利用法
>
>   plot(x, y, ...)

ここで，引数 x, y にはそれぞれ x 軸，y 軸に対するオブジェクトを与える．また，... にはオプションの引数として，プロットの型 (type) やプロットのタイトル (main, sub)，軸のラベル (xlab, ylab) などを与える．図 2.2 で既にみたように，関数 plot の引数 x のみにオブジェクトが与えられたときはインデックスプロットが描かれる．

引数 x と y の両方にオブジェクトを与える例として，3.3 節で読み込んだ新生児の身長と体重のデータフレーム babieswh.frame における，x 軸に height (身長) を，y 軸に weight (体重) を与えることによって，以下のように散布図を描く．

```
> plot(babieshw.frame$height,babieshw.frame$weight)
```

この入力によって図 4.1 が得られる．

なお，以下のように入力することによっても同様のプロットを得ることができることに注意しよう．

```
> plot(babieshw.frame)
> plot(weight~height,babieshw.frame)
```

---

[1] ここで関数 plot は総称関数であり，通常は plot.default がよび出される．これは，plot がオブジェクト指向言語の特徴の一つである，「引数に与えられたオブジェクトに対して適切なメソッドを割り当てる (ディスパッチ) 機能」をもっていることによって実現されている．

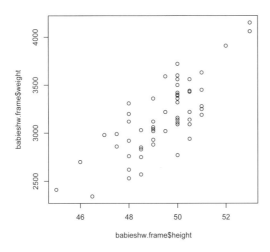

図 4.1 関数 plot を利用した新生児の身長と体重の散布図の描画 (データフレーム babieshw.frame)

4.2 ggplot2 パッケージの利用　　　　　check box ☐☐☐

R には標準的にデータなどをプロットする環境が整っているが，より洗練されたものを作成するためには，専用のパッケージを利用する必要がある．ggplot2 は Wilkinson (2005) によって設計されたグラフィックス (graphics) を作成するための文法 (grammar) に沿って実装されたものである (Wickham (2016) も参照)．パッケージのインストールは他の追加パッケージのインストールと同様に行えばよく (付録 B.6 を参照)，利用する前に，library 関数を利用して以下のように入力する．

```
> library(ggplot2)
```

ggplot2 パッケージに含まれる主な関数として，手早い (quick) 操作でプロットを行うための qplot と，レイヤー (層) 構造を利用できる ggplot がある．

4.2.1 qplot の利用

qplot の利用法は以下のようなものである．

```
qplot の利用法
  qplot(x, y = NULL, ..., data, facets = NULL,
    margins = FALSE, geom = "auto",
    xlim = c(NA, NA), ylim = c(NA, NA), log = "",
    main = NULL, xlab = deparse(substitute(x)),
    ylab = deparse(substitute(y)), asp = NA,
    stat = NULL, position = NULL)
```

ここで，引数 data にプロットを行うためのデータフレームを与え，x, y には，それぞれ，x, y 軸にプロットするためのデータフレームの列名を与える．また，geom にはプロットのタイプを定義するための**幾何学的オブジェクト** (geometric object) を与える．利用可能なものとしては，"point" (点), "smooth" (平滑化曲線), "boxplot" (ボックスプロット), "line" (直線), "histogram" (ヒストグラム), "density" (密度関数), "bar" (棒グラフ), "jitter" (ジッタ) などがある．

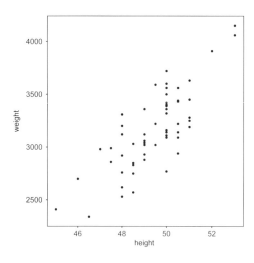

図 4.2 関数 qplot を利用した新生児の身長と体重の散布図の描画 (データフレーム babieshw.frame)

関数 qplot を使って図 4.1 と同様の散布図を描こう．以下のように入力することによって図 4.2 が得られる．

```
> qplot(height,weight,data=babieshw.frame)
```

4.2.2 ggplot の利用

ggplot の利用法は以下のようなものである．

ggplot の利用法

```
ggplot(data = NULL,...)
```

ここで，引数 data にプロットを行うためのデータフレームを与え，... には，引数 mapping にデータフレームの列 (変数) に対して**審美的属性** (aesthetic attribute) をマッピングするための関数 aes の結果を与える．例えば，データフレーム df に dfx と dfy という列があり，それぞれを x, y 軸に対応させてプロットを行いたい場合は以下のように入力する．

```
> ggplot(data = df, mapping = aes(x=dfx, y=dfy))
```

この入力を行うと座標のみが描画される．何らかのプロットのレイヤーを座標に追加するためには "+" を用いる[2]．例えば，幾何学的オブジェクトとして「点」(point) を利用してプロットしたい場合は以下のように入力する．

```
> ggplot(data = df, mapping = aes(x=dfx, y=dfy)) + geom_point()
```

これは，データフレームの各列の尺度水準にも依存するが，**散布図** (scatter plot) を描く場合に対応する．利用可能な幾何学的オブジェクトとしては，geom_smooth (平滑化曲線)，geom_boxplot (ボックスプロット)，geom_line (直線)，geom_histogram (ヒストグラム)，geom_density (密度関数)，geom_bar (棒グラフ)，geom_jitter (ジッタ) などがある．

関数 ggplot を使って図 4.1 と同様の散布図を描こう．以下のように入力することによって図 4.3 が得られる．

---

[2] ggplot では，"+" を行末に入力することによってレイヤーを追加するため，改行が可能となる．

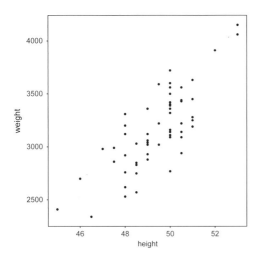

図 4.3 関数 ggplot を利用した新生児の身長と体重の散布図の描画 (データフレーム babieshw.frame)

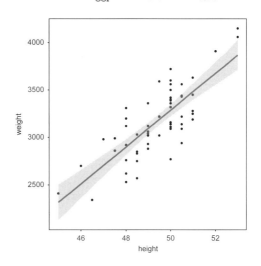

図 4.4 関数 ggplot を利用した新生児の身長と体重の散布図と標本回帰直線の描画 (データフレーム babieshw.frame)

```
> ggplot(babieshw.frame,aes(x=height,y=weight))+
+ geom_point()
```

ここで 2 行目の先頭に表示されている "+" は R の入力を促すために自動的に出力されるものであり，1 行目に入力したレイヤーを追加するために入力した "+" とは異なった意味をもつことに注意してほしい．

さらにレイヤーを追加したい場合は，"+" を引き続き与えることによって以下のように実行できる．

```
> ggplot(babieshw.frame,aes(x=height,y=weight))+
+ geom_point()+
+ geom_smooth(method="lm")
```

ここでは，幾何学的オブジェクトとして直線を追加しており，散布図に回帰直線 (線形モデル (linear model) を当てはめた場合) を追加したプロット (図 4.4) が得られる．

なお，次のように入力することによっても同じ結果が与えられる．

```
> p <- ggplot(babieshw.frame,aes(x=height,y=weight))
> p + geom_point() + geom_smooth(method="lm")
```

ここで，p はデータフレーム babieshw.frame に審美的属性をマッピングした結果のみが格納されたオブジェクト[3]であり，それに点のレイヤー (geom_point()) と回帰直線のレイヤー (geom_smooth(method="lm")) を重ねていくことを表している．詳細は ggplot のヘルプを参照してほしい[4]．

---

3) 情報可視化・データ可視化の分野の言葉でいえば「空間基板」を作成したことになっている．詳しくは，例えば Mazza (2009) を参照してほしい．

4) ggplot2 パッケージの細かな機能の説明は Wickham (2016) を参照してほしい．なお，このパッケージは日々進化しており，細かな変更が行われているので，最新の仕様については http://docs.ggplot2.org/current/ を参照してほしい．

演 習 問 題

Q 4.1 3.3 節で読み込んだデータフレーム babies.frame を利用して，身長 (height) と体重 (weight) の散布図を plot と ggplot を使って描け．

Q 4.2 演習問題 Q 3.1 で読み込んだデータフレーム firms.frame を利用して，従業員数 (employees) と売上高 (sales) の散布図を plot と ggplot を使って描け．

Q 4.3 演習問題 Q 3.3 で各自が読み込んだデータフレームを利用して，散布図を plot と ggplot を使って描け．

R における関数の定義

R には標準で様々な関数が用意されているが，関数を新たに定義することが必要となる場合がある．例えば，R にはデータの「分散」を計算するために var が用意されているが，この関数が返す値は「不偏分散」であり，「通常の分散」ではない（データの分散，不偏分散については本章でも定義を与えるが，無作為標本にもとづくものの特性などについては第 8 章で解説する）．よって，新たに関数を定義することによってデータの通常の分散を計算することができる．ここでは，R で新たな関数を定義するための一般的な方法と引数の解説を与え，実際に通常の分散を計算するための関数 svar を定義する．このことは，R における初歩的なプログラミング法を学ぶことであり，分岐や繰り返しといったプログラミングに欠かすことのできない機能も扱うので，今後のスキルアップにつなげることができるであろう．

5.1 関数の一般形と引数

関数の一般形は以下のようなものである．

```
function(arg1, arg2, ...)
{
    R expression
}
```

ここで，arg1, arg2 は**引数** (argument) とよばれ，関数で利用する変数を与える．ただし，... は**任意個の引数**を与えることを表す特殊な引数である．

関数を利用するためには引数の与え方を知る必要がある．引数の一般形は以下のような形式をしている．

$$\mathtt{fn(arg1,arg2,\sim,argi=}\mathit{argi}\mathtt{,\ldots)}$$

ここで，fn は関数名であり，引数はデフォルト値の有無によって 2 種類に分類される．

- **省略不可能な引数** (required argument)
  デフォルト値が存在しない引数の種類．arg1, arg2 という形式である．
- **省略可能な引数** (optional argument)
  デフォルト値が存在する引数の種類．引数が argi=*argi* という形式で書かれている．
  ここで *argi* がデフォルト値である．

引数の並び方は，「省略不可能な引数，省略可能な引数」の順に並んでいる．また，引数を与えるとき，arg=*arg* と明示的に書いた場合には順序はどのようにしてもよい[1]．

また，ある関数の引数を調べるための関数として args がある．例えば，分散を計算する関

---

[1] このように書くと，関数の引数の与え方が制限を受けているように思われるかもしれないが，実は非常に柔軟である．

数 var がどのような引数をもつかは，以下のように調べることができる．

```
> args(var)
function (x, y = NULL, na.rm = FALSE, use)
NULL
```

5.2 関数の定義

R には様々な関数が用意されているが，場合に応じて新たな関数を定義しなければならないこともある．関数を定義するための一般的な書式は以下のようなものである．

```
> fn <- function(arg1, arg2, ...)
{
    R expression
}
```

ここで，`fn` が定義する関数名である．なお，R 式 (R expression) が 1 行の場合は，以下のように書くことも可能である．

```
fn <- function(arg1, arg2, ...) R expression
```

いま，関数を定義する例として，データ $\{x_1, \cdots, x_n\}$ の通常の**標本分散** (sample variance)

$$s^2 := \frac{1}{n} \sum_{i=1}^{n} (x_i - \overline{x})^2$$

を計算する関数を作成することを考える．ここで，$\overline{x} := \sum_{i=1}^{n} x_i / n$ はデータの平均値である．この理由としては，R における分散を求める関数 var は**不偏分散** (unbiased variance)

$$u^2 := \frac{1}{n-1} \sum_{i=1}^{n} (x_i - \overline{x})^2$$

を求める仕様となっているのに対して，標準的な統計学の教科書では標本分散 s^2 がデータに関する通常の分散として定義される場合が多いからである．

標本分散を求めるための関数は，以下のように入力することによって定義できる．

```
> svar <- function(x) mean((x-mean(x))^2)
```

定義した関数の内容を表示させるためには，以下のように関数名を入力することによってコンソールに表示 (エコーバック) される．

```
> svar
function(x) mean((x-mean(x))^2)
```

さらに，標準正規乱数のオブジェクト x に対する，この関数の結果と，R に標準的に用意されている不偏分散 var の結果とを比較すると，以下のようになる．

```
> svar(x)
[1] 1.178451
> var(x)
[1] 1.202501
```

よって，標本分散 (n で割る) の方が不偏分散 ($n-1$ で割る) よりも過小評価されていることがわかる．

5.3 条件分岐と繰り返し

Rで関数を定義する際，ある種の条件によって処理を変更 (分岐) したり，ある種の処理を繰り返し行う必要が生じる場合がある．

まず，条件分岐は関数 if, else を以下のように利用する．

```
if(condition)
{
  expression1
} else {
  expression2
}
```

ここで，条件 condition が真 (TRUE) のとき R 式 expression1 が実行され，偽 (FALSE) のときは R 式 expression2 が実行される．なお，条件は以下のように複数回連続して利用することも可能である．

```
if(condition1)
{
  expression1
} else if(condition2)
{
  expression2
} else {
{
  expression3
}
```

条件分岐の例として，長さ1の数値ベクトル a に対する「正」，「0」，「負」のいずれかを判定する関数を以下のように定義する．

```
> check.sign<-function(a)
+ {
+   if(a>0)
+   {
+     cat(paste(a,"is positive."),"\n")
+   } else if(a==0)
+   {
+     cat(paste(a,"is 0."),"\n")
+   } else if(a<0)
+   {
+     cat(paste(a,"is negative."),"\n")
+   }
+ }
```

ここで，条件を a>0 (正かどうか)，a==0 (0 かどうか)，a<0 (負かどうか) を連続して判定し，真であれば，その結果を関数 cat[2] を利用してコンソール上に表示させている．なお，\n

---

[2] 関数 cat は，catenate (連結する) を表し，オブジェクトを連結してコンソール上に表示させる働きをする．

は改行 (new line) を行うための制御文字であり，関数 paste は文字列を結合するための関数であることを思い出そう．実際に，この関数を利用して数値を判定させると以下のようになる．

```
> check.sign(1)
1 is positive.
> check.sign(0)
0 is 0.
> check.sign(-1)
-1 is negative.
```

次に，関数 for を使った繰り返しを行う場合を考える[3]．一般形は以下のようなものである．

```
for(i in vec)
{
  expression
}
```

ここで，変数 i にベクトル vec の要素を一つずつ代入するたびに R 式 expression が実行される．なお，R 式 expression は変数 i に依存する必要はなく，また変数名としては j, x なども利用できる．

for を使った例として，与えられたベクトルの要素の和を求める以下の関数 summation を自作することを考える．

```
> summation<-function(x)
+ {
+   n<-length(x)
+   sumx<-0
+   for(i in 1:n)
+   {
+     sumx<-sumx+x[i]
+   }
+   sumx
+ }
```

ここで，引数として与えられたベクトル x の長さを n に代入し，その和 sumx の初期値としてまず 0 を代入したもとで，関数 for を利用して x[1] から順に x[n] まで加えている．なお，sumx<-sumx+x[i] は，再帰的にオブジェクト sumx を更新することによって和を計算するための R 式であり，プログラミングにおける基本的な記述法である．

この関数を利用して，1 から 100 までの和を計算した結果が以下の入力によって与えられる．

```
> summation(1:100)
[1] 5050
```

---

3) R には sum (和), cumsum (累積和) などの繰り返しを暗に行っている関数が数多く存在する．R を利用する際に for を用いた繰り返しを行うことはできるだけ避けて，既に利用できる関数を利用することが推奨されている．その理由としては，その計算速度にあることに注意しよう．

補足

本章において，関数 for を利用するための例題として，和を求める関数 summation を作成したが，この関数は本来 R に用意されている関数 sum と比べて，その実行スピードが遅い．このことが示すように，繰り返しを行う際に for を極力利用せず，従来から用意されている関数 (組み込み関数) を利用することが推奨される．R においてプログラミングを行う際の専門的な知識を学ぶためには，例えば，Ligges (2004), Matloff (2011), Grolemund (2014), 間瀬 (2014), Wickham (2014), Ren (2016) などを参照するとよい．

演習問題

Q 5.1 標本分散を計算するための R 関数が

```
> svar <- function(x) mean((x-mean(x))^2)
```

で定義されることを説明せよ．

Q 5.2 平均絶対偏差 (mean absolute deviation)

$$d := \frac{1}{n}\sum_{i=1}^{n}|x_i - \overline{x}| \tag{5.1}$$

を計算する関数を作成せよ．ただし，絶対値 $|\cdot|$ を計算する R 関数は abs である．

Q 5.3 データ $\{x_1, \cdots, x_n\}$ に対する幾何平均 $\overline{x}_G := \sqrt[n]{\prod_{i=1}^{n} x_i}$ と調和平均 $\overline{x}_H := 1 \Big/ \left(\frac{1}{n}\sum_{i=1}^{n}\frac{1}{x_i}\right)$ を求める関数 gmean, hmean をそれぞれ定義せよ．

Q 5.4 以下の設問に答えよ．

(1) データに関する平均周りの k 次中心モーメント

$$m_k := \frac{1}{n}\sum_{i=1}^{n}(x_i - \overline{x})^k \tag{5.2}$$

を求める R 関数 moment を定義せよ．

(2) データに対する歪度 (skewness) $\widehat{\beta}_0$ と尖度 (kurtosis) $\widehat{\beta}_1$, すなわち，

$$\widehat{\beta}_0 = \frac{m_3}{m_2^{3/2}}, \qquad \widehat{\beta}_1 = \frac{m_4}{m_2^2} \tag{5.3}$$

を求める R 関数 skewness, kurtosis を定義せよ．

(3) 3.1 節で読み込んだ新生児の体重データ weight に対する歪度，尖度を計算せよ．また，正規分布にデータが従う場合，歪度と尖度はそれぞれ 0, 3 に近い値をとることが知られているが，新生児の体重の場合は正規分布に従っていると考えられるかを考察せよ．

Q 5.5 フィボナッチ数列

$$a_0 := 0, \qquad a_1 := 1, \qquad a_{n+1} := a_n - a_{n-1} \quad (n = 1, 2, \cdots) \tag{5.4}$$

を生成する関数を定義せよ．

Q 5.6 数列 $a_n = \left(1 + \frac{1}{n}\right)^n$ $(n = 1, 2, \cdots)$ を生成する関数を定義し，この数列が $n \to \infty$ のとき，自然対数の底 $e \simeq 2.72$ に収束することを，横軸に n，縦軸に a_n をとってプロットする関数を定義することによって確かめよ．その際，適当に $\varepsilon > 0$ を設定し，

$$\forall n \geq N \quad \Rightarrow \quad |a_n - \mathrm{e}| < \varepsilon$$

を満たす N がどのような値になるかと共に考察せよ.

Q 5.7 数列 $b_n = n \sin \frac{1}{n}$ に対して Q 5.6 と同様の関数を定義し,収束性を考察せよ.

Q 5.8 数列 $c_n = \sum_{k=1}^{n} \frac{1}{k} - \log_e n$ に対して Q 5.6 と同様の関数を定義し,収束性を考察せよ.

Q 5.9 データ $x_1, \cdots, x_n$ に対する平均値

$$\overline{x}_n := \frac{1}{n} \sum_{i=1}^{n} x_i = \frac{1}{n}(x_1 + \cdots + x_n) \tag{5.5}$$

に関して,以下の設問に答えよ.

(1) 以下のような漸化式の表現をもつことを示せ.

$$\overline{x}_n = \frac{n-1}{n} \overline{x}_{n-1} + \frac{1}{n} x_n \qquad (n = 2, 3, \cdots) \tag{5.6}$$

ただし,$\overline{x}_1 = x_1$ とおいた.

(2) 適当な N 個の正規乱数を発生させ,平均値 $\overline{x}_n$ を $n = 1, \cdots, N$ のすべてについて求める関数を,漸化式 (5.6) を用いた場合と用いない場合で作成し,そのスピードを比較せよ.ただし,R における実行時間を計測する関数は `system.time` である.

Q 5.10 作業空間内のすべてのオブジェクトを消去する関数を作成せよ.

第 II 部

R による統計学の基礎

確率変数と確率分布

← **5** Rにおける関数の定義 | **6** | **7** 多変量確率変数と多変量確率分布 →

改めて我々の身の回りを見渡すと，身長や体重等の身体的な値はもとより，年間の平均気温や降水量等の気象条件，企業の年間の売上高や資産合計などの財務指標は個人・年・企業ごとにランダムに変動をしており，むしろ確定的なものを探すことの方が難しい．統計学では，このようなランダムな現象を確率をともなう変数，すなわち「確率変数」として扱い，確率変数のとる値の分布法則を「確率分布」で規定する．このことは，確率分布を「データ発生メカニズム」と見なす，と言い換えることができる．

本章では，確率変数と確率分布の定義を与え，代表的な確率分布の諸性質をRを使って確かめる．実際にRのコードを実行し，対話的に学ぶことによって，確率分布を理論的・数値的に理解することができ，データを擬似的に生成することが可能となる．なお，解説の都合上，新しく必要となった関数を付録E.2に与えた[1]．

6.1 統計学における確率の役割　　check box ☐☐☐

統計学は，**母集団** (population) に対して**調査** (survey)，**実験** (experiment)，**観測** (observation) といった**試行** (trial) を行い，その**結果** (outcome) の集まり (**事象** (event) とよばれる) から得られる情報に基づいて母集団に対する**推測** (inference) や**決定** (decision) を行うための理論や手法を与える．その際，事象の起こりやすさを**確率** (probability) を用いて $[0,1]$ の範囲内の値で数値化することによって評価する (確率の定義の詳細は付録A.2を参照)．ここで，母集団と結果を Ω と ω を用いて表し，事象をアルファベットの大文字 A, B, C などを用いて表す．また，事象 A の確率を $P(A)$ と書く．

6.2 確率変数　　check box ☐☐☐

具体的な例として，日本における新生児の体重を調査することを考えよう．まず，調査の対象となる新生児の全体が母集団 Ω であり，一人の新生児が結果 ω となる．また，体重に関するある種の条件を満たす新生児の集まりが事象 A である．調査は新生児の体重を観測することによって行われるので，体重を X などの記号で明記すると便利である．ここで，体重 X は新生児 ω に依存するため，ω の関数 $X = X(\omega)$ と考えることができる．また，新生児全体に対して体重がある範囲内に入る新生児の割合を考えると，体重は確率 (割合) をともなう変数と考えることができる．このように変数が確率をともなうと考えることができる場合，一般に，**確率変数** (random variable) とよばれる．

---

[1] 付録E.2に与えた関数のソースコードのファイルは「本書の使い方」で述べた方法で入手可能である．

例えば，「体重 X が 2500g から 3500g の新生児の集まり」という事象を

$$A = \{\text{体重が 2500g から 3500g の新生児の集まり}\}$$
$$= \{\omega \in \Omega \mid 2500 < X(\omega) < 3500\}$$

とおいたとき，その割合 (確率) は，

$$P(A) = P(\{\omega \in \Omega \mid 2500 < X(\omega) < 3500\}) = P(2500 < X < 3500)$$

で表される．一般に，確率変数はアルファベットの大文字 X, Y, Z などを用いて表されることがある．なお，統計学では**変量** (variate) ともよばれることに注意しよう．

6.3 確率分布

6.3.1 分布関数

確率変数 X は確率をともなって値をとるが，それを規定するものが**確率分布** (probability distribution) P^X である[2]．確率分布は**分布法則**，または単に，**分布** (distribution) ともよばれることがある．確率変数 X の確率分布が P^X であるとき，「確率変数 X は確率分布 P^X に従う」とよばれ，記号として $X \sim P^X$ と書く．

確率分布を具体的に表現することを考える．まず，確率変数 X が x 以下の値をとる確率を

$$F(x) := P(X \leq x) \tag{6.1}$$

と表し，**分布関数** (distribution function) または**累積分布関数** (cumulative distribution function) とよぶ．ある点 x_0 が固定されたときの分布関数の値 $F(x_0)$ は確率変数 X が $(-\infty, x_0]$ の範囲をとる確率を表しており，この確率は点 x_0 の**下側確率**[3]とよばれる．

分布関数を利用すると，確率変数 X が任意の区間の値をとる確率を計算することができる．この意味で，確率分布を規定することに注意しよう．例えば，任意の区間を $(a, b]$ とすると，

$$P(a < X \leq b) = P(X \leq b) - P(X \leq a) = F(b) - F(a) \tag{6.2}$$

となる．

分布関数の性質としては，以下の 3 つのものがある．

(DF1) 単調非減少性： $x < y \implies F(x) \leq F(y)$

(DF2) 右連続性[4]： $\lim_{x \to a+0} F(x) = F(a)$

(DF3) $0 \leq F(x) \leq 1$, $\lim_{x \to -\infty} F(x) = 0$, $\lim_{x \to \infty} F(x) = 1$

---

[2] より正確には，確率変数 X によって確率空間 $(\Omega, \mathcal{A}, P)$ から可測空間 $(\mathbb{R}, \mathcal{B})$ へ誘導される確率測度 P^X が確率分布とよばれる．

[3] 「下側」を「左側」，「上側」を「右側」とよぶこともある．

[4] ここで，$\lim_{x \to a+0} f(x)$ は x が右側から点 a へ近づいたときの関数 $f(x)$ の極限 (右極限) を表す記号である．

6.3.2 密度関数

一般に，確率変数が連続値 (実数) をとる場合は，**連続型確率変数** (continuous random variable) とよばれ，分布関数を微分したものは，**密度関数** (density function) または**確率密度関数** (probability density function) とよばれる[5]．

$$f(x) := \frac{\mathrm{d}F(x)}{\mathrm{d}x} \qquad (x \in \mathbb{R}) \tag{6.3}$$

なお，分布関数と同様に，密度関数も連続型確率変数の確率分布を規定する．

密度関数は以下の性質をもつ．

(PDF1)　非負性：　任意の x に関して $f(x) \geq 0$

(PDF2)　確率性：
$$\int_{-\infty}^{\infty} f(x)\,\mathrm{d}x = 1$$

(PDF3)　分布関数との関係：
$$F(x) = \int_{-\infty}^{x} f(u)\,\mathrm{d}u \qquad (x \in \mathbb{R})$$

なお，連続型確率変数 X のある点 x における確率は 0 であることに注意しよう．

$$P(X = x) = 0$$

6.3.3 確率関数

確率変数が離散値 (整数) をとる場合は，**離散型確率変数** (discrete random variable) とよばれる．この場合は分布関数は微分不可能であるが，$X = x$ となる確率を直接求めることができ，**確率関数** (probability function) または**確率素分関数** (probability mass function) とよばれ，以下のように定義される．

$$p(x) := P(X = x) \qquad (x \in \mathbb{Z}) \tag{6.4}$$

ここで，$\mathbb{Z}$ は整数全体を表す．

確率関数は以下の性質をもつ．

(PMF1)　非負性：　任意の $x \in \mathbb{Z}$ に関して $p(x) \geq 0$

(PMF2)　確率性：
$$\sum_{x=-\infty}^{\infty} p(x) = 1$$

(PMF3)　分布関数との関係：
$$F(x) = \sum_{j=-\infty}^{x} p(j) \qquad (x \in \mathbb{Z})$$

離散型確率変数の分布関数は**階段関数** (step function) となる (具体的な階段関数としては，例えば図 6.13, 6.15 を参照)．

---

[5] ここでは，分布関数は微分可能であることを仮定している．

6.3.4 分位点関数

分布関数の逆関数

$$F^{-1}(p) := \inf\{x \mid F(x) \geq p\}, \qquad p \in (0,1) \tag{6.5}$$

は，**分位点関数** (quantile function) とよばれ，確率変数 X の下側確率が p となる点 $x(p)$ を**下側 $100 \times p\%$ 点**，または **$100 \times p\%$ 分位点**とよぶ[6]．よって，分位点を分位点関数を使って表すと，

$$x(p) = F^{-1}(p) \tag{6.6}$$

となる．

6.3.5 特性値

確率分布の特性を値として与えることを考える．ある確率分布に従う確率変数 X の平均は分布の (中心) 位置を表す特性値であり，密度関数または確率関数を使って以下のように定義される[7]．

$$\mathrm{E}(X) := \begin{cases} \displaystyle\int_{-\infty}^{\infty} x\, f(x)\, \mathrm{d}x & \text{(連続型)} \\ \displaystyle\sum_{x=-\infty}^{\infty} x\, p(x) & \text{(離散型)} \end{cases} \tag{6.7}$$

確率変数 X の分散は分布の拡がり (散らばり) を表す特性値であり，以下のように定義される[8]．

$$\mathrm{V}(X) := \mathrm{E}(X - \mathrm{E}(X))^2 := \begin{cases} \displaystyle\int_{-\infty}^{\infty} \{x - \mathrm{E}(X)\}^2 f(x)\, \mathrm{d}x & \text{(連続型)} \\ \displaystyle\sum_{x=-\infty}^{\infty} \{x - \mathrm{E}(X)\}^2 p(x) & \text{(離散型)} \end{cases} \tag{6.8}$$

注意 6.1 分散公式 確率変数 X の分散に関して，以下のことが成り立つ．

$$\mathrm{V}(X) = \mathrm{E}(X^2) - \{\mathrm{E}(X)\}^2 \tag{6.9}$$

この結果は**分散公式** (variance formula) とよばれ，言葉で表すと次のようになる．

「分散」=「2 乗平均」−「平均の 2 乗」

分散の正の平方根を確率変数 X の**標準偏差** (standard deviation) とよぶ．

$$\mathrm{sd}(X) := \sqrt{\mathrm{V}(X)} \tag{6.10}$$

ここで，分散の単位は確率変数のもつ単位の 2 乗であるが，標準偏差は確率変数と同じ単位をもつ．

---

[6] ここで，$\inf A$ は集合 A の**下限** (infimum) を表し，$\inf A := \max\{c \in \mathbb{R} \mid \forall a \in A, c \leq a\}$ で定義される．
[7] 平均は，その分布の「重心」である．
[8] 分散は，その分布の「慣性」である．

6.4 連続型確率分布

6.4.1 正規分布

確率分布の中で最も代表的なものの一つとして**正規分布**[9] (normal distribution) があり，$N(\mu, \sigma^2)$ という記号で表される．知能指数，身長，(測定) 誤差，統計量の漸近分布などは正規分布に従う例として古くから知られている．確率変数 X が正規分布 $N(\mu, \sigma^2)$ に従うとき，記号として $X \sim N(\mu, \sigma^2)$ と表される．

正規分布 $N(\mu, \sigma^2)$ の密度関数，分布関数，平均，分散は，それぞれ以下で与えられる．

密度関数：
$$f(x) = \frac{1}{\sqrt{2\pi}\sigma} \exp\left\{-\frac{(x-\mu)^2}{2\sigma^2}\right\} \qquad (x, \mu \in \mathbb{R}, \sigma \in \mathbb{R}^+) \tag{6.11}$$

ここで，$\mathbb{R}^+ = (0, +\infty)$，$\pi = 3.1415\cdots$(円周率) であり，$e^x = \exp(x)$(指数関数) である．

分布関数：
$$F(x) = \int_{-\infty}^{x} f(u)\,du = \int_{-\infty}^{x} \frac{1}{\sqrt{2\pi}\sigma} \exp\left\{-\frac{(u-\mu)^2}{2\sigma^2}\right\} du \tag{6.12}$$

平均：
$$E(X) = \mu \tag{6.13}$$

分散：
$$V(X) = \sigma^2 \tag{6.14}$$

正規分布 $N(\mu, \sigma^2)$ において $(\mu, \sigma^2) = (0, 1)$ の場合は，**標準正規分布** (standard normal distribution) とよばれ，$N(0, 1)$ で表す．このとき，密度関数を

$$\phi(x) := \frac{1}{\sqrt{2\pi}} e^{-\frac{x^2}{2}} \qquad (x \in \mathbb{R}) \tag{6.15}$$

と表す．これより，分布関数は，

$$\Phi(x) := \int_{-\infty}^{x} \phi(u)\,du = \int_{-\infty}^{x} \frac{1}{\sqrt{2\pi}} e^{-\frac{u^2}{2}}\,du \qquad (x \in \mathbb{R}) \tag{6.16}$$

で与えられる[10]．

一般に，$X \sim N(\mu, \sigma^2)$ かつ $a, b\,(\neq 0)$ が定数であるとき，

$$a + bX \sim N(a + b\mu, b^2\sigma^2)$$

が成り立つことから，X の**標準化** (standardization)

---

[9] 正規分布は，ドイツの数学者ガウス (Karl Friedrich Gauss) が，天体観測における誤差に関する研究において詳細に考察した．このことから，正規分布は**ガウス分布**または**誤差分布**ともよばれることがある (詳しくは，カール・F. ガウス 著，飛田武幸，石川耕春 共訳：『誤差論』(紀伊國屋書店，1981) を参照)．

[10] 正規分布の密度関数の積分は陽には表現できない．

$$Z := \frac{X - \mu}{\sigma} \tag{6.17}$$

を行うことによって，Z は標準正規分布 $N(0,1)$ に従うことが示される．この結果から，確率変数 X が区間 $(a,b]$ の範囲に値をとる確率は，

$$P(a < X \leq b) = P\left(\frac{a-\mu}{\sigma} < \frac{X-\mu}{\sigma} \leq \frac{b-\mu}{\sigma}\right) = P(a' < Z \leq b')$$

で与えられ，標準正規分布の密度関数における区間 $(a',b']$ と x 軸で囲まれた領域の面積を求める問題に帰着する．ここで，$a' := (a-\mu)/\sigma$, $b' := (b-\mu)/\sigma$ とおいた．

標準正規分布の密度関数と分布関数は，それぞれ図 6.1, 6.2 のように与えられる．

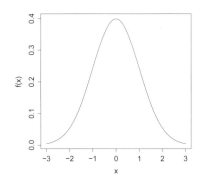

図 6.1 標準正規分布 $N(0,1)$ の密度関数　　**図 6.2** 標準正規分布 $N(0,1)$ の分布関数

ここで，正規分布に関する重要な R 関数をまとめて解説する (表 6.1 を参照)．

表 6.1 正規分布に関する R 関数

関　　数	役　　割
dnorm(x,mean=0,sd=1)	点 x の密度関数の値の計算
pnorm(q,mean=0,sd=1)	点 q の分布関数の値の計算
qnorm(p,mean=0,sd=1)	下側確率 p を与える点 (下側パーセント点または分位点) の計算
rnorm(n,mean=0,sd=1)	n 個の乱数を発生

これらの関数の役割を解説するために，R におけるコーディング[11])のルールを与える．まず，関数 dnorm は，

$$\mathtt{dnorm = d + norm}$$

とみる．すなわち，右辺の第 2 項が正規分布 (normal distribution) のコーディングであり，第 1 項はその分布に関する密度 (density) のコーディングを表している．各関数の 1 文字目の (r, d, p, q) は，表 6.2 に示したようなコーディングを意味する．

表 6.2 コーディング

コーディング	意　味
d	密度 (**d**ensity)
p	確率 (**p**robability)[分布関数]
q	分位点 (**q**uantile)[下側パーセント点]
r	乱数 (**r**andom number)

---

11) ここでのコーディング (coding) とは，R において分布に関する情報をコードに変換することを表すことに注意しよう．

以上のコーディングは，他の分布に関しても共通していることに注意しよう．

次に引数の解説をしよう．引数 mean, sd はそれぞれ，平均 (mean) μ，標準偏差 (standard deviation) σ のコーディングである．ただし，mean = 0, sd = 1 は，平均，標準偏差のデフォルト (省略時の値) がそれぞれ 0, 1 であること (標準正規分布になっていること) を意味する．また，引数 q, p, n は表 6.3 に示したことを意味する．

表 6.3 引数

引数	意　味
q	分位点
p	確率点
n	発生させる乱数の個数

引数と関数の返す値の関係を正規分布に関する密度関数 $f(x) = f(x;\mu,\sigma)$，分布関数 $F(x) = F(x;\mu,\sigma)$ で表すと，以下のようになる．

$$\texttt{dnorm(x,mean,sd)} := f(x;\text{mean},\text{sd}) := \frac{1}{\sqrt{2\pi}\ \text{sd}} \exp\left\{-\frac{(x-\text{mean})^2}{2\,(\text{sd})^2}\right\}$$

$$\texttt{pnorm(q,mean,sd)} := F(q;\text{mean},\text{sd}) := \int_{-\infty}^{q} f(x;\text{mean},\text{sd})\mathrm{d}x$$

$$\texttt{qnorm(p,mean,sd)} := F^{-1}(p;\text{mean},\text{sd})$$

これらの関数を用いて図 6.1, 6.2 を R で描こう．最もプリミティブな方法は，関数 plot を使って以下のように入力することであろう．

```
> x<-seq(-3,3,0.01)
> plot(x,dnorm(x),type="l",ylab="f(x)")
> plot(x,pnorm(x),type="l",ylab="F(x)")
```

ここで，密度関数と分布関数の値を求めるための関数 dnorm, pnorm を使って，x 軸上の区間 $[-3,3]$ の 0.01 刻みの値に対して関数がとる値を線 (type="l") でつなぐことによってプロットを行っている．なお，ylab="f(x)", ylab="F(x)" で y 軸のラベルを密度関数と分布関数を表すように指定している．もう少し簡易的な方法として，以下のような入力によっても同様の結果を得ることができる．

```
> plot(dnorm,xlim=c(-3,3),ylab="f(x)")
> plot(pnorm,xlim=c(-3,3),ylab="F(x)")
```

この関数 plot は総称関数であり，実際には plot.function がよび出されている[12]．なお，この入力も関数の曲線を描くための関数 curve を利用した以下の入力と同等である．

```
> curve(dnorm,xlim=c(-3,3),ylab="f(x)")
> curve(pnorm,xlim=c(-3,3),ylab="F(x)")
```

一般に，正規分布の確率密度関数の性質として以下のものが挙げられる．

(N1) 関数の形状は単峰 (釣り鐘型) である．

(N2) 平均 μ に関して左右対称である．

(N3) x 軸と密度関数によって囲まれた領域の面積は 1 (確率) である．

(N4) 平均 μ は (中心) 位置に関する母数であり，分散 σ^2 (標準偏差 σ) は尺度に関する母数である．

---

[12] ディスパッチの機能がはたらいていることを思い出そう．

これらの性質は，正確には微分・積分の知識を利用することによって解析的に調べることができるが，ここではRによって描かれた結果から直観的に確かめることを試みる．

まず，標準正規分布の密度関数を描いた図6.1から，性質(N1)と(N2)が満たされていることが推察できる．また，図6.2から分布関数がxの増加とともに1に近づいていることがわかるから，性質(N3)が成り立っていることを確かめることができる．

最後に，母数を変化させることによって，性質(N4)を視覚的に確認しよう．標準偏差を$\sigma=1$で固定し，平均を$\mu=-3,-2,-1,0,1,2,3$と変化させた場合と，平均を$\mu=0$で固定し，標準偏差を$\sigma=1,2,3,4,5$と変化させた場合の密度関数を，4.2節で述べたggplot2パッケージを利用してプロットしたものが図6.3, 6.4である[13]．

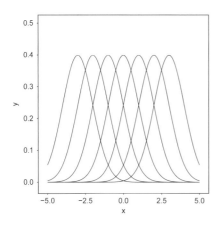 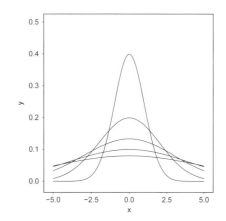

図 **6.3** 標準偏差を$\sigma=1$で固定し，平均を$\mu=-3,-2,-1,0,1,2,3$と変化させたときの密度関数

図 **6.4** 平均を$\mu=0$で固定し，標準偏差を$\sigma=1,2,3,4,5$と変化させたときの密度関数

これらの図から，平均μを変化させることによって位置が変化し，標準偏差σを変化させることによって分布の拡がり(軸の尺度)が変化することがわかる．なお，これらの図を描くためには，付録E.2に与えた関数 ggplot.pdf.normal.mu, ggplot.pdf.normal.sigma を以下のように利用する．

```
> ggplot.pdf.normal.mu()
> ggplot.pdf.normal.sigma()
```

正規分布に関するR関数のもう一つの重要なものとしてrnorm[14]があり，この関数を用いて乱数を生成する例を与える．この関数の最も簡単な利用例は，引数nに生成する乱数の個数を与える場合(標準正規乱数の生成)である．

```
> set.seed(12345) # 乱数のシードを指定して再現性を確保
> rnorm(n=10) # 乱数の生成
 [1]  0.5855288  0.7094660 -0.1093033 -0.4534972  0.6058875
 [6] -1.8179560  0.6300986 -0.2761841 -0.2841597 -0.9193220
```

---

13) ggplot2パッケージを利用した理由は，付属する関数ggplotの「レイヤー機能」を利用することで，平均や標準偏差といった母数の値を変化させながら密度関数を手軽に重ね書きすることが可能となることである．

14) 関数rnormは正規分布に従う確率変数そのものと考えることができる．

推定・検定を行う際に，正規分布 $N(\mu, \sigma^2)$ に従う確率変数 X が区間 $[a, b]$ に値をとる確率 (面積) を求めたり，逆に，指定された確率と同等の**裾** (tail) の面積を与える点 (分位点，パーセント点) を計算する必要が生じる．ここでは，これらの値を R を用いて求める方法を扱う．なお，ここで扱われる事項と関連して付録 C.1 も参照してほしい．

まず，確率変数 X が区間[15)] $(a, b]$ の範囲に値をとる確率は，一般に，分布関数を利用すると，

$$P(a < X \le b) = F(b) - F(a)$$

で求めることができることを思い出そう ((6.2) 式も参照)．この結果を使って，正規分布 $N(0, 2^2)$ に従う確率変数 X が区間 $(-1, 3]$ に値をとる確率を R を用いて計算すると，

```
> pnorm(3,0,2)-pnorm(-1,0,2)
[1] 0.6246553
```

となる．この結果は，正規分布 $N(0, 2^2)$ の分布関数を $F(x)$ としたとき，

$$\begin{aligned}P(-1 < X \le 3) &= F(3) - F(-1) \\ &= 0.9331928 - 0.3085375 \\ &= 0.6246553\end{aligned}$$

であることを表している．

なお，図 6.5 には，確率変数 X が区間 $(-1, 3]$ に値をとる確率を表す領域が描かれており，実際にこの図を描くためには付録 E.2 に与えた関数 ggplot.pdf.normal.area を以下のように利用する．

```
> ggplot.pdf.normal.area(lb=-1,ub=3,mean=0,sd=2)
```

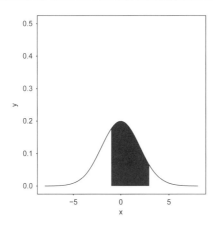

図 **6.5** 密度関数 (正規分布 $N(0, 2^2)$) の区間 $(-1, 3]$ の領域

次に，与えられた正規分布の裾の面積に対する分位点を，関数 qnorm を用いて求めることを考える．簡単のため，標準正規分布の場合を考え，下側確率が 5% となる点 (下側 5% 点または 5% 分位点) を求めるためには以下のように入力すればよい．

---

15) 正規分布は連続型密度をもつ分布であるため，確率変数 X が任意の点 x をとる確率は 0 となり，区間が $(a, b]$, $[a, b)$, $[a, b]$, (a, b) のどのパターンでも，その範囲の確率はすべて一致することに注意しよう．

```
> qnorm(0.05)
[1] -1.644854
```

なお，図 6.6 には，下側 5% 点以下の領域が描かれており，実際にこの図を描くためには，付録 E.2 に与えた関数 ggplot.pdf.normal.area を以下のように利用する．

```
> ggplot.pdf.normal.area(lb=-4,ub=qnorm(0.05))
```

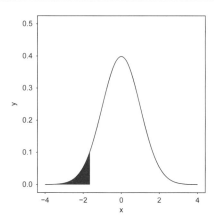

図 6.6 密度関数 (標準正規分布) の下側 5% の領域

逆に，上側確率が 5% となる点 (上側 5% 点) は下側 95% 点 (95% 分位点) と一致し，以下のように入力することによって求めることができる．

```
> qnorm(0.95)
[1] 1.644854
```

より直接的な方法としては，関数 qnorm の引数 lower.tail に FALSE を与えることによって上側 5% 点を計算することができる．

```
> qnorm(0.05,lower.tail=FALSE)
[1] 1.644854
```

ここで，lower.tail は下側の裾 (lower tail) を計算するかどうかを判断する引数であり，FALSE を与えることによって，下側の裾ではなく上側の裾の確率を計算することが可能となる．なお，図 6.7 には，上側 5% 点以上の領域が描かれており，下側 5% 点の場合と同様に，関数 ggplot.pdf.normal.area を使って以下のように利用する．

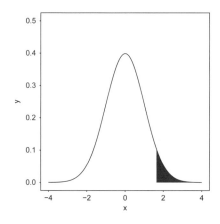

図 6.7 密度関数 (標準正規分布) の上側 5% の領域

```
> ggplot.pdf.normal.area(lb=qnorm(0.95),ub=4)
```

さらに，分位点の代表的なものとして，分布の密度関数の面積を四等分する点，すなわち，**四分位点** (quartile) を R を用いて求める例を与える．ここでは，以下のように入力することによって標準正規分布の四分位点を求める．

```
> qnorm(seq(1/4,3/4,1/4))
[1] -0.6744898  0.0000000  0.6744898
```

この結果より，第 1 四分位点 $Q_1 := F^{-1}(1/4) = -0.6744898$，第 2 四分位点 $Q_2 := F^{-1}(1/2) = 0$，第 3 四分位点 $Q_3 := F^{-1}(3/4) = 0.6744898$ であることがわかる．

6.4.2 一様分布

ある区間 $[a,b]$ 内で一定 (一様) の確率をもつ分布を**一様分布** (uniform distribution) といい，$U[a,b]$ という記号で表す．連続型確率分布の中で最も基本的な分布の一つであり，ある種の生物個体の生息分布や細胞の大きさなどが一様分布に従うといわれている．

確率変数 X が一様分布に従うとき，その密度関数，分布関数，平均，分散は以下のように与えられる．

密度関数：
$$f(x) = \begin{cases} \dfrac{1}{b-a} & x \in [a,b] \\ 0 & x \in (-\infty, a) \quad \text{または} \quad (b,\infty) \end{cases} \tag{6.18}$$

分布関数：
$$F(x) = \int_{-\infty}^{x} f(u)\,\mathrm{d}u = \begin{cases} 0 & x \in (-\infty, a) \\ \dfrac{x}{b-a} & x \in [a,b] \\ 1 & x \in (b,\infty) \end{cases} \tag{6.19}$$

平均：
$$\mathrm{E}(X) = \frac{a+b}{2} \tag{6.20}$$

分散：
$$\mathrm{V}(X) = \frac{(a-b)^2}{12} \tag{6.21}$$

一様分布の標準的なものは区間 $[0,1]$ 上の一様分布 $U[0,1]$ であり，その密度関数と分布関数を，それぞれ図 6.8 と図 6.9 に与えた．

一様分布に関する R 関数を以下の表 6.4 にまとめる．各関数の 1 文字目の d, p, q, r は，正規分布の場合と同様である．また，引数 min, max は，それぞれ一様分布 $U[a,b]$ の下限 a と上限 b のコーディングである．なお，min = 0, max = 1 は，デフォルトがそれぞれ $a=0, b=1$

表 6.4 一様分布に関する R 関数

関　　数	役　　割
dunif(x,min=0,max=1)	点 x の密度関数の値の計算
punif(q,min=0,max=1)	点 q の分布関数の値の計算
qunif(p,min=0,max=1)	下側確率 p を与える点 (分位点) の計算
runif(n,min=0,max=1)	n 個の乱数を発生

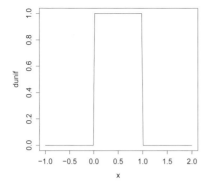 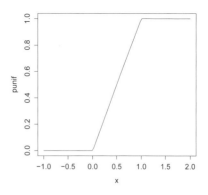

図 6.8　一様分布 $U[0,1]$ の密度関数　　図 6.9　一様分布 $U[0,1]$ の分布関数

であることを意味する．また，引数 x, q, p, n も正規分布の場合と同様である．引数と関数の返す値の関係を一様分布に関する密度関数 $f(x) = f(x; a, b)$，分布関数 $F(x) = F(x; a, b)$ で表すと以下のようになる．

$$\mathtt{dunif(x, min, max)} := f(\mathtt{x; min, max})$$

$$= \begin{cases} \dfrac{1}{\mathtt{max} - \mathtt{min}} & \mathtt{x} \in [\mathtt{min}, \mathtt{max}] \\ 0 & \mathtt{x} \in (-\infty, \mathtt{min}) \text{ または } (\mathtt{max}, \infty) \end{cases}$$

$$\mathtt{punif(q, min, max)} := F(\mathtt{q; min, max})$$

$$:= \int_{-\infty}^{\mathtt{q}} f(\mathtt{x; min, max}) \mathrm{d}\mathtt{x} = \begin{cases} 0 & \mathtt{q} \in (-\infty, \mathtt{min}) \\ \dfrac{\mathtt{q}}{\mathtt{max} - \mathtt{min}} & \mathtt{q} \in [\mathtt{min}, \mathtt{max}] \\ 1 & \mathtt{q} \in (\mathtt{max}, \infty) \end{cases}$$

$$\mathtt{qunif(p, min, max)} := F^{-1}(\mathtt{p; min, max})$$

次に，これらの R 関数を用いて図 6.8 と図 6.9 に与えられている密度関数と分布関数を描く．正規分布の場合と同様に，以下のように入力することによって描くことができる．

```
> plot(dunif,xlim=c(-1,2))
> plot(punif,xlim=c(-1,2))
```

関数 runif を利用することによって，一様分布に従う乱数を生成することができる．

```
> set.seed(12345) # 乱数のシードを指定して再現性を確保
> runif(n=10) # 一様乱数の生成
 [1] 0.7209039 0.8757732 0.7609823 0.8861246 0.4564810
 [6] 0.1663718 0.3250954 0.5092243 0.7277053 0.9897369
```

6.4.3　指数分布

正の値をとる確率分布の代表的なものが**指数分布** (exponential distribution) であり，$E_X(\lambda)$ と記号的に表される．ここで，$\lambda > 0$ である．サービス窓口に到着する客の時間間隔や機械の寿命 (偶然故障) などは指数分布に従うといわれている．確率変数 X が指数分布に従うとき，その密度関数，分布関数，平均，分散は以下のように与えられる．

密度関数:
$$f(x) = \begin{cases} 0 & x \in (-\infty, 0) \\ \lambda e^{-\lambda x} & x \in [0, \infty) \end{cases} \quad (6.22)$$

分布関数:
$$F(x) = \int_{-\infty}^{x} f(u)\,\mathrm{d}u = \begin{cases} 0 & x \in (-\infty, 0) \\ 1 - e^{-\lambda x} & x \in [0, \infty) \end{cases} \quad (6.23)$$

平均:
$$\mathrm{E}(X) = \frac{1}{\lambda} \quad (6.24)$$

分散:
$$\mathrm{V}(X) = \frac{1}{\lambda^2} \quad (6.25)$$

指数分布の標準的なものは母数が $\lambda = 1$ の場合であり，その密度関数と分布関数を $x \geq 0$ の範囲で描いたものを図 6.10, 6.11 に与える．

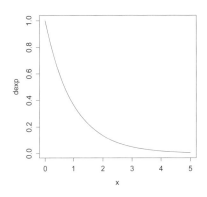

図 6.10 指数分布 $E_X(1)$ の密度関数

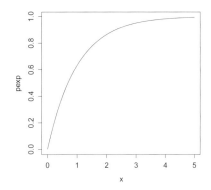

図 6.11 指数分布 $E_X(1)$ の分布関数

指数分布に関する R 関数を以下の表 6.5 にまとめる．

表 6.5 指数分布に関する R 関数

関　　数	役　　割
dexp(x,rate=1)	点 x の密度関数の値の計算
pexp(q,rate=1)	点 q の分布関数の値の計算
qexp(p,rate=1)	下側確率 p を与える点 (分位点) の計算
rexp(n,rate=1)	n 個の乱数を発生

ここで，引数 rate は指数分布 $E_X(\lambda)$ の母数 λ のコーディングである．なお，rate=1 はデフォルトが $\lambda = 1$ であることを意味する．引数と関数の返す値の関係を指数分布に関する密度関数 $f(x) = f(x;\ \lambda)$，分布関数 $F(x) = F(x;\ \lambda)$ で表すと以下のようになる．

$$\text{dexp(x,rate)} := f(\text{x};\text{rate}) = \begin{cases} \text{rate}\ e^{-\text{rate x}} & \text{x} \in [0,\infty) \\ 0 & \text{x} \in (-\infty,0) \end{cases}$$

$$\text{pexp(q,rate)} := F(\text{q};\text{rate})$$

$$:= \int_{-\infty}^{\text{q}} f(\text{x};\text{rate})\text{dx} = \begin{cases} 0 & \text{q} \in (-\infty,0) \\ 1 - e^{-\text{rate q}} & \text{q} \in [0,\infty) \end{cases}$$

$$\text{qexp(p,rate)} := F^{-1}(\text{p};\text{rate})$$

これらの R 関数を用いて，図 6.10, 6.11 の密度関数と分布関数を描くためには以下のように入力する．

```
> plot(dexp,xlim=c(0,5))
> plot(pexp,xlim=c(0,5))
```

6.5 離散型確率分布 　　check box □□□

6.5.1 ベルヌイ分布 $Ber(p)$ と 2 項分布 $B_N(n,p)$

コインを 1 回投げるとき，ある確率をともなって「表」(H; Head) か「裏」(T; Tail) のうちのどちらかが起こる．また，ある植物の種子を蒔いたとき，その種子はある発芽率で「発芽する」か「発芽しない」かの何れかである．このように，試行 ε を行った結果が 2 種類（ここでは 1 または 0 の値をとるものとする）しかなく，それぞれ確率 $p\,(0<p<1)$, $q\,(=1-p)$ をともなって起こる試行を**ベルヌイ試行** (Bernoulli trial) という．

$$\varepsilon = \begin{cases} 1 & (\text{確率 } p \text{ で}) \\ 0 & (\text{確率 } q\ (=1-p)\ \text{で}) \end{cases} \tag{6.26}$$

ベルヌイ試行 ε の分布は**ベルヌイ分布** (Bernoulli distribution) とよばれ，$Ber(p)$ で表される．ベルヌイ分布の確率関数，分布関数，平均，分散はそれぞれ以下のように与えられる．

確率関数：
$$p(x) = P(\varepsilon = x) = \begin{cases} q\,(=1-p) & (x=0) \\ p & (x=1) \end{cases} \tag{6.27}$$

分布関数：
$$F(x) = P(\varepsilon \leq x) = \begin{cases} 0 & (x<0) \\ q\,(=1-p) & (0 \leq x < 1) \\ 1 & (x \geq 1) \end{cases} \tag{6.28}$$

平均：
$$\text{E}(\varepsilon) = p \tag{6.29}$$

分散：
$$\text{V}(\varepsilon) = pq = p(1-p) \tag{6.30}$$

ベルヌイ試行

$$\varepsilon_i = \begin{cases} 1 & (\text{確率 } p \text{ で}) \\ 0 & (\text{確率 } q\,(=1-p) \text{ で}) \end{cases} \tag{6.31}$$

を独立に n 回行ったとき，その和

$$X := \varepsilon_1 + \cdots + \varepsilon_n \tag{6.32}$$

の分布は，**2項分布** (binomial distribution) とよばれ，$B_N(n,p)$ と表される．例えば，表が出る確率が p のコインを独立に n 回投げたとき，表が出る回数 X の分布は2項分布に従う．また，発芽率 p が適正に管理された同種の植物の種子を独立に n 個蒔いたうち，x 個 $(x=0,1,\cdots,n)$ が発芽する確率は2項分布 $B_N(n,p)$ に従う．

2項分布 $B_N(n,p)$ の確率関数と平均，分散は以下のように与えられる．

確率関数：

$$p(x) = P(X=x) = \binom{n}{x} p^x q^{n-x}, \qquad x=0,1,\cdots,n, \qquad p, q\,(:=1-p) \in (0,1) \tag{6.33}$$

分布関数：

$$F(x) = \sum_{j=0}^{x} \binom{n}{j} p^j q^{n-j} \tag{6.34}$$

平均：

$$\mathrm{E}(X) = np \tag{6.35}$$

分散：

$$\mathrm{V}(X) = npq = np\,(1-p) \tag{6.36}$$

ここで，$\binom{n}{x}$ は組合せの総数を表しており，

$$\binom{n}{x} := \frac{n!}{(n-x)!\,x!} \tag{6.37}$$

で定義される．なお，$n! := n \times (n-1) \times \cdots \times 2 \times 1$ は階乗である．

2項分布に関するR関数を以下の表6.6にまとめる．

表 **6.6** 2項分布に関するR関数

関　数	役　割
`dbinom(x,size, prob)`	点 x の確率関数の値を計算
`pbinom(q,size, prob)`	点 q の分布関数の値を計算
`qbinom(p,size, prob)`	下側確率 p を与える点 (分位点) を計算
`rbinom(n,size, prob)`	n 個の乱数を発生

ここで，引数 `size` と `prob` は2項分布 $B_N(n,p)$ における n と p のコーディングである．

引数と関数の返す値の関係を2項分布に関する確率関数 $p(x;\,n,p)$，分布関数 $F(x;\,n,p)$ で表すと以下のようになる．

$$\mathtt{dbinom(x, size, prob)} := p(\mathrm{x}; \mathrm{size}, \mathrm{prob}) = \binom{\mathrm{size}}{\mathrm{prob}} \mathrm{prob}^{\mathrm{x}} (1 - \mathrm{prob})^{\mathrm{size}-\mathrm{x}}$$

$$\mathtt{pbinom(q, size, prob)} := F(\mathrm{q}; \mathrm{size}, \mathrm{prob}) := \sum_{\mathrm{x}=0}^{\mathrm{q}} p(\mathrm{x}; \mathrm{size}, \mathrm{prob})$$

$$\mathtt{qbinom(p, size, prob)} := F^{-1}(\mathrm{p}; \mathrm{size}, \mathrm{prob})$$

試行回数が $1(=n)$ 回の 2 項分布 $B_N(1,p)$ がベルヌイ分布 $Ber(p)$ となることに注意すると，引数に size=1 を与えることによって，ベルヌイ分布に対する確率関数や分布関数などの値も得ることができる．実際，ベルヌイ分布の確率関数と分布関数は図 6.12, 6.13 で与えられる (ここでは，$p=1/2$ の場合を考えている)．

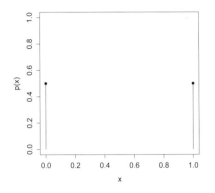
図 **6.12** ベルヌイ分布 $Ber(1/2)$ の確率関数

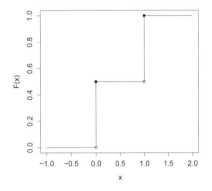
図 **6.13** ベルヌイ分布 $Ber(1/2)$ の分布関数

これらのプロットを行うためには，付録 E.2 に与えた関数 plot.pmf.Bernoulli, plot.cdf.Bernoulli を以下のように利用する．

```
> plot.pmf.Bernoulli(p=1/2)
> plot.cdf.Bernoulli(p=1/2)
```

ここでは，引数 p に適切な値を与えて実行することによって，ベルヌイ分布 $Ber(p)$ の確率関数を描いている．

次に，2 項分布の確率関数と分布関数は図 6.14, 6.15 で与えられる．ここでは，$(n,p) = (10, 1/2)$ の場合の確率関数 (図 6.14) と分布関数 (図 6.15) を描いており，これらのプロットを

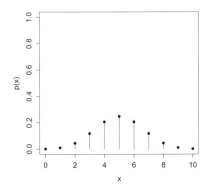

図 **6.14** 2 項分布 $B_N(10, 1/2)$ の確率関数

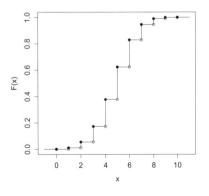
図 **6.15** 2 項分布 $B_N(10, 1/2)$ の分布関数

行うためには，付録 E.2 に与えた関数 plot.pmf.binomial, plot.cdf.binomial を以下のように利用する．

```
> plot.pmf.binomial(n=10,p=1/2)
> plot.cdf.binomial(n=10,p=1/2)
```

ここでは，2 項分布 $B_N(n,p)$ の確率関数と分布関数に対する R 関数 dbinom, pbinom の引数 size に n を，prob に p を与えることによって描いている．

注意 6.2　2 項分布の正規近似　確率変数 X が 2 項分布 $B_N(n,p)$ に従い，n が十分大きいという条件のもとで，以下のことが成り立つ[16]．

$$X \stackrel{a}{\sim} N(np, np(1-p)) \tag{6.38}$$

この結果は，$(n,p)=(100,1/2)$ の場合に 2 項分布と正規分布のそれぞれの確率関数，密度関数を描くことによって直観的に理解することができる．以下のような入力を行おう．

```
> plot.pmf.binomial(n=100,p=1/2,yup=0.1)
> lines(seq(0,100,0.1),dnorm(seq(0,100,0.1),50,5))
```

ここで plot.pmf.binomial [17] は 2 項分布の確率関数を描く関数であり，引数 yup=0.1 は y 軸の上限が 0.1 であることを表している．また，lines は与えられた (x,y) 座標をもつ点を直線で結ぶ関数であり，ここでは正規分布 $N(50, 5^2)$ の密度関数上の座標を seq(0,100,0.1), dnorm(seq(0,100,0.1),50,5) で与え，それらを直線で結ぶことによって描いている．この入力によって図 6.16 が得られる．理論上は 2 項分布 $B_N(50, 5^2)$ に従う確率変数 X は正規分布 $N(50, 5^2)$ で近似できるが，この図から 2 項分布の確率関数と正規分布の密度関数が離散点でほぼ一致していることがわかり，近似の精度が高いことが推察される．

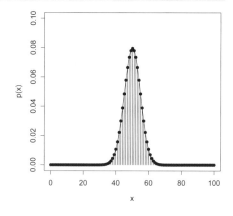

図 6.16　2 項分布 $B_N(100, 1/2)$ の確率関数と正規分布 $N(50, 5^2)$ の密度関数

6.5.2　ポアソン分布

「稀な現象の大量観測」によって発生する事象の個数は**ポアソン分布** (Poisson distribution) に従うことが知られている．ポアソン分布は $P_O(\lambda)$ と表され，母数 $\lambda\,(>0)$ は**強度** (intensity) とよばれる．例えば，1 台の自動車が 1 日に事故を起こす確率は低いが，都市部における自動車の台数は多いので，その地域において 1 日に発生する事故の件数はポアソン分布に従うことが知られている．また，稀少な動植物の個体数などもポアソン分布でモデル化されることが多い．その他にも，サービスが提供されている窓口 (例えば，コンビニエンスストアのレジなど) に，一定時間内に到着する客数はポアソン分布に従うことが知られている．

ポアソン分布の確率関数，分布関数，平均，分散は以下のように与えられる．

確率関数：
$$p(x) = P(X=x) = e^{-\lambda}\frac{\lambda^x}{x!}, \qquad x \in \mathbb{N} \tag{6.39}$$

---

[16] ド・モアブル–ラプラスの定理とよばれている．
[17] R に標準的に付属している関数ではないことに注意しよう (付録 E.2 を参照)．

分布関数：
$$F(x) = \sum_{j=0}^{x} e^{-\lambda} \frac{\lambda^j}{j!} \qquad (6.40)$$

平均：
$$E(X) = \lambda \qquad (6.41)$$

分散：
$$V(X) = \lambda \qquad (6.42)$$

ポアソン分布に関する R 関数は以下の表 6.7 のとおりである．

表 6.7 ポアソン分布に関する R 関数

関　数	役　割
dpois(x, lambda)	点 x の確率関数の値を計算
ppois(q, lambda)	点 q の分布関数の値を計算
qpois(p, lambda)	下側確率 p を与える点 (分位点) を計算
rpois(n, lambda)	n 個の乱数を発生

ここで，引数 lambda はポアソン分布 $P_O(\lambda)$ における λ のコーディングである．

引数と関数の返す値の関係をポアソン分布に関する密度関数 $p(x) = p(x;\lambda)$, 分布関数 $F(x) = F(x;\lambda)$ で表すと以下のようになる．

$$\mathtt{dpois(x, lambda)} := p(\mathtt{x; lambda}) = e^{-\mathtt{lambda}} \frac{\mathtt{lambda}^{\mathtt{x}}}{\mathtt{x}!}$$

$$\mathtt{ppois(q, lambda)} := F(\mathtt{q; lambda}) := \sum_{\mathtt{x}=0}^{\mathtt{q}} p(\mathtt{x; lambda})$$

$$\mathtt{qpois(p, lambda)} := F^{-1}(\mathtt{p; lambda})$$

ポアソン分布の確率関数と分布関数は，それぞれ図 6.17, 6.18 で与えられる．ここでは，$\lambda = 1$ の場合の確率関数と分布関数を描いており，これらのプロットを行うためには付録 E.2 に与えた関数 plot.pmf.Poisson, plot.cdf.Poisson を以下のように利用する．

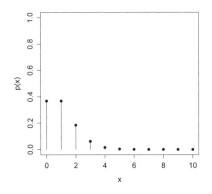

図 6.17 ポアソン分布 $P_O(1)$ の確率関数

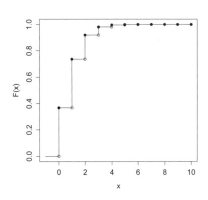

図 6.18 ポアソン分布 $P_O(1)$ の分布関数

```
> plot.pmf.Poisson()
> plot.cdf.Poisson()
```

ここで，R 関数 dpois, ppois の引数 lambda のデフォルト値 (1) を使っている．

6.6 R における確率分布と母数のコーディング　　check box ☐☐☐

R では標準パッケージに，表 6.8 で与えられる代表的な確率分布を扱うための関数群が用意されている．

表 6.8 R における確率分布と母数のコーディング

連続型確率分布

分布	コーディング	母数	コーディング	デフォルト
(非心) ベータ分布 $B_E(\alpha, \beta, \delta)$	beta	α, β, δ	shape1, shape2, ncp	-,-,0
コーシー分布 $C_Y(\mu, \sigma^2)$	cauchy	μ, σ	location, scale	0,1
(非心) カイ自乗分布 $\chi_n^2(\delta)$	chisq	n, δ	df, ncp	-,0
指数分布 $E_X(\lambda)$	exp	λ	rate	1
(非心) エフ分布 $F_n^m(\delta)$	f	m, n, δ	df1, df2, ncp	-,-,0
ガンマ分布 $G_A(\alpha, \beta), G_A(\alpha, \gamma)$	gamma	$\alpha, \gamma, \beta = 1/\gamma$	shape, rate, scale=1/rate	-,1,1
対数正規分布 $LN(\mu, \sigma^2)$	lnorm	μ, σ	meanlog, sdlog	0,1
ロジスティック分布 $L_O(\mu, \sigma^2)$	logis	μ, σ	location, scale	0,1
正規分布 $N(\mu, \sigma^2)$	norm	μ, σ	mean, sd	0,1
(非心) ティー分布 $t_n(\delta)$	t	n, δ	df, ncp	-,0
一様分布 $U[a, b]$	unif	a, b	min, max	0,1
ワイブル分布 $W_B(\alpha, \beta)$	weibull	α, β	shape, scale	-,1

離散型確率分布

分布	コーディング	母数	コーディング	デフォルト
超幾何分布 $HG(m, n, k)$	hyper	m, n, k	m, n, k	-,-,-
2 項分布 $B_N(n, p)$	binom	n, p	size, prob	-,-
ポアソン分布 $P_O(\lambda)$	pois	λ	lambda	-
幾何分布 $G(p)$	geom	p	prob	-
負の 2 項分布 $NB(n, p), NB(n, \mu)$	nbinom	n, p, μ	size, prob, mu	-,-,-
ウィルコクソン分布 $W_C(m, n)$	wilcox	m, n	m, n	-,-

この表とコード r, d, p, q を組み合わせることによって，代表的な分布に関する乱数，密度関数 (または確率関数)，分布関数，分位点を求めることができる．また，以下の事項も重要である．

- ガンマ分布 $G_A(\alpha, \beta)$ の密度関数:

$$f(x; \alpha, \beta) = \frac{1}{\Gamma(\alpha)\,\beta^\alpha} x^{\alpha-1} \exp\left(-\frac{x}{\beta}\right) \qquad (6.43)$$

において，α は**形状母数** (shape parameter)，β は**尺度母数** (scale parameter) とよばれ，これらの母数で通常は母数付けされる．一方，$\gamma := 1/\beta$ は**割合** (rate) とよばれ，この母数を使った母数付けであるガンマ分布 $G_A(\alpha, \gamma)$ も可能である．このとき，密度関数は以

下のように与えられる．

$$g(x;\alpha,\gamma) = f\left(x;\alpha,\frac{1}{\gamma}\right) = \frac{\gamma^\alpha}{\Gamma(\alpha)}x^{\alpha-1}\exp(-\gamma x)$$

R の関数では，この母数付けにもとづく引数が用意されている．

- 確率変数 X が負の 2 項分布 $NB(n,p)$ に従うとき，その平均 μ が，

$$\mu = \mathrm{E}(X) = \frac{n(1-p)}{p}$$

で与えられることから，

$$p = \frac{n}{n+\mu}$$

と表せる．このことから，(n,p) 以外に (n,μ) で**母数付け** (parametrization) する場合があり，負の 2 項分布に関する R 関数には，この母数付けに対応する引数が存在する．

演習問題

Q 6.1 確率変数 Z が標準正規分布 $N(0,1)$ に従うとき，以下の確率を求めよ．
 (1) $P(-1 \leq Z \leq 1)$ (2) $P(-2 \leq Z \leq 2)$ (3) $P(-3 \leq Z \leq 3)$ (4) $P(-6 \leq Z \leq 6)$

Q 6.2 各自が定めた μ,σ の値に対する正規分布 $N(\mu,\sigma^2)$ の乱数を 10000 個生成し，ヒストグラムを描き，さらに密度関数を重ね書きせよ．なお，密度関数を重ね書きするときには lines 関数が利用できる．

Q 6.3 各自が定めた λ の値に対する指数分布 $E_X(\lambda)$ の乱数を 10000 個生成し，ヒストグラムを描き，さらに密度関数を重ね書きせよ．

Q 6.4 確率変数 X の自然対数 $\log X$ が正規分布 $N(\mu,\sigma^2)$ に従うとき，X は対数正規分布 $LN(\mu,\sigma^2)$ に従うといわれる．ある年度の企業の売上高や家計の所得などは対数正規分布に従う例としてしばしば挙げられる．各自が定めた μ,σ に対する対数正規分布の密度関数と分布関数を描く関数を作成せよ．なお，対数正規分布の R のコーディングは lnorm であり，母数 (μ,σ) のコーディングは (meanlog, sdlog) である．

Q 6.5 確率変数 X, Y がそれぞれ

$$X \sim B_N(n,p), \quad Y \sim B_E(k, n-k+1)$$

という分布に従うとき，以下の等式が成り立つ．

$$P(X \geq k) = P(Y \leq p)$$
$$\iff \sum_{x=k}^{n}\binom{n}{x}p^x(1-p)^{n-x} = \frac{1}{B(k,n-k+1)}\int_0^p y^{k-1}(1-y)^{(n-k+1)-1}\,\mathrm{d}y \quad (6.44)$$

このことを，R を用いて以下の場合について確かめよ．
 (1) $(n,p,k) = (10, 0.5, 2)$ のとき (2) $(n,p,k) = (10, 0.2, 2)$ のとき
 (3) $(n,p,k) = (100, 1/2, 50)$ のとき (4) $(n,p,k) = (100, 0.2, 50)$ のとき
ただし，$B_E(k, n-k+1)$ は母数 $(k, n-k+1)$ のベータ分布を表す[18]．

---

[18] R には非心ベータ分布 $B_E(\alpha,\beta,\delta)$ に関する関数が用意されており，δ は非心度 (non-centrality parameter) とよばれる母数である．関数の非心度に関する引数のデフォルトは $\delta = 0$ であり，通常のベータ分布 (中心ベータ分布) $B_E(\alpha,\beta) = B_E(\alpha,\beta,0)$ に対する計算を行う (表 6.8 も参照).

多変量確率変数と多変量確率分布

第 6 章では，単一の確率変数とその確率分布について述べたが，新生児の身長と体重のように，個体に関する複数の変量を同時に扱い，その確率分布を考えることは自然である．本章では，複数の変量を一組にまとめたものの確率分布 (多変量同時確率分布) を R を用いて数値的に計算する方法を学ぶ．これらのことを学ぶことによって，ランダムに変化する多様な複数の現象を理論的・数値的に同時に分析するための考え方を身に付けることができる．なお，解説の都合上必要となった関数を付録 E.3 に与えた[1]．

7.1 2 変量確率変数　　　　　　　　　　　　check box ☐☐☐

多変量確率変数の最も単純な場合として，変量が 2 つの場合を考える．2 つの確率変数 X, Y を一組にした (X, Y) を **2 変量確率変数** (bivariate random variables) または **2 次元確率ベクトル** (two dimensional random vector) という．

2 変量確率変数 (X, Y) は列ベクトル $\boldsymbol{X} := [X, Y]'$ で表されることがあり，同一視されることがある．ここで，" $'$ " は転置を表す記号である．

7.2 2 変量同時確率分布　　　　　　　　　　check box ☐☐☐

1 変量確率変数の場合と同様に，2 変量確率変数 (X, Y) は確率をともなって値をとるが，それを規定するのが**同時確率分布** (simultaneous probability distribution) $P^{(X,Y)}$ である．なお，複数の変量を「同時」に扱う分布であることから，この用語が使われる．

2 変量確率変数 (X, Y) の同時確率分布が $P^{(X,Y)}$ であるとき，「2 変量確率変数 (X, Y) は同時確率分布 $P^{(X,Y)}$ に従う」といい，$(X, Y) \sim P^{(X,Y)}$ と表される．

7.2.1 同時分布関数

1 変量確率変数の場合と同様に，分布関数を定義する．まず，任意の $(x, y) \in \mathbb{R}^2$ に関して，

$$F_{XY}(x, y) := P(X \leq x, Y \leq y) \tag{7.1}$$

を 2 変量確率変数 (X, Y) に対する **2 変量同時分布関数** (bivariate simultaneous distribution function) という．

---

[1] 付録 E.3 に与えた関数のソースコードのファイルは，「本書の使い方」で述べた方法で入手可能である．

1変量確率分布と同様に，2変量同時分布関数は2変量確率変数の同時確率分布を規定する．例えば，2変量確率変数 (X, Y) が任意の領域 $[a, b] \times (c, d]$ の値をとる確率は，

$P(a < X \leq b,\ c < Y \leq d)$
$= P(X \leq b,\ Y \leq d) - P(X \leq a,\ Y \leq d) - P(X \leq b,\ Y \leq c) + P(X \leq a,\ Y \leq c)$
$= F_{XY}(b, d) - F_{XY}(a, d) - F_{XY}(b, c) + F_{XY}(a, c)$

によって求めることができる．

2変量確率変数の同時分布関数の性質としては，以下の3つのものがある．

(BDF1) 単調非減少性： $x_1 < x_2,\ y_1 < y_2 \implies F_{XY}(x_1, y_1) \leq F_{XY}(x_2, y_2)$

(BDF2) 右連続性： $\lim_{x \to a+0} \lim_{y \to b+0} F_{XY}(x) = F_{XY}(a, b)$

(BDF3) $0 \leq F_{XY}(x) \leq 1,\ \lim_{x \to -\infty} \lim_{y \to -\infty} F_{XY}(x, y) = 0,\ \lim_{x \to \infty} \lim_{y \to \infty} F_{XY}(x, y) = 1$

同時分布関数の片方の変数の極限をとった関数を X または Y の**周辺分布関数** (marginal distribution function) という．

$$F_X(x) := \lim_{y \to \infty} F_{XY}(x, y), \quad F_Y(y) := \lim_{x \to \infty} F_{XY}(x, y) \tag{7.2}$$

2変量確率変数 (X, Y) の同時分布関数 $F_{XY}(x, y)$ が X と Y のそれぞれの周辺分布関数 $F_X(x),\ F_Y(y)$ の積で表せる場合，すなわち，

$$F_{XY}(x, y) = F_X(x)\, F_Y(y) \tag{7.3}$$

となるとき，2変量確率変数 (X, Y) は**独立** (independent) であるといい，$X \perp\!\!\!\perp Y$ と表される．

7.2.2 同時密度関数

1変量の場合と同様に，確率変数 $X,\ Y$ が連続値 (実数) をとる場合は，**2変量連続型確率変数** (bivariate continuous random variables) とよばれ，2変量同時分布関数を変数 x と y で偏微分したものは，**同時密度関数** (simultaneous density function) とよばれる[2]．

$$f_{XY}(x, y) := \frac{\partial^2 F_{XY}(x, y)}{\partial x\, \partial y}, \qquad (x, y) \in \mathbb{R}^2 \tag{7.4}$$

2変量同時密度関数は以下の性質をもつ．

(BPDF1) 非負性： 任意の $(x, y) \in \mathbb{R}^2$ に関して $f_{XY}(x, y) \geq 0$

(BPDF2) 確率性：

$$\int_{-\infty}^{\infty} \int_{-\infty}^{\infty} f_{XY}(x, y)\, \mathrm{d}x\, \mathrm{d}y = 1$$

(BPDF3) 分布関数との関係：

$$F_{XY}(x, y) = \int_{-\infty}^{y} \int_{-\infty}^{x} f_{XY}(u, v)\, \mathrm{d}u\, \mathrm{d}v, \qquad (x, y) \in \mathbb{R}^2$$

---

[2] ここでは同時分布関数は偏微分可能であり，変数の微分の順序によらず一致することを仮定している．

7.2.3　周辺密度関数

同時密度関数 $f_{XY}(x,y)$ を x と y のそれぞれの変数に関して積分したものは**周辺密度関数** (marginal density function) とよばれる.

$$f_X(x) := \int_{-\infty}^{\infty} f_{XY}(x,y)\,\mathrm{d}y \qquad (X \text{ の周辺密度関数}) \tag{7.5}$$

$$f_Y(y) := \int_{-\infty}^{\infty} f_{XY}(x,y)\,\mathrm{d}x \qquad (Y \text{ の周辺密度関数}) \tag{7.6}$$

周辺密度関数は X と Y のそれぞれの密度関数であり, 1 変量密度関数の性質 (PDF1), (PDF2), (PDF3) を満たす. また, 2 変量確率変数 (X,Y) が独立であるとき, 同時密度関数は周辺密度関数の積で表すことができ, 逆に, 2 変量確率変数 (X,Y) の同時密度関数がそれぞれの周辺密度関数の積で表すことができる場合は, 独立であることが示される.

$$X \perp\!\!\!\perp Y \iff f_{XY}(x,y) = f_X(x)\,f_Y(y) \tag{7.7}$$

7.2.4　同時確率関数

確率変数 X, Y が離散値 (整数) をとる場合は, **2 変量離散型確率変数** (bivariate discrete random variables) とよばれ, $(X,Y)=(x,y)$ となる確率を直接求めることができ, **同時確率関数** (simultaneous probability function) または**同時確率素分関数** (simultaneous probability mass function) とよばれる.

$$p_{XY}(x,y) := P(X=x, Y=y), \qquad (x,y) \in \mathbb{Z}^2 \tag{7.8}$$

2 変量同時密度関数は以下の性質をもつ.

(BPMF1) 非負性：任意の $(x,y) \in \mathbb{Z}^2$ に関して $p_{XY}(x,y) \geq 0$

(BPMF2) 確率性：

$$\sum_{y=-\infty}^{\infty} \sum_{x=-\infty}^{\infty} p_{XY}(x,y) = 1$$

(BPMF3) 分布関数との関係：

$$F_{XY}(x,y) = \sum_{j=-\infty}^{y} \sum_{i=-\infty}^{x} p_{XY}(i,j), \qquad (x,y) \in \mathbb{Z}^2$$

7.2.5　周辺確率関数

同時確率関数 $p_{XY}(x,y)$ を x と y のそれぞれの変数に関して和をとったものは**周辺確率関数** (marginal probability function) とよばれる.

$$p_X(x) := \sum_{y=-\infty}^{\infty} p_{XY}(x,y) \qquad (X \text{ の周辺確率関数}) \tag{7.9}$$

$$p_Y(y) := \sum_{x=-\infty}^{\infty} p_{XY}(x,y) \qquad (Y \text{ の周辺確率関数}) \tag{7.10}$$

周辺確率関数は X と Y のそれぞれの確率関数であり, 1 変量確率関数の性質 (PMF1), (PMF2), (PMF3) を満たす. また, 2 変量確率変数 (X,Y) が独立であるとき, 同時確率関数は周辺確率

関数の積で表すことができ，逆に，2変量確率変数 (X,Y) の同時確率関数がそれぞれの周辺確率関数の積で表すことができる場合は，独立であることが示される．

$$X \perp Y \iff p_{XY}(x,y) = p_X(x)\,p_Y(y) \tag{7.11}$$

7.2.6 特性を表すベクトルと行列

2変量確率分布の特性をベクトル，行列として与えることを考える．2変量確率変数をベクトル $\boldsymbol{X} := [X,Y]'$ で表し，その平均は以下のように定義され，**平均ベクトル** (mean vector) とよばれる．

$$\mathrm{E}(\boldsymbol{X}) := \begin{bmatrix} \mathrm{E}(X) \\ \mathrm{E}(Y) \end{bmatrix} \tag{7.12}$$

ここで，

$$\mathrm{E}(X) := \begin{cases} \displaystyle\int_{-\infty}^{\infty}\int_{-\infty}^{\infty} x\,f_{XY}(x,y)\,\mathrm{d}x\,\mathrm{d}y & \text{(連続型)} \\ \displaystyle\sum_{y=-\infty}^{\infty}\sum_{x=-\infty}^{\infty} x\,p_{XY}(x,y) & \text{(離散型)} \end{cases} \tag{7.13}$$

$$\mathrm{E}(Y) := \begin{cases} \displaystyle\int_{-\infty}^{\infty}\int_{-\infty}^{\infty} y\,f_{XY}(x,y)\,\mathrm{d}x\,\mathrm{d}y & \text{(連続型)} \\ \displaystyle\sum_{y=-\infty}^{\infty}\sum_{x=-\infty}^{\infty} y\,p_{XY}(x,y) & \text{(離散型)} \end{cases} \tag{7.14}$$

であり，平均は同時密度 (または確率) 関数に関する積分 (または和) を求めることによって定義されているが，周辺密度 (または確率) 関数に関する積分 (または和) を求めることによって求めたものと一致する．

例えば，連続型確率変数 X に関する平均であれば，

$$\mathrm{E}(X) = \int_{-\infty}^{\infty}\int_{-\infty}^{\infty} x\,f_{XY}(x,y)\,\mathrm{d}x\,\mathrm{d}y = \int_{-\infty}^{\infty} x\,f_X(x)\,\mathrm{d}x \tag{7.15}$$

となる．

また，「分散」は以下のように定義され，**分散共分散行列** (variance-covariance matrix) とよばれる．

$$\begin{aligned}
\mathrm{V}(\boldsymbol{X}) &:= \mathrm{E}(\boldsymbol{X}-\mathrm{E}(\boldsymbol{X}))(\boldsymbol{X}-\mathrm{E}(\boldsymbol{X}))' \\
&:= \begin{bmatrix} \mathrm{E}(X-\mathrm{E}(X))^2 & \mathrm{E}(X-\mathrm{E}(X))(Y-\mathrm{E}(Y)) \\ \mathrm{E}(Y-\mathrm{E}(Y))(X-\mathrm{E}(X)) & \mathrm{E}(Y-\mathrm{E}(Y))^2 \end{bmatrix} \\
&=: \begin{bmatrix} \mathrm{V}(X) & \mathrm{Cov}(X,Y) \\ \mathrm{Cov}(Y,X) & \mathrm{V}(Y) \end{bmatrix}
\end{aligned} \tag{7.16}$$

ここで，$\mathrm{V}(X), \mathrm{V}(Y)$ はそれぞれ X, Y の分散，$\mathrm{Cov}(X,Y)(=\mathrm{Cov}(Y,X))$ は X,Y の**共分散** (covariance) であり，以下のように定義される．

$$V(X) := \begin{cases} \int_{-\infty}^{\infty} \int_{-\infty}^{\infty} \{x - E(X)\}^2 f_{XY}(x,y) \, dx \, dy & \text{(連続型)} \\ \sum_{y=-\infty}^{\infty} \sum_{x=-\infty}^{\infty} \{x - E(X)\}^2 p_{XY}(x,y) & \text{(離散型)} \end{cases} \quad (7.17)$$

$$V(Y) := \begin{cases} \int_{-\infty}^{\infty} \int_{-\infty}^{\infty} \{y - E(Y)\}^2 f_{XY}(x,y) \, dx \, dy & \text{(連続型)} \\ \sum_{y=-\infty}^{\infty} \sum_{x=-\infty}^{\infty} \{y - E(Y)\}^2 p_{XY}(x,y) & \text{(離散型)} \end{cases} \quad (7.18)$$

$$\mathrm{Cov}(X,Y) := \begin{cases} \int_{-\infty}^{\infty} \int_{-\infty}^{\infty} \{x - E(X)\}\{y - E(Y)\} f_{XY}(x,y) \, dx \, dy & \text{(連続型)} \\ \sum_{y=-\infty}^{\infty} \sum_{x=-\infty}^{\infty} \{x - E(X)\}\{y - E(Y)\} p_{XY}(x,y) & \text{(離散型)} \end{cases}$$
$$(7.19)$$

確率変数 X と Y が独立のとき,共分散が 0 となる.

$$X \perp\!\!\!\perp Y \implies \mathrm{Cov}(X,Y) = 0 \quad (7.20)$$

さらに,X と Y の共分散をそれぞれの標準偏差で割ったものは**相関係数** (correlation coefficient) とよばれ,以下のように定義される.

$$\mathrm{Cor}(X,Y) := \frac{\mathrm{Cov}(X,Y)}{\sqrt{V(X)\,V(Y)}} \quad (7.21)$$

相関係数に関しては,以下の性質が成り立つ.

(Cor1)　$-1 \leq \mathrm{Cor}(X,Y) \leq 1$

(Cor2)　$X \perp\!\!\!\perp Y \implies \mathrm{Cor}(X,Y) = 0$

性質 (Cor1) において等号が成り立つのは,適当な定数 a, b が存在して,

$$\mathrm{Cor}(X,Y) = \pm 1 \iff Y = a + bX \quad (7.22)$$

が成り立つときである[3]. このことから,相関係数は X と Y の線形関係 (直線関係) を表す特性値である.また,性質 (Cor2) の逆命題 $X \perp\!\!\!\perp Y \impliedby \mathrm{Cor}(X,Y) = 0$ は一般には成り立たない.そして,相関係数の符号によって,

$$\mathrm{Cor}(X,Y) \begin{cases} > 0 & \text{(正の相関)} \\ = 0 & \text{(無相関)} \\ < 0 & \text{(負の相関)} \end{cases} \quad (7.23)$$

のようによばれる.

---

[3]　より正確には,確率 1 で $Y = a + bX$ が成り立つときである.

7.3 2変量連続型確率分布

2変量正規分布

正規分布 $N(\mu, \sigma^2)$ は1変量連続型確率分布の最も代表的なものの一つであるが，その2変量への拡張である **2変量正規分布** (bivariate normal distribution) も，また2変量連続型確率分布の代表的なものである．

2変量正規分布は $N_2(\boldsymbol{\mu}, \boldsymbol{\Sigma})$ という記号で表される．ここで，

$$\boldsymbol{\mu} := \begin{bmatrix} \mu_1 \\ \mu_2 \end{bmatrix}, \qquad \boldsymbol{\Sigma} := \begin{bmatrix} \sigma_1^2 & \rho\sigma_1\sigma_2 \\ \rho\sigma_1\sigma_2 & \sigma_2^2 \end{bmatrix} \tag{7.24}$$

である．なお，$\boldsymbol{\mu}, \boldsymbol{\Sigma}$ は，この時点においてどのような役割を示す母数 (ベクトル，行列) であるかはわからないことに注意しよう．

親と子の身長や，新生児の身長と体重などは，2変量正規分布に従う例としてしばしば取り上げられる．2変量確率変数 (X, Y) が2変量正規分布 $N_2(\boldsymbol{\mu}, \boldsymbol{\Sigma})$ に従うときは $(X, Y) \sim N_2(\boldsymbol{\mu}, \boldsymbol{\Sigma})$ と表し，2変量確率変数が $\boldsymbol{X} := [X, Y]'$ とベクトルで表現されているときは，$\boldsymbol{X} \sim N_2(\boldsymbol{\mu}, \boldsymbol{\Sigma})$ とも表す．

2変量正規分布 $N_2(\boldsymbol{\mu}, \boldsymbol{\Sigma})$ の同時密度関数，周辺密度関数，同時分布関数，平均ベクトル，分散共分散行列は，それぞれ以下で与えられる．

同時密度関数：

$$f_{XY}(x, y) = \frac{1}{2\pi\sigma_1\sigma_2\sqrt{1-\rho^2}} \exp\left\{-\frac{1}{2}Q(x, y)\right\} \tag{7.25}$$

ここで，

$$Q(x, y) := \frac{1}{1-\rho^2}\left\{\left(\frac{x-\mu_1}{\sigma_1}\right)^2 - 2\rho\left(\frac{x-\mu_1}{\sigma_1}\right)\left(\frac{y-\mu_2}{\sigma_2}\right) + \left(\frac{y-\mu_2}{\sigma_2}\right)^2\right\} \tag{7.26}$$

であり，

$$(x, y) \in \mathbb{R}^2, \qquad (\mu_1, \mu_2) \in \mathbb{R}^2, \qquad \sigma_1, \sigma_2 \in \mathbb{R}^+, \qquad \rho \in (-1, 1)$$

である．

周辺密度関数：

$$f_X(x) = \int_{-\infty}^{\infty} f_{XY}(x, y)\,\mathrm{d}y = \frac{1}{\sqrt{2\pi}\sigma_1} \exp\left\{-\frac{(x-\mu_1)^2}{2\sigma_1^2}\right\} \tag{7.27}$$

$$f_Y(y) = \int_{-\infty}^{\infty} f_{XY}(x, y)\,\mathrm{d}x = \frac{1}{\sqrt{2\pi}\sigma_2} \exp\left\{-\frac{(y-\mu_2)^2}{2\sigma_2^2}\right\} \tag{7.28}$$

同時分布関数：

$$F_{XY}(x, y) = \int_{-\infty}^{y}\int_{-\infty}^{x} f_{XY}(u, v)\,\mathrm{d}u\,\mathrm{d}v \tag{7.29}$$

平均ベクトル：

$$\mathrm{E}(\boldsymbol{X}) := \begin{bmatrix} \mathrm{E}(X) \\ \mathrm{E}(Y) \end{bmatrix} = \begin{bmatrix} \mu_1 \\ \mu_2 \end{bmatrix} = \boldsymbol{\mu} \tag{7.30}$$

分散共分散行列：

$$V(\boldsymbol{X}) := \begin{bmatrix} V(X) & \mathrm{Cov}(X,Y) \\ \mathrm{Cov}(Y,X) & V(Y) \end{bmatrix} = \begin{bmatrix} \sigma_1^2 & \rho\sigma_1\sigma_2 \\ \rho\sigma_2\sigma_1 & \sigma_2^2 \end{bmatrix} = \boldsymbol{\Sigma} \tag{7.31}$$

以上の結果から，2 変量正規分布 $N_2(\boldsymbol{\mu},\boldsymbol{\Sigma})$ に従う確率変数 (X,Y) のそれぞれの周辺分布は (1 変量) 正規分布 $N(\mu_1,\sigma_1^2), N(\mu_2,\sigma_2^2)$ であり，$\boldsymbol{\mu}$ は平均ベクトル，$\boldsymbol{\Sigma}$ は分散共分散行列であることがわかる．また，

$$\mathrm{Cor}(X,Y) = \frac{\mathrm{Cov}(X,Y)}{\sqrt{V(X)V(Y)}} = \frac{\rho\sigma_1\sigma_2}{\sqrt{\sigma_1^2\sigma_2^2}} = \rho \tag{7.32}$$

となり，ρ は X と Y の相関係数である．なお，$\mathrm{Cov}(X,Y) = \mathrm{Cov}(Y,X) = \rho\sigma_1\sigma_2$ である．また，これらの結果は同時密度関数から直接導かれる結果である．

2 変量正規分布 $N_2(\boldsymbol{\mu},\boldsymbol{\Sigma})$ において，相関係数 ρ が 0 のとき，すなわち無相関のとき，同時密度関数が，

$$f_{XY}(x,y) = \frac{1}{\sqrt{2\pi}\sigma_1}\exp\left\{-\frac{1}{2}\left(\frac{x-\mu_1}{\sigma_1}\right)^2\right\} \frac{1}{\sqrt{2\pi}\sigma_2}\exp\left\{-\frac{1}{2}\left(\frac{y-\mu_2}{\sigma_2}\right)^2\right\}$$
$$= f_X(x)f_Y(y) \tag{7.33}$$

となる．このことは，2 変量確率変数 (X,Y) が相関係数 $\rho = 0$ の 2 変量正規分布に従うとき，確率変数 X, Y は，独立に正規分布 $N(\mu_1,\sigma_1^2), N(\mu_2,\sigma_2^2)$ にそれぞれ従うことを示している．よって，相関係数の性質 (Cor2) の逆がいえて，2 変量正規分布に関しては以下の同値性が成り立つ．

$$X \perp\!\!\!\perp Y \iff \mathrm{Cor}(X,Y) = 0 \tag{7.34}$$

確率変数 X と Y が独立に正規分布 $N(\mu_1,\sigma_1^2), N(\mu_2,\sigma_2^2)$ に従うとき，それらの和 $X+Y$ の分布は再び正規分布 $N(\mu_1+\mu_2,\sigma_1^2+\sigma_2^2)$ に従う．

$$X \sim N(\mu_1,\sigma_1^2), \quad Y \sim N(\mu_1,\sigma_2^2), \quad X \perp\!\!\!\perp Y \implies X+Y \sim N(\mu_1+\mu_2,\sigma_1^2+\sigma_2^2) \tag{7.35}$$

この性質は，正規分布の**再生性** (reproductive property) とよばれる．

1 変量正規分布 $N(\mu,\sigma^2)$ において $(\mu,\sigma^2) = (0,1)$ の場合は標準正規分布 $N(0,1)$ とよばれたが，2 変量正規分布 $N_2(\boldsymbol{\mu},\boldsymbol{\Sigma})$ において，

$$\mu_1 = \mu_2 = 0, \qquad \sigma_1 = \sigma_2 = 1, \qquad \rho = 0$$

のとき，すなわち，

$$\boldsymbol{\mu} = \begin{bmatrix} 0 \\ 0 \end{bmatrix} = \boldsymbol{0}, \qquad \boldsymbol{\Sigma} = \begin{bmatrix} 1 & 0 \\ 0 & 1 \end{bmatrix} = \boldsymbol{I}_2 \tag{7.36}$$

のとき，2 変量標準正規分布 $N_2(\boldsymbol{0},\boldsymbol{I}_2)$ とよばれる．

2 変量標準正規分布の同時密度関数は，

$$\phi_{XY}(x,y) := \frac{1}{2\pi}\exp\left(-\frac{x^2+y^2}{2}\right)$$
$$= \frac{1}{\sqrt{2\pi}}\exp\left(-\frac{x^2}{2}\right)\frac{1}{\sqrt{2\pi}}\exp\left(-\frac{y^2}{2}\right)$$
$$= \phi(x)\,\phi(y) \tag{7.37}$$

と表すことができる．ここで，$\phi(\cdot)$ は標準正規分布 $N(0,1)$ の密度関数である．このことは，2 変量確率変数 (X,Y) が 2 変量標準正規分布に従う場合に，確率変数 X, Y はそれぞれ独立に同一の標準正規分布 $N(0,1)$ に従うことを表している．

2 変量標準正規分布の同時密度関数と同時分布関数は，それぞれ図 7.1，7.2 のように与えられる．

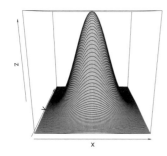

図 7.1 2 変量標準正規分布 $N_2(\mathbf{0}, \mathbf{I}_2)$ の同時密度関数

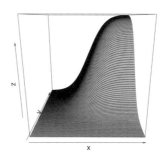

図 7.2 2 変量標準正規分布 $N_2(\mathbf{0}, \mathbf{I}_2)$ の同時分布関数

これらの図からも 2 変量標準正規分布の同時密度関数と同時分布関数の概形を知ることができるが，特に同時密度関数は「視点」を動的に変化させることができなければ，一部の見えない部分が存在してしまう．この問題に対する一つの解決策は，**等高線** (contour line) をプロットすることによって，「山の高さ」を 2 次元でとらえることである．図 7.3 は，2 変量標準正規分布の同時密度関数の等高線プロットである．この図から，等高線は原点 $(0,0)$ を中心とする同心円で与えられることがわかる．

2 変量正規分布を特別な場合に含む多変量正規分布を扱う関数は標準的なパッケージにはなく，追加

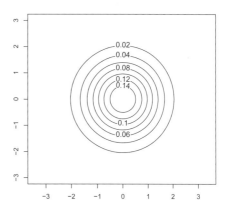

図 7.3 2 変量標準正規分布 $N_2(\mathbf{0}, \mathbf{I}_2)$ の同時密度関数の等高線

パッケージ mvtnorm を導入することによって，以下のような R 関数を利用することができる[4]．

表 7.1 mvtnorm パッケージに含まれる多変量正規分布に関する R 関数

関　数	役　割
dmvnorm	同時密度関数の値を求める．
pmvnorm	同時分布関数の値を求める．
qmvnorm	分位点を求める．
rmvnorm	乱数を発生させる．

---

[4] 追加パッケージのインストールについては付録 B.6 を参照してほしい．

各関数の 1 文字目のコーディング r, d, p, q は 1 変量の場合と同一であり，mvnorm は multivariate normal distribution (多変量正規分布) のコーディングである．なお，それぞれの関数は様々な引数をもつが，平均ベクトルと分散共分散行列に対応する引数 mean, sigma のデフォルトは，それぞれゼロベクトルと単位行列，すなわち，多変量標準正規分布になっている．

図 7.1, 7.2, 7.3 を描くために，付録 E.3 に与えた関数 plot.pdf.bvnorm, plot.cdf.bvnorm, plot.contour.bvnorm を利用する．これらの関数では，多変量正規分布の同時密度関数と同時分布関数の値を求めるための関数 dmvnorm, pmvnorm を使って，xy 平面上の領域 $[-3,3] \times [-3,3]$ を 100×100 分割した格子点に対する関数の値を求め，同時密度関数と同時分布関数の描画は，3 次元曲面の鳥瞰図 (perspective plot) を描くための関数 persp を使って関数値をプロットしている．また，同時確率密度の等高線は，3 次元曲面の等高線を描く関数 contour を利用している．

なお，具体的には，以下のように入力することによって図 7.1, 7.2, 7.3 を描くことができる．

```
> plot.pdf.bvnorm()
> plot.cdf.bvnorm()
> plot.contour.bvnorm()
```

2 変量正規分布の同時密度関数の性質として，以下のものが挙げられる．

(BN1) 関数の形状は単峰 (釣り鐘型) である．

(BN2) xy 平面と同時密度関数によって囲まれた領域の体積は 1 (確率) である．

(BN3) 平均 (ベクトル) (μ_1, μ_2) は位置母数であり，分散 σ_1^2, σ_2^2 (標準偏差 σ_1, σ_2) は x 軸と y 軸に関する尺度母数である．

(BN4) 同時密度関数の等高線は一般に楕円であり，相関係数 ρ の値によって右上がり ($\rho > 0$) と右下がり ($\rho < 0$) となる．なお，無相関 ($\rho = 0$) のときは円となる．

これらの性質は，1 変量の場合と同様に，正確には 2 変数関数の微分・積分の知識を利用することによって解析的に調べることができるが，ここでは R によって描かれた結果から直観的に確かめることを試みる．

まず，2 変量標準正規分布の密度関数を描いた図 7.1 から，性質 (BN1) が満たされていることが推察できる．また，図 7.2 から同時分布関数が (x, y) の増加とともに 1 に近づいている[5]ことから，性質 (BN2) が成り立っていることを確かめることができる．さらに，母数を変化させることによって性質 (BN3) が成り立つことを視覚的に確認しよう．

無相関 ($\rho = 0$) を仮定し，平均が $\mu_1 = \mu_2 = 1$，標準偏差が $\sigma_1 = \sigma_2 = 1$ の場合と，平均が $\mu_1 = \mu_2 = 0$，標準偏差が $\sigma_1 = 2, \sigma_2 = 1$ の場合の同時密度関数の等高線をプロットしたものが図 7.4, 7.5 である．

これらの図から，平均 (μ_1, μ_2) を変化させることによって位置が変化し，標準偏差 (σ_1, σ_2) を変化させることによって分布の拡がり (軸の尺度) が変化することがわかる．なお，これらの図を描くための入力は以下のようなものである．

```
> plot.contour.bvnorm(mu=c(1,1))
> plot.contour.bvnorm(sigma=diag(c(2,1)))
```

最後に，性質 (BN4) を確かめる．図 7.6, 7.7, 7.8 は，それぞれ平均を $\mu_1 = \mu_2 = 0$，標準偏

---

[5] 図の z 軸には値が与えられていないが，上限は 1 である．

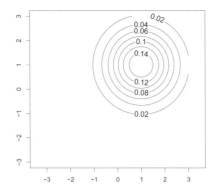
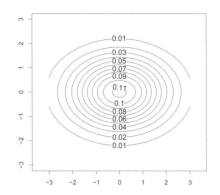

図 7.4 平均 $\mu_1 = \mu_2 = 1$, 標準偏差 $\sigma_1 = \sigma_2 = 1$, 無相関 $\rho = 0$ の場合の同時密度関数の等高線. 中心を $(1,1)$ にもつ同心円.

図 7.5 平均 $\mu_1 = \mu_2 = 0$, 標準偏差 $\sigma_1 = 2$, $\sigma_2 = 1$, 無相関 $\rho = 0$ の場合の同時密度関数の等高線. x 軸方向の拡がり (尺度) が y 軸方向の拡がり (尺度) に比べて大きくなっている (このことから等高線は楕円となる).

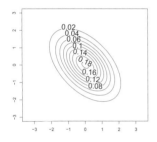
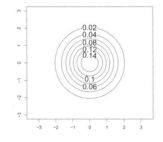
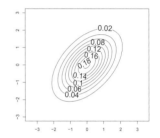

図 7.6 平均 $\mu_1 = \mu_2 = 0$, 標準偏差 $\sigma_1 = \sigma_2 = 1$, 負の相関 $\rho = -1/2$ の場合の同時密度関数の等高線 (右下がりの楕円)

図 7.7 平均 $\mu_1 = \mu_2 = 0$, 標準偏差 $\sigma_1 = \sigma_2 = 1$, 無相関 $\rho = 0$ の場合の同時密度関数の等高線 (原点を中心とする同心円)

図 7.8 平均 $\mu_1 = \mu_2 = 0$, 標準偏差 $\sigma_1 = \sigma_2 = 1$, 正の相関 $\rho = 1/2$ の場合の同時密度関数の等高線 (右上がりの楕円)

差を $\sigma_1 = \sigma_2 = 1$ で固定し, 相関係数が $\rho = -1/2, 0, 1/2$ の場合の 2 変量正規分布の等高線を描いたものである. これらの図から, 性質 (BM4) が成り立つことが読み取れる.

なお, これらの図を描くための入力は以下のようなものである.

```
> plot.contour.bvnorm(sigma=matrix(c(1,-1/2,-1/2,1),2,2))
> plot.contour.bvnorm(sigma=diag(2))
> plot.contour.bvnorm(sigma=matrix(c(1,1/2,1/2,1),2,2))
```

2 変量正規分布に従う乱数の生成は, パッケージ mvtnorm に付属する rmvnorm を利用する. 例として, 2 変量標準正規乱数を 10000 組生成し, オブジェクト x.binorm に付値するためには以下のように入力する.

```
> library(mvtnorm)
> set.seed(12345)
> x.binorm<-rmvnorm(n=10000,mean=c(0,0))
```

ここで, 乱数の再現性を確保するために乱数の種 (シード) を 12345 で与えている. また, 関数 rmvnorm の引数 n は生成する乱数の組数を与え, 引数 mean に平均ベクトルを与えている. なお, 分散共分散行列はデフォルトで単位行列となっており, 次元数は平均ベクトルの次元が

自動的に与えられるような仕様となっている[6]．

このようにして得られた2変量標準正規乱数は 10000×2 の行列オブジェクトであり，関数 head を使って表示させると以下のように与えられる．

```
> head(x.binorm)
            [,1]       [,2]
[1,]   0.5855288  0.7094660
[2,]  -0.1093033 -0.4534972
[3,]   0.6058875 -1.8179560
[4,]   0.6300986 -0.2761841
[5,]  -0.2841597 -0.9193220
[6,]  -0.1162478  1.8173120
```

以下の入力によって散布図を描いて分布状況を可視化すると，図 7.9 のように与えられる．

```
> plot(x.binorm,pch=".",asp=1)
```

ここでは，プロットを行う際に「点」の重なり[7]を避けるために，引数 pch でプロットに用いる「文字」(character) を"."としている．また，asp=1 でアスペクト比 (縦軸と横軸の比率) を1となるように指定している．

図 7.9 は，2変量標準正規分布の密度関数の等高線を表す図 7.7 から，原点を中心とする同心円に沿って放射状に分布することを裏付ける結果となっている．

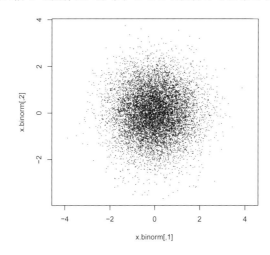

図 7.9 10000 組の 2 変量標準正規乱数のプロット

7.4 2変量離散型確率分布 check box □□□

3項分布

試行を行った結果として起こりうる事象が3種類 (A, B, C とおく) あり，それぞれの事象が生起する確率が，

---

[6] sigma = diag(length(mean)) となっている．なお，逆に，平均ベクトルの引数のデフォルトは mean = rep(0, nrow(sigma)) となっているので，引数 sigma を与えると，同じ「次元」のゼロベクトルが平均ベクトルとして与えられるような仕様となっている．

[7] このことはオーバープロット (overplotting) とよばれる．

$$P(A) = p, \quad P(B) = q, \quad P(C) = r(:= 1 - p - q)$$

である状況を考える．このような試行を独立に n 回行い，そのうち，事象 A が起こった回数を X，事象 B が起こった回数を Y とすると，2 変量確率変数 (X, Y) の同時分布は **3 項分布** (trinomial distribution) とよばれ，記号的に $T_N(n, p, q)$ と表される．ここで，事象 C が起こる確率は，事象 A, B が起こる確率 p, q から $r = 1 - p - q$ と決定され，その生起回数は必然的に $n - X - Y$ で与えられる．

よって，3 種類の事象のうちの一つは他の 2 種類の事象から決まるため，3 項分布は 2 変量離散型確率分布であり，その代表的なものである．

3 項分布に従う事例としては，「勝ち」，「負け」，「引き分け」という事象が発生する対戦ゲームにおいて n 回独立にゲームを行った結果として，「勝ち」の回数を X，「負け」の回数を Y とおいた場合が考えられる．また，アンケート調査などにおいて，n 人の被験者に「好き」，「嫌い」，「普通」の 3 種類の項目をもつ質問を独立に実施したとき，「好き」と答えた人数を X，「嫌い」と答えた人数を Y とした場合なども 3 項分布に従う例と考えられる．

2 変量確率変数 (X, Y) が 3 項分布 $T_N(n, p, q)$ に従うとき，$(X, Y) \sim T_N(n, p, q)$ と表す．3 項分布 $T_N(n, p, q)$ の同時確率関数，周辺確率関数，平均ベクトル，分散共分散行列は，それぞれ以下で与えられる．

同時確率関数:

$$p_{XY}(x, y) = \frac{n!}{x!\, y!\, (n - x - y)!} p^x q^y (1 - p - q)^{n-x-y} \tag{7.38}$$

ここで，

$$(x, y) \in D := \{(x, y);\ x + y \leq n, \quad x, y = 0, 1, \cdots, n\}$$
$$(p, q) \in \Theta := \{(p, q);\ p + q < 1, \quad p, q \in (0, 1)\}$$

であり，

$$\sum_{(x,y) \in D} p_{XY}(x, y) = \sum_{y=0}^{n} \sum_{x=0}^{n-y} \frac{n!}{x!\, y!\, (n - x - y)!} p^x q^y (1 - p - q)^{n-x-y} = 1 \tag{7.39}$$

が成り立つ．

周辺確率関数:

$$p_X(x) = \sum_{y=0}^{n-x} p_{XY}(x, y) = \frac{n!}{x!\, (n - x)!} p^x (1 - p)^{n-x} \tag{7.40}$$

$$p_Y(y) = \sum_{x=0}^{n-y} p_{XY}(x, y) = \frac{n!}{y!\, (n - y)!} q^y (1 - q)^{n-y} \tag{7.41}$$

平均ベクトル:

$$E(\boldsymbol{X}) := \begin{bmatrix} E(X) \\ E(Y) \end{bmatrix} = \begin{bmatrix} np \\ nq \end{bmatrix} \tag{7.42}$$

分散共分散行列：

$$V(\boldsymbol{X}) := \begin{bmatrix} V(X) & \mathrm{Cov}(X,Y) \\ \mathrm{Cov}(X,Y) & V(Y) \end{bmatrix} = \begin{bmatrix} np(1-p) & -npq \\ -npq & nq(1-q) \end{bmatrix} \quad (7.43)$$

以上の結果から，3 項分布 $T_N(n,p,q)$ に従う確率変数 (X,Y) のそれぞれの周辺分布は 2 項分布 $B_N(n,p), B_N(n,q)$ であることがわかる．また，相関係数は，

$$\begin{aligned}\mathrm{Cor}(X,Y) &= \frac{\mathrm{Cov}(X,Y)}{\sqrt{V(X)\,V(Y)}} = \frac{-npq}{\sqrt{np(1-p)nq(1-q)}} \\ &= -\sqrt{\frac{p}{1-p}\frac{q}{1-q}} \end{aligned} \quad (7.44)$$

で与えられる[8]．

3 項分布を特別な場合に含む**多項分布** (multinomail distribution) を扱う以下のような R 関数が，標準的なパッケージ stats に含まれている．なお，多項分布については 7.8 節で扱う．

表 7.2 stats パッケージに含まれる多項分布に関する R 関数

関　数	役　割
dmultinom	同時確率関数の値を求める．
rmultinom	乱数を発生させる．

各関数の 1 文字目のコーディング d, r は 1 変量の場合と同一であり，multinom は multinomial distribution (多項分布) のコーディングである．なお，それぞれの関数は様々な引数をもつが，独立な試行回数を表す引数 size と，事象の生起確率を表す引数 prob がある．

3 項分布 $T_N(10,1/3,1/4))$ の同時確率関数 $p_{XY}(x,y)$ の 3 次元プロットは，図 7.10 のように与えられる．これは，付録 E.3 に与えた関数 plot.pmf.trinom を利用して描いたものである．この関数は多項分布の同時確率関数の値を求めるための関数 dmultinom を利用して xy 平面上の領域 $D = \{(x,y); x+y \leq n,\ x,y = 0,1,\cdots,n\}$ における格子点に対する関数の値を求め，それらを 3 次元散布図 (3-dimension scatter plot) を描くためのパッケージ scatterplot3d[9]に付属する関数 scatterplot3d を利用して描いている．

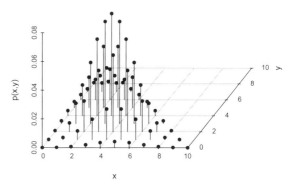

図 7.10 3 項分布 $T_N(10,1/3,1/4))$ の同時確率関数

なお，実際にプロットを行うためには，以下のように入力する．

```
> plot.pmf.trinom(n=10,p=1/3,q=1/3)
```

---

[8] 一般に，比率 $p(\in (0,1))$ に対して，$p/(1-p)$ を**オッズ** (odds) という．また，オッズの対数 $\log p/(1-p)$ はロジット (logit) とよばれる．

[9] パッケージ scatterplot3d は別途，追加インストールが必要である．パッケージのインストール方法については，付録 B.6 を参照してほしい．

7.5 多変量確率変数

2 変量の場合をさらに一般化して，p 個の確率変数 $X_1, \cdots, X_p$ を一組にした $(X_1, \cdots, X_p)$ を**多変量確率変数** (multivariate random variables) または**多次元確率ベクトル** (multidimensional random vector) という．多変量確率変数 $(X_1, \cdots, X_p)$ は列ベクトル $\boldsymbol{X} := [X_1, \cdots, X_p]'$ で表されることがあり，同一視されることがある．

7.6 多変量同時確率分布

2 変量確率変数の場合と同様に，多変量確率変数の同時確率分布を $P^{(X_1, \cdots, X_p)}$ または $P^{\boldsymbol{X}}$ と表し，多変量確率変数 $(X_1, \cdots, X_p)$ の同時確率分布が $P^{(X_1, \cdots, X_p)}$ であるとき，「多変量確率変数 $(X_1, \cdots, X_p)$ は同時確率分布 $P^{(X_1, \cdots, X_p)}$ に従う」とよばれ，$(X_1, \cdots, X_p) \sim P^{(X_1, \cdots, X_p)}$ と表す．なお，列ベクトルで表された多変量確率変数 $\boldsymbol{X}$ については $\boldsymbol{X} \sim P^{\boldsymbol{X}}$，多変量確率変数の列ベクトル表現 $\boldsymbol{X}$ について次元を強調する場合は $\boldsymbol{X}_p$ と表す．

7.6.1 同時分布関数

任意の $\boldsymbol{x} = [x_1, \cdots, x_p]' \in \mathbb{R}^p$ に関して，

$$F_{\boldsymbol{X}}(\boldsymbol{x}) := F_{\boldsymbol{X}}(x_1, \cdots, x_p) := P(X_1 \leq x_1, \cdots, X_p \leq x_p) \tag{7.45}$$

を多変量確率変数 $\boldsymbol{X} = [X_1, \cdots, X_p]'$ に対する**多変量同時分布関数** (multivariate simultaneous distribution function) という．1 変量，2 変量確率分布と同様に，多変量同時分布関数は多変量確率変数の多変量確率分布を規定する．

多変量確率変数の同時分布関数の性質としては，以下の 3 つのものがある．

(MDF1) 単調非減少性：任意の $j \in \{1, \cdots, p\}$ について，

$$x_j < y_j \implies F_{\boldsymbol{X}}(x_1, \cdots, x_p) \leq F_{\boldsymbol{X}}(y_1, \cdots, y_p)$$

(MDF2) 右連続性：$\lim_{\boldsymbol{x} \to \boldsymbol{a}+\boldsymbol{0}} F_{\boldsymbol{X}}(\boldsymbol{x}) = F_{\boldsymbol{X}}(\boldsymbol{a})$

(MDF3) $0 \leq F_{\boldsymbol{X}}(\boldsymbol{x}) \leq 1$, $\quad \lim_{\boldsymbol{x} \to -\infty} F_{\boldsymbol{X}}(\boldsymbol{x}) = 0$, $\quad \lim_{\boldsymbol{x} \to \infty} F_{\boldsymbol{X}}(\boldsymbol{x}) = 1$

ここで，

$$\lim_{\boldsymbol{x} \to -\infty} := \lim_{x_1 \to -\infty} \cdots \lim_{x_p \to -\infty}, \qquad \lim_{\boldsymbol{x} \to \infty} := \lim_{x_1 \to \infty} \cdots \lim_{x_p \to \infty},$$

$$\lim_{\boldsymbol{x} \to \boldsymbol{a}+\boldsymbol{0}} := \lim_{x_1 \to a_1+0} \cdots \lim_{x_p \to a_p+0}$$

である．

7.6.2 周辺分布関数

変量 X_j の周辺分布関数は以下のように定義される．

$$F_{X_j}(x_j) := \lim_{\boldsymbol{x}_{(j)} \to \infty} F_{\boldsymbol{X}}(\boldsymbol{x}) \tag{7.46}$$

ここで，$\boldsymbol{x}_{(j)} := [x_1, \cdots, x_{j-1}, x_{j+1}, \cdots, x_p]'$ であり，

$$\lim_{\boldsymbol{x}_{(j)} \to \infty} := \lim_{x_1 \to \infty} \cdots \lim_{x_{j-1} \to \infty} \lim_{x_{j+1} \to \infty} \cdots \lim_{x_p \to \infty}$$

とおいた．

多変量確率変数 $(X_1, \cdots, X_p)$ の同時分布関数 $F_{\boldsymbol{X}}(\boldsymbol{x})$ が X_j のそれぞれの周辺分布関数 $F_{X_j}(x_j)$ の積で表せる場合，すなわち，

$$F_{\boldsymbol{X}}(x_1, \cdots, x_p) = F_{X_1}(x_1) \cdots F_{X_1}(x_p) \tag{7.47}$$

となるとき，多変量確率変数 $(X_1, \cdots, X_p)$ は独立であるといわれ，

$$X_1 \perp\!\!\!\perp \cdots \perp\!\!\!\perp X_p \quad \text{または} \quad X_i \perp\!\!\!\perp X_j \quad (i \neq j = 1, \cdots, p) \tag{7.48}$$

などと表される．

7.6.3 同時密度関数

確率変数 $X_1, \cdots, X_p$ のすべてが連続値 (実数) をとる場合は，**多変量連続型確率変数** (multivariate continuous random variables) とよばれ，同時分布関数を変数 x_j $(i = 1, \cdots, p)$ で偏微分したものは同時密度関数とよばれる[10]．

$$f_{\boldsymbol{X}}(x_1, \cdots, x_p) := \frac{\partial^p F_{\boldsymbol{X}}(x_1, \cdots, x_p)}{\partial x_1 \cdots \partial x_p}, \quad (x_1, \cdots, x_p) \in \mathbb{R}^p \tag{7.49}$$

多変量同時密度関数は以下の性質をもつ．

(MPDF1) 非負性： 任意の $(x_1, \cdots, x_p) \in \mathbb{R}^p$ に関して $f_{\boldsymbol{X}}(x_1, \cdots, x_p) \geq 0$

(MPDF2) 確率性：

$$\int_{-\infty}^{\infty} \cdots \int_{-\infty}^{\infty} f_{\boldsymbol{X}}(x_1, \cdots, x_p) \, \mathrm{d}x_1 \cdots \mathrm{d}x_p = 1$$

(MPDF3) 分布関数との関係：

$$F_{\boldsymbol{X}}(x_1, \cdots, x_p) = \int_{-\infty}^{x_p} \cdots \int_{-\infty}^{x_1} f_{\boldsymbol{X}}(u_1, \cdots, u_p) \, \mathrm{d}u_1 \cdots \mathrm{d}u_p$$
$$(x_1, \cdots, x_p) \in \mathbb{R}^p$$

7.6.4 周辺密度関数

同時密度関数 $f_{\boldsymbol{X}}(x_1, \cdots, x_p)$ を x_j を除く変数に関して積分したものは，X_j の**周辺密度関数** (marginal density function) とよばれる．

$$f_{X_j}(x_j) := \int_{-\infty}^{\infty} \cdots \int_{-\infty}^{\infty} f_{\boldsymbol{X}}(x_1, \cdots, x_p) \, \mathrm{d}x_1 \cdots \mathrm{d}x_{j-1} \, \mathrm{d}x_{j+1} \cdots \mathrm{d}x_p \tag{7.50}$$

周辺密度関数 $f_{X_j}(x_j)$ は X_j の密度関数であり，1 変量密度関数の性質 (PDF1), (PDF2), (PDF3) を満たす．また，多変量確率変数 $(X_1, \cdots, X_p)$ が独立であるとき，同時密度関数は周辺密度関数の積で表すことができ，逆に，同時密度関数がそれぞれの周辺密度関数の積で表すことができる場合は，独立であることが示される．

$$X_1 \perp\!\!\!\perp \cdots \perp\!\!\!\perp X_p \iff f_{\boldsymbol{X}}(x_1, \cdots, x_p) = f_{X_1}(x_1) \cdots f_{X_p}(x_p) \tag{7.51}$$

---

[10] ここでは同時分布関数は偏微分可能であり，変数の微分の順序によらず一致することを仮定している．

7.6.5 同時確率関数

確率変数 $X_1, \cdots, X_p$ のすべてが離散値 (整数) をとる場合は，**多変量離散型確率変数** (multivariate discrete random variables) とよばれる．この場合は，$(X_1, \cdots, X_p) = (x_1, \cdots, x_p)$ となる確率を表す同時確率関数を以下のように定義できる．

$$p_{\boldsymbol{X}}(x_1, \cdots, x_p) := P(X_1 = x_1, \cdots, X_p = x_p), \quad (x_1, \cdots, x_p) \in \mathbb{Z}^p \tag{7.52}$$

多変量同時密度関数は以下の性質をもつ．

(MPMF1) 非負性： 任意の $(x_1, \cdots, x_p) \in \mathbb{Z}^p$ に関して $p_{\boldsymbol{X}}(x_1, \cdots, x_p) \geq 0$

(MPMF2) 確率性：

$$\sum_{x_p=-\infty}^{\infty} \cdots \sum_{x_1=-\infty}^{\infty} p_{\boldsymbol{X}}(x_1, \cdots, x_p) = 1$$

(MPMF3) 分布関数との関係：

$$F_{\boldsymbol{X}}(x_1, \cdots, x_p) = \sum_{j_p=-\infty}^{x_p} \cdots \sum_{j_1=-\infty}^{x_1} p_{\boldsymbol{X}}(j_1, \cdots, j_p), \quad (x_1, \cdots, x_p) \in \mathbb{Z}^p$$

7.6.6 周辺確率関数

確率変数 X_j の周辺確率関数は，以下のように，同時確率関数 $p_{\boldsymbol{X}}(x_1, \cdots, x_p)$ を x_j 以外の変数に関して和をとったもので定義される．

$$p_{X_j}(x_j) := \sum_{x_p=-\infty}^{\infty} \cdots \sum_{x_{j+1}=-\infty}^{\infty} \sum_{x_{j-1}=-\infty}^{\infty} \cdots \sum_{x_1=-\infty}^{\infty} p_{\boldsymbol{X}}(x_1, \cdots, x_p) \tag{7.53}$$

周辺確率関数は X_j の確率関数であり，1 変量確率関数の性質 (PMF1), (PMF2), (PMF3) を満たす．また，多変量確率変数 $X_1, \cdots, X_p$ が独立であるとき，同時確率関数は周辺確率関数の積で表すことができ，逆に，同時密度関数がそれぞれの周辺密度関数の積で表すことができる場合は，独立であることが示される．

$$X_1 \perp\!\!\!\perp \cdots \perp\!\!\!\perp X_p \iff p_{\boldsymbol{X}}(x_1, \cdots, x_p) = p_{X_1}(x_1) \cdots p_{X_p}(x_p) \tag{7.54}$$

7.6.7 特性を表すベクトルと行列

多変量確率分布の特性をベクトル，行列として与えることを考える．多変量確率変数をベクトル $\boldsymbol{X} := [X_1, \cdots, X_p]'$ と表し，その平均ベクトルは以下で定義される．

$$\mathrm{E}(\boldsymbol{X}) := \begin{bmatrix} \mathrm{E}(X_1) \\ \vdots \\ \mathrm{E}(X_p) \end{bmatrix} \tag{7.55}$$

ここで，

$$\mathrm{E}(X_j) := \begin{cases} \displaystyle\int_{-\infty}^{\infty} \cdots \int_{-\infty}^{\infty} x_j \, f_{\boldsymbol{X}}(x_1, \cdots, x_p) \, \mathrm{d}x_1 \cdots \mathrm{d}x_p & \text{(連続型)} \\ \displaystyle\sum_{x_p=-\infty}^{\infty} \cdots \sum_{x_1=-\infty}^{\infty} x_j \, p_{\boldsymbol{X}}(x_1, \cdots, x_p) & \text{(離散型)} \end{cases} \tag{7.56}$$

である.なお,平均は同時密度 (または確率) 関数に関する積分 (または和) を求めることによって定義されているが,周辺密度 (または確率) 関数に関する積分 (または和) を求めることによって求めたものと一致する.すなわち,連続型確率変数 X_j に関する平均は

$$
\begin{aligned}
\mathrm{E}(X_j) &= \int_{-\infty}^{\infty} \cdots \int_{-\infty}^{\infty} x_j\, f_{\boldsymbol{X}}(x_1, \cdots, x_p)\, \mathrm{d}x_1 \cdots \mathrm{d}x_p \\
&= \int_{-\infty}^{\infty} x_j\, f_{X_j}(x_j)\, \mathrm{d}x_j
\end{aligned}
\tag{7.57}
$$

となる.

分散共分散行列は,

$$
\begin{aligned}
\mathrm{V}(\boldsymbol{X}) &:= \mathrm{E}(\boldsymbol{X} - \mathrm{E}(\boldsymbol{X}))(\boldsymbol{X} - \mathrm{E}(\boldsymbol{X}))' \\
&:= \begin{bmatrix} \mathrm{E}(X_1 - \mathrm{E}(X_1))^2 & \cdots & \mathrm{E}(X_1 - \mathrm{E}(X_1))(X_p - \mathrm{E}(X_p)) \\ \vdots & \ddots & \vdots \\ \mathrm{E}(X_p - \mathrm{E}(X_p))(X_1 - \mathrm{E}(X_1)) & \cdots & \mathrm{E}(X_p - \mathrm{E}(X_p))^2 \end{bmatrix} \\
&= \begin{bmatrix} \mathrm{V}(X_1) & \cdots & \mathrm{Cov}(X_1, X_p) \\ \vdots & \ddots & \vdots \\ \mathrm{Cov}(X_p, X_1) & \cdots & \mathrm{V}(X_p) \end{bmatrix}
\end{aligned}
\tag{7.58}
$$

で定義される.ここで,$\mathrm{V}(X_j)$ は X_j の分散,$\mathrm{Cov}(X_i, X_j)$ は X_i, X_j の共分散であり,以下のように定義される.

$$
\mathrm{V}(X_j) := \begin{cases} \displaystyle\int_{-\infty}^{\infty} \cdots \int_{-\infty}^{\infty} \{x_j - \mathrm{E}(X_j)\}^2 f_{\boldsymbol{X}}(x_1, \cdots, x_p)\, \mathrm{d}x_1 \cdots \mathrm{d}x_p & \text{(連続型)} \\ \displaystyle\sum_{x_p=-\infty}^{\infty} \cdots \sum_{x_1=-\infty}^{\infty} \{x_j - \mathrm{E}(X_j)\}^2\, p_{\boldsymbol{X}}(x_1, \cdots, x_p) & \text{(離散型)} \end{cases}
\tag{7.59}
$$

$$
\mathrm{Cov}(X_i, X_j) := \begin{cases} \displaystyle\int_{-\infty}^{\infty} \cdots \int_{-\infty}^{\infty} \{x_i - \mathrm{E}(X_i)\}\{x_j - \mathrm{E}(X_j)\}\, f_{\boldsymbol{X}}(x_1, \cdots, x_p)\, \mathrm{d}x_1 \cdots \mathrm{d}x_p \\ \hspace{8cm} \text{(連続型)} \\ \displaystyle\sum_{x_p=-\infty}^{\infty} \cdots \sum_{x_1=-\infty}^{\infty} \{x_i - \mathrm{E}(X_i)\}\{x_j - \mathrm{E}(X_j)\}\, p_{\boldsymbol{X}}(x_1, \cdots, x_p) \\ \hspace{8cm} \text{(離散型)} \end{cases}
\tag{7.60}
$$

確率変数 X_i と X_j $(i \neq j = 1, \cdots, p)$ が独立であるとき,共分散が 0 となる.

$$
X_i \perp\!\!\!\perp X_j \implies \mathrm{Cov}(X_i, X_j) = 0 \tag{7.61}
$$

さらに,以下で定義される行列を**相関係数行列** (matrix of correlation coefficients) という.

$$
\mathrm{Cor}(\boldsymbol{X}) := \begin{bmatrix} 1 & \cdots & \mathrm{Cor}(X_1, X_p) \\ \vdots & \ddots & \vdots \\ \mathrm{Cor}(X_p, X_1) & \cdots & 1 \end{bmatrix} \tag{7.62}
$$

ここで，
$$\mathrm{Cor}(X_i, X_j) := \frac{\mathrm{Cov}(X_i, X_j)}{\sqrt{\mathrm{V}(X_i)\,\mathrm{V}(X_j)}}$$
は，確率変数 X_i と X_j の相関係数であり，相関係数の性質 (Cor1), (Cor2) が成り立つ．

$$-1 \leq \mathrm{Cor}(X_i, X_j) \leq 1, \quad X_i \perp\!\!\!\perp X_j \implies \mathrm{Cor}(X_i, X_j) = 0 \tag{7.63}$$

7.7 多変量連続型確率分布

多変量正規分布

正規分布の多変量への拡張である**多変量正規分布** (multivariate normal distribution) は，多変量連続型確率分布の代表的なものである．多変量正規分布は $N_p(\boldsymbol{\mu}, \boldsymbol{\Sigma})$ で表される．ここで，

$$\boldsymbol{\mu} := \begin{bmatrix} \mu_1 \\ \vdots \\ \mu_p \end{bmatrix}, \quad \boldsymbol{\Sigma} := \begin{bmatrix} \sigma_1^2 & \cdots & \rho_{1p}\sigma_1\sigma_p \\ \vdots & \ddots & \vdots \\ \rho_{p1}\sigma_p\sigma_1 & \cdots & \sigma_p^2 \end{bmatrix} \tag{7.64}$$

である．父親，母親，子の身長や新生児の身長，体重，胸囲などは多変量正規分布に従う例としてしばしば取り上げられる．多変量確率変数 $(X_1, \cdots, X_p)$ が多変量正規分布 $N_p(\boldsymbol{\mu}, \boldsymbol{\Sigma})$ に従うとき，$(X_1, \cdots, X_p) \sim N_p(\boldsymbol{\mu}, \boldsymbol{\Sigma})$ と表す．多変量確率変数が $\boldsymbol{X} := [X_1, \cdots, X_p]'$ とベクトルで表現されているときは，$\boldsymbol{X} \sim N_p(\boldsymbol{\mu}, \boldsymbol{\Sigma})$ とも表す．

多変量正規分布 $N_p(\boldsymbol{\mu}, \boldsymbol{\Sigma})$ の同時密度関数，周辺密度関数，同時分布関数，平均ベクトル，分散共分散行列は，それぞれ以下で与えられる．

同時密度関数:
$$f_{\boldsymbol{X}}(\boldsymbol{x}) = \frac{1}{(2\pi)^{\frac{p}{2}} |\boldsymbol{\Sigma}|^{\frac{1}{2}}} \exp\left\{-\frac{1}{2}(\boldsymbol{x}-\boldsymbol{\mu})'\boldsymbol{\Sigma}^{-1}(\boldsymbol{x}-\boldsymbol{\mu})\right\} \tag{7.65}$$

ここで，
$$\boldsymbol{x} := [x_1, \cdots, x_p]' \in \mathbb{R}^p$$
$$\boldsymbol{\mu} \in \mathbb{R}^p, \quad \sigma_j \in \mathbb{R}^+, \quad \rho_{ij} \in (-1, 1) \quad (i \neq j = 1, \cdots, p)$$

である．

周辺密度関数:
$$f_{X_j}(x_j) = \int_{-\infty}^{\infty} \cdots \int_{-\infty}^{\infty} f_{\boldsymbol{X}}(x_1, \cdots, x_p)\,\mathrm{d}x_1 \cdots \mathrm{d}x_{j-1}\mathrm{d}x_{j+1} \cdots \mathrm{d}x_p$$
$$= \frac{1}{\sqrt{2\pi}\sigma_j} \exp\left\{-\frac{(x_j-\mu_j)^2}{2\sigma_j^2}\right\} \tag{7.66}$$

同時分布関数:
$$F_{\boldsymbol{X}}(x_1, \cdots, x_p) = \int_{-\infty}^{x_p} \cdots \int_{-\infty}^{x_1} f_{\boldsymbol{X}}(u_1, \cdots, u_p)\,\mathrm{d}u_1 \cdots \mathrm{d}u_p \tag{7.67}$$

平均ベクトル：

$$\mathrm{E}(\boldsymbol{X}) := \begin{bmatrix} \mathrm{E}(X_1) \\ \vdots \\ \mathrm{E}(X_p) \end{bmatrix} = \begin{bmatrix} \mu_1 \\ \vdots \\ \mu_p \end{bmatrix} = \boldsymbol{\mu} \tag{7.68}$$

分散共分散行列：

$$\mathrm{V}(\boldsymbol{X}) := \begin{bmatrix} \mathrm{V}(X_1) & \cdots & \mathrm{Cov}(X_1, X_p) \\ \vdots & \ddots & \vdots \\ \mathrm{Cov}(X_p, X_1) & \cdots & \mathrm{V}(X_p) \end{bmatrix}$$

$$= \begin{bmatrix} \sigma_1^2 & \cdots & \rho_{1p}\sigma_1\sigma_p \\ \vdots & \ddots & \vdots \\ \rho_{p1}\sigma_p\sigma_1 & \cdots & \sigma_p^2 \end{bmatrix} = \boldsymbol{\Sigma} \tag{7.69}$$

以上の結果から，多変量正規分布 $N_p(\boldsymbol{\mu}, \boldsymbol{\Sigma})$ に従う確率変数 $X_1, \cdots, X_p$ のそれぞれの周辺分布は (1 変量) 正規分布 $N(\mu_j, \sigma_j^2)$ であり，$\boldsymbol{\mu}$ は平均ベクトル，$\boldsymbol{\Sigma}$ は分散共分散行列であることがわかる．また，

$$\mathrm{Cor}(X_i, X_j) = \frac{\mathrm{Cov}(X_i, X_j)}{\sqrt{\mathrm{V}(X_i)\,\mathrm{V}(X_j)}} = \frac{\rho_{ij}\sigma_i\sigma_j}{\sqrt{\sigma_i^2\sigma_j^2}} = \rho_{ij} \tag{7.70}$$

となり，ρ_{ij} は X_i と X_j の相関係数である．なお，これらのことは同時密度関数から直接導かれる結果である．

多変量正規分布 $N_p(\boldsymbol{\mu}, \boldsymbol{\Sigma})$ において，すべての相関係数 ρ_{ij} が 0 のとき，同時密度関数が，

$$f_{\boldsymbol{X}}(x_1, \cdots, x_p) = \frac{1}{\sqrt{2\pi}\sigma_1} \exp\left\{-\frac{1}{2}\left(\frac{x_1 - \mu_1}{\sigma_1}\right)^2\right\} \cdots \frac{1}{\sqrt{2\pi}\sigma_p} \exp\left\{-\frac{1}{2}\left(\frac{x_p - \mu_p}{\sigma_p}\right)^2\right\}$$

$$= f_{X_1}(x_1) \cdots f_{X_p}(x_p) \tag{7.71}$$

となる．このことは，多変量確率変数 $(X_1, \cdots, X_p)$ が相関係数 $\rho_{ij} = 0$ の多変量正規分布に従うとき，確率変数 $X_1, \cdots, X_p$ は，それぞれ独立に正規分布 $N(\mu_1, \sigma_1^2), \cdots, N(\mu_p, \sigma_p^2)$ に従うことを示している．よって，相関係数の性質 (Cor2) の逆がいえて，多変量正規分布に関しては以下の同値性が成り立つ．

$$X_i \perp\!\!\!\perp X_j \iff \mathrm{Cor}(X_i, X_j) = 0 \tag{7.72}$$

確率変数 $X_1, \cdots, X_p$ は，それぞれ独立に正規分布 $N(\mu_1, \sigma_1^2), \cdots, N(\mu_p, \sigma_p^2)$ に従うとき，再生性をもつ．すなわち，和 $X_1 + \cdots + X_p$ の分布は，再び正規分布 $N(\mu_1 + \cdots + \mu_p, \sigma_1^2 + \cdots + \sigma_p^2)$ に従う．

$$X_i \sim N(\mu_i, \sigma_i^2), \quad X_i \perp\!\!\!\perp X_j \quad (i \neq j = 1, \cdots, p)$$
$$\implies X_1 + \cdots + X_p \sim N(\mu_1 + \cdots + \mu_p, \sigma_1^2 + \cdots + \sigma_p^2) \tag{7.73}$$

多変量正規分布 $N_p(\boldsymbol{\mu}, \boldsymbol{\Sigma})$ において，任意の i, j に関して，

$$\mu_j = 0, \qquad \sigma_{ij} = 1, \qquad \rho_{ij} = 0$$

のとき，すなわち，

$$\boldsymbol{\mu} = \boldsymbol{0}, \qquad \boldsymbol{\Sigma} = \mathbf{I}_p \tag{7.74}$$

のとき，多変量標準正規分布とよばれ，$N_p(\boldsymbol{0}, \mathbf{I}_p)$ で表される．

多変量標準正規分布の同時密度関数は，

$$\begin{aligned}
\phi_{\boldsymbol{X}}(x_1, \cdots, x_p) &:= \frac{1}{(2\pi)^{\frac{p}{2}}} \exp\left(-\frac{x_1^2 + \cdots + x_p^2}{2}\right) \\
&= \frac{1}{\sqrt{2\pi}} \exp\left(-\frac{x_1^2}{2}\right) \cdots \frac{1}{\sqrt{2\pi}} \exp\left(-\frac{x_p^2}{2}\right) \\
&= \phi(x_1) \cdots \phi(x_p)
\end{aligned} \tag{7.75}$$

と表すことができる．ここで，$\phi(\cdot)$ は標準正規分布 $N(0,1)$ の密度関数である．このことは，多変量確率変数 $(X_1, \cdots, X_p)$ が多変量標準正規分布に従う場合は，確率変数 $X_1, \cdots, X_p$ はそれぞれ独立に同一の標準正規分布 $N(0,1)$ に従うことを表している．

$p \geq 3$ のとき，多変量正規分布の同時密度関数と同時分布関数を可視化するためには 4 次元空間が必要となるため不可能であるが，その分布の様相は乱数を生成したものを 3 次元空間に散布図としてプロットすることによって推察することができる．

表 7.1 で与えられた関数 rmvnorm を利用すると，3 変量標準正規分布 $N_3(\boldsymbol{0}, \mathbf{I}_3)$ に従う乱数を生成することができる．また，3 次元散布図は scatterplot3d パッケージに付属の関数 scatterplot3d を利用することによって描くことが可能である．

これらの関数を利用して 3 次元散布図を描く．

```
> library(mvtnorm,scatterplot3d)
> set.seed(12345)
> x.trinorm<-data.frame(rmvnorm(n=10000,mean=c(0,0,0)))
> scatterplot3d(x.trinorm)
```

これらの入力は，パッケージ mvtnorm, scatterplot3d をロードした後，適当な乱数の種 (シード) と関数 rmvnorm の引数 n に生成する乱数の組数 10000 を与え，引数 mean に平均ベクトルである 3 次元ゼロベクトル c(0,0,0) を与えている．なお，分散共分散行列はデフォルトで単位行列となっているため，省略している．この結果として，3 変量標準正規乱数が生成され，それをデータフレームとして，x.trinorm に付値している．

最後に，関数 scatterplot3d を使って 3 次元散布図を描いている．理論的には，3 変量標準正規分布に従って生成された乱数は「球状」に分布することが予想されるが，図 7.11 はそれを肯定する結果が得られている．ただし，平面に

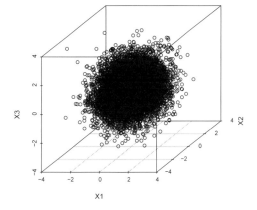

図 7.11 10000 組の 3 変量標準正規乱数の 3 次元散布図

描かれた 3 次元のプロットはその奥行きを理解することが難しい[11]ため，この問題を克服するためにはプロットしたものを動的に回転したり，拡大・縮小することを可能にする機能が必要となる．

パッケージ rgl[12] を追加インストールし，以下のように入力することによって，動的なプロット機能をもつ関数 plot3d を利用することができる．

```
> library(rgl)
> plot3d(x.trinorm)
```

この入力によって，図 7.12 のようなプロットが専用のウィンドウに描かれる．

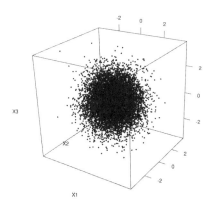

図 7.12 rgl パッケージに付属の plot3d による 3 変量標準正規乱数の動的プロット．macOS 上で plot3d を利用して描画しており，回転・拡大・縮小が可能である．球状に乱数が分布していることが，これらの機能を利用することによってわかる．

7.8 多変量離散型確率分布

多項分布

試行を行った結果として起こりうる事象が k 種類 ($A_1, \cdots, A_k$ とおく) あり，それぞれの事象が生起する確率が，

$$P(A_j) = p_j \qquad (j = 1, \cdots, k)$$

である状況を考える．このような試行を独立に n 回行い，そのうち事象 A_j が起こった回数を X_j とおくと，多変量確率変数 $(X_1, \cdots, X_{k-1})$ の同時分布は，**多項分布** (multinomial distribution) とよばれ，$M_N(n, p_1, \cdots, p_{k-1})$ と表される．ここで，事象 A_k が起こる確率は，事象 $A_1, \cdots, A_{k-1}$ が起こる確率 $p_1, \cdots, p_{k-1}$ から $p_k = 1 - \sum_{j=1}^{k-1} p_j$ と決定され，その生起回数は必然的に $X_k =$

---

11) 一般に，3 次元空間に何らかのオブジェクトをプロットしたものを 2 次元でとらえる際には，空間内での位置を正確に把握することが難しかったり，点が重なった場合に背後のものが「隠れる」という**隠蔽** (occlusion) の問題が発生したりすることが指摘されている (例えば，Mazza (2011) を参照)．

12) パッケージ rgl は追加インストールが必要である．インストールの方法については付録 B.6 を参照してほしい．なお，macOS で rgl パッケージにおける関数を利用するためには，macOS 用に開発された X Window System である XQuartz (http://www.xquartz.org/) を別途インストールする必要がある．

$n - \sum_{j=1}^{k-1} X_j$ で与えられる．よって，k 種類の事象のうちの一つは他の $(k-1)$ 種類の事象から決まるため，多項分布は $(k-1)$ 変量離散型確率分布である[13]．

多項分布に従う事例としては，ABO 血液型で検査された n 人の被験者のうち，A 型の人数 X_1，B 型の人数 X_2，O 型の人数 X_3 とした場合は，4 項分布に従うと考えられる．ここで，AB 型の人数は $X_4 = n - X_1 - X_2 - X_3$ で決定される．

多変量確率変数 $(X_1, \cdots, X_{k-1})$ が多項分布 $M_N(n, p_1, \cdots, p_{k-1})$ に従うとき，$(X_1, \cdots, X_{k-1}) \sim M_N(n, p_1, \cdots, p_{k-1})$ と表される．多項分布 $M_N(n, p_1, \cdots, p_{k-1})$ の同時確率関数，周辺確率関数，平均ベクトル，分散共分散行列はそれぞれ以下で与えられる．

同時確率関数：
$$p_{\boldsymbol{X}}(x_1, \cdots, x_{k-1}) = \frac{n!}{x_1! \cdots x_{k-1}! \, x_k!} p_1^{x_1} \cdots p_{k-1}^{x_{k-1}} p_k^{x_k} \tag{7.76}$$

ここで，
$$x_k := n - x_1 - \cdots - x_{k-1}, \qquad p_k := 1 - p_1 - \cdots - p_{k-1}$$

であり，
$$(x_1, \cdots, x_{k-1}) \in D_k := \left\{ (x_1, \cdots, x_{k-1}) \in \mathbb{N}^{k-1};\ x_1 + \cdots + x_{k-1} \leq n \right\}$$
$$(p_1, \cdots, p_{k-1}) \in \Theta := \left\{ (p_1, \cdots, p_{k-1});\ \sum_{j=1}^{k-1} p_j < 1,\ p_j > 0,\ j = 1, \cdots, k-1 \right\}$$

である．

周辺確率関数：
$$p_{X_j}(x_j) = \frac{n!}{x_j!\,(n-x_j)!} p_j^{x_j}(1-p_j)^{n-x_j} = \binom{n}{x_j} p_j^{x_j}(1-p_j)^{n-x_j} \tag{7.77}$$

平均ベクトル：
$$\mathrm{E}(\boldsymbol{X}) := \begin{bmatrix} \mathrm{E}(X_1) \\ \vdots \\ \mathrm{E}(X_{k-1}) \end{bmatrix} = \begin{bmatrix} np_1 \\ \vdots \\ np_{k-1} \end{bmatrix} \tag{7.78}$$

分散共分散行列：
$$\mathrm{V}(\boldsymbol{X}) := \begin{bmatrix} \mathrm{V}(X_1) & \cdots & \mathrm{Cov}(X_1, X_{k-1}) \\ \vdots & \ddots & \vdots \\ \mathrm{Cov}(X_{k-1}, X_1) & \cdots & \mathrm{V}(X_{k-1}) \end{bmatrix}$$
$$= \begin{bmatrix} np_1(1-p_1) & \cdots & -np_1 p_{k-1} \\ \vdots & \ddots & \vdots \\ -np_{k-1} p_1 & \cdots & np_{k-1}(1-p_{k-1}) \end{bmatrix} \tag{7.79}$$

---

[13] 文献によっては，多項分布を $M_N(n, p_1, \cdots, p_k)$ と表して，k 番目の事象を含めて表記する場合があるが，そのときは 2 項分布や 3 項分布との整合性に留意する必要がある．

以上の結果から，多項分布 $M_N(n, p_1, \cdots, p_{k-1})$ に従う多変量確率変数 $(X_1, \cdots, X_{k-1})$ のそれぞれの周辺分布は 2 項分布 $B_N(n, p_j)$ であることがわかる．また，相関係数は，

$$\mathrm{Cor}(X_i, X_j) = \frac{\mathrm{Cov}(X_i, X_j)}{\sqrt{\mathrm{V}(X_i)\,\mathrm{V}(X_j)}} = \frac{-np_ip_j}{\sqrt{np_i(1-p_i)np_j(1-p_j)}}$$
$$= -\sqrt{\frac{p_i}{1-p_i}\frac{p_j}{1-p_j}} \tag{7.80}$$

で与えられる．

多項分布の同時確率関数は，$k \geq 4$（4 項分布以上の場合）は 4 次元以上の空間を用意することが難しいために描くことができない．しかしながら，4 項分布の様相を，乱数を生成したものを 3 次元空間に散布図としてプロットすることによって推察することができる．

表 7.2 で与えられた R 関数 rmultinom を利用すると，4 項分布 $M_N(n, p_1, p_2, p_3)$ に従う乱数を生成することができる．

```
> set.seed(12345)
> x.tetranomial<-data.frame(t(rmultinom(10000,size=10,
+ prob=c(1/4,1/4,1/4,1/4))))
> head(x.tetranomial)
  X1 X2 X3 X4
1  3  4  2  1
2  4  2  1  3
3  2  3  3  2
4  6  0  1  3
5  3  0  3  4
6  2  2  3  3
```

ここで，適当な乱数の種 (set.seed(12345)) と関数 rmultinom の引数 n に生成する乱数の組数 10000 を与え，引数 size に試行回数 $n=10$ を，prob に事象の生起確率 c(1/4,1/4,1/4, 1/4) を与えている．関数 rmultinom の仕様として，4 項分布 $M_N(n, p_1, p_2, p_3) = M_N(10, 1/4, 1/4, 1/4)$ の乱数を生成させたければ，1 番目から 3 番目の事象の生起確率 (p_1, p_2, p_3) に加えて，4 番目の事象の生起確率

$$p_4 = 1 - p_1 - p_2 - p_3 = 1 - \frac{1}{4} - \frac{1}{4} - \frac{1}{4} = \frac{1}{4}$$

も併せてベクトルとして与える必要がある．この結果として，4 項分布に従う乱数が生成され，それをデータフレームとして，x.tetranomial に付値している．

なお，生成されたデータフレーム x.tetranomial は 10000×4 の次元をもつ．この 4 列目は，4 番目の事象に対する生起回数

$$n - X_1 - X_2 - X_3$$

に対する値が与えられている．

理論的には，4 項分布に従って生成された乱数は 3 次元空間内の 4 点 $(0,0,0)$, $(10,0,0)$, $(0,10,0)$, $(0,0,10)$ を頂点とする単体（シンプレックス）

$$\mathcal{S} := \left\{(x_1, x_2, x_3) \in \mathbb{N}^3 \mid x_1 + x_2 + x_3 \leq 10\right\}$$

内の離散点に分布することが予想されるが，平面に描かれた3次元のプロットはその奥行きを理解することが難しいため，3変量正規分布の場合と同様に，動的な機能をもつプロット関数 plot3d を用いて以下のようにプロットを行う．

```
> plot3d(x.tetranomial[,-4])
```

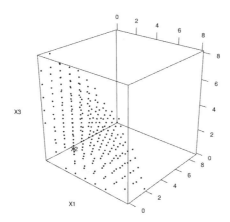

図 7.13 rgl パッケージに付属の plot3d による4項分布に従う乱数の動的プロット．シンプレックス内に乱数が分布していることが，これらの機能を利用することによってわかる．

この入力によって，図 7.13 のようなプロットが専用のウインドウに描かれる．図 7.13 をよくみると，頂点 $(10,0,0)$, $(0,10,0)$, $(0,0,10)$ 付近では乱数が発生していないが，これは理論と整合していることに注意しよう．例えば，頂点 $(10,0,0)$ で点が発生する確率を表 7.2 で与えられた関数 dmultinom を使って求めると，

```
> dmultinom(x=c(10,0,0,0),size=10, prob=c(1/4,1/4,1/4,1/4))
[1] 9.536743e-07
```

となり，ほぼ 100 万回に 1 回の割合しか起こりえない．

7.9 独立同分布性

n 個の確率変数 $X_1, \cdots, X_n$ が互いに独立に同一の分布 P^X に従うとき，

$$X_1, \cdots, X_n \stackrel{\text{i.i.d.}}{\sim} P^X \tag{7.81}$$

と表される．ここで，"i.i.d." は，"**i**ndependent and **i**dentically **d**istributed" (独立に同一の分布に従う) の略記である．

連続型の場合に密度関数を $f(x)$ とすると，多次元確率ベクトル $\boldsymbol{X} := [X_1, \cdots, X_n]'$ の同時密度関数 $f_{\boldsymbol{X}}(x_1, \cdots, x_n)$ は，

$$f_{\boldsymbol{X}}(x_1, \cdots, x_n) = f(x_1) \times \cdots \times f(x_n) = \prod_{i=1}^{n} f(x_i) \tag{7.82}$$

で与えられる．一方，離散型の場合に確率関数を $p(x)$ とすると，多次元確率ベクトル $\boldsymbol{X}$ の同時確率関数 $p_{\boldsymbol{X}}(x_1, \cdots, x_n)$ は，

$$p_{\boldsymbol{X}}(x_1,\cdots,x_n) = p(x_1) \times \cdots \times p(x_n) = \prod_{i=1}^{n} p(x_i) \tag{7.83}$$

で与えられる.

n 組の多変量確率変数 $\boldsymbol{X}_1,\cdots,\boldsymbol{X}_n$ が互いに独立に同一の分布 $P^{\boldsymbol{X}}$ に従うとき,

$$\boldsymbol{X}_1,\cdots,\boldsymbol{X}_n \overset{\text{i.i.d.}}{\sim} P^{\boldsymbol{X}} \tag{7.84}$$

と表される. ここで, $\boldsymbol{X}_i := [X_{i1},\cdots,X_{ip}]'$ $(i = 1,\cdots,n)$ である. 連続型の場合に密度関数を $f(\boldsymbol{x})$ とすると, n 組の多変量確率変数 $[\boldsymbol{X}_1,\cdots,\boldsymbol{X}_n]$ の同時密度関数 $f_{\boldsymbol{X}_1,\cdots,\boldsymbol{X}_n}(\boldsymbol{x}_1,\cdots,\boldsymbol{x}_n)$ は,

$$f_{\boldsymbol{X}_1,\cdots,\boldsymbol{X}_n}(\boldsymbol{x}_1,\cdots,\boldsymbol{x}_n) = f(\boldsymbol{x}_1) \times \cdots \times f(\boldsymbol{x}_n) = \prod_{i=1}^{n} f(\boldsymbol{x}_i) \tag{7.85}$$

で与えられる. 離散型の場合に確率関数を $p(\boldsymbol{x})$ とすると, 同時確率関数 $p_{\boldsymbol{X}_1,\cdots,\boldsymbol{X}_n}(\boldsymbol{x}_1,\cdots,\boldsymbol{x}_n)$ は,

$$p_{\boldsymbol{X}_1,\cdots,\boldsymbol{X}_n}(\boldsymbol{x}_1,\cdots,\boldsymbol{x}_n) = p(\boldsymbol{x}_1) \times \cdots \times p(\boldsymbol{x}_n) = \prod_{i=1}^{n} p(\boldsymbol{x}_i) \tag{7.86}$$

で与えられる.

演習問題

Q 7.1 確率変数 X と Y がそれぞれ独立に正規分布 $N(0,3^2)$, $N(5,4^2)$ に従うとき, 確率変数の和 $X + Y$ の分布は再生性から $N(5,5^2)$ に従う. このことを, 乱数を生成し, そのヒストグラムを描くことによって確かめよ.

Q 7.2 平均ベクトル $\boldsymbol{\mu}$ と分散共分散行列 $\boldsymbol{\Sigma}$ を適当に与え, 2 変量正規分布 $N_2(\boldsymbol{\mu},\boldsymbol{\Sigma})$ に従う乱数を生成し, 散布図を描くことによって分布を考察せよ.

Q 7.3 平均ベクトル $\boldsymbol{\mu}$ と分散共分散行列 $\boldsymbol{\Sigma}$ を適当に与え, 3 変量正規分布 $N_3(\boldsymbol{\mu},\boldsymbol{\Sigma})$ に従う乱数を生成し, 3 次元散布図を描くことによって分布を考察せよ.

母集団分布と標本分布

7 多変量確率変数と多変量確率分布 — **8** — **9** データの要約と可視化

　第 6, 7 章では，ランダムな現象のメカニズムを確率変数と確率分布を導入することによって解説した．本章では，この考え方を援用して，調査や観測，実験の対象となる母集団から抽出された標本を確率変数と見なし，その確率分布を「母集団分布」とよぶ．さらに，無作為に抽出された標本にもとづく平均や分散を「統計量」とよび，その分布を「標本分布」と定義して明確に区別する．このことにより，標本平均などの統計量の変動が標本分布を用いて理論的・数値的に評価できるようになり，後の章で学ぶ母集団の平均 (母平均) や分散 (母分散) などに対する推定・検定を行う際の根拠となる．

　本章では，母集団分布が正規分布に従う場合の標本平均の分布に関する性質を R を用いて可視化することによって理解し，さらに一般の母集団分布の場合についても漸近的な考察として，統計学における 2 大定理である「大数の法則」と「中心極限定理」を，シミュレーションを実行することによって直観的に理解する方法を試みる．また，正規分布から導かれる標本分布の密度関数や分位点関数の計算などを R を用いて計算する方法も学ぶ．

　これらのことを R を利用しながら学ぶことが，統計学の初学者にとって難解と思われる標本分布という障壁を乗り越える一助となることを期待する．なお，解説の都合上必要となり新たに作成された関数を付録 E.4 に与えた[1]．

8.1 母集団分布と標本分布　　　　　　　　　　　　　　check box ☐☐☐

　本章では，母集団 Ω に対する試行 (例えば，調査・観測・実験など) の結果 ω に対する変量 (確率変数) $X = X(\omega)$ を**標本** (sample) とよび，その分布 P^X を**母集団分布** (population distribution) という．標本 X が母集団分布 P^X に従うとき，$X \sim P^X$ と表される．

　また，独立に同一の母集団分布 P^X に従う標本 $\{X_1, \cdots, X_n\}$ を**無作為標本** (random sample) とよび，

$$\{X_1, \cdots, X_n\} \stackrel{\text{i.i.d.}}{\sim} P^X \tag{8.1}$$

と表す．ここで，n は**標本の大きさ** (sample size) とよばれる．また，"i.i.d." は，"**i**ndependent and **i**dentically **d**istributed"(独立に同一の分布に従う) を表す記号であることを思い出そう (7.9 節も参照)．

　標本 X の (母集団) 分布 P^X が正規分布 $N(\mu, \sigma^2)$ であるとき，母平均 μ，母分散 σ^2 の**正規母集団** (normal population) とよばれる．正規母集団から得られた大きさ n の無作為標本 $\{X_1, \cdots, X_n\}$ は

$$\{X_1, \cdots, X_n\} \stackrel{\text{i.i.d.}}{\sim} N(\mu, \sigma^2) \tag{8.2}$$

と表される．

---

[1] 付録 E.4 に与えた関数のソースコードのファイルは，「本書の使い方」で述べた方法で入手可能である．

さらに，実際に試行を行った結果に対する無作為標本 $\{X_1, \cdots, X_n\}$ の実現値 $\{x_1, \cdots, x_n\}$ を**データ** (data) という．

具体的な例としては，ある年の日本人の新生児の全体を母集団 Ω と考えると，結果 ω は (1 人の) 新生児[2]であり，その新生児の体重 $X = X(\omega)$ が標本となる．さらに，無作為に選ばれる (予定の) n 人の新生児の体重 $\{X_1, \cdots, X_n\}$ が無作為標本であり，実際に選ばれた n 人分の新生児の体重の値がデータ $\{x_1, \cdots, x_n\}$ となる．第 3 章で読み込まれたオブジェクト weight はデータの具体例である．なお，新生児の体重の母集団分布としては正規分布がしばしば利用される．

母集団分布が，連続型のとき密度関数 $f(x)$，離散型のとき確率関数 $p(x)$ をもつと仮定する．このとき，標本 X の平均は**母平均** (population mean) とよばれ，

$$\mu := \mathrm{E}(X) = \begin{cases} \displaystyle\int_{-\infty}^{\infty} x\, f(x)\,\mathrm{d}x & \text{(連続型)} \\ \displaystyle\sum_{x=-\infty}^{\infty} x\, p(x) & \text{(離散型)} \end{cases} \tag{8.3}$$

で定義される．母平均は母集団分布の位置の特性を表す値として利用される．また，標本 X の分散は**母分散** (population variance) とよばれ，

$$\sigma^2 := \mathrm{V}(X) = \mathrm{E}\left(X - \mathrm{E}(X)\right)^2 = \begin{cases} \displaystyle\int_{-\infty}^{\infty} \{x - \mathrm{E}(X)\}^2 f(x)\,\mathrm{d}x & \text{(連続型)} \\ \displaystyle\sum_{x=-\infty}^{\infty} \{x - \mathrm{E}(X)\}^2 p(x) & \text{(離散型)} \end{cases} \tag{8.4}$$

で定義される．母分散は母集団の拡がりの特性を表す．

母平均 μ や母分散 σ^2 などの母集団分布の特性値は，一般には，**母数**または**パラメータ** (parameter) とよばれ，θ という記号で表される．通常，母数 θ は未知であり，この値を統計的に推測 (推定，検定) するときに無作為標本 $\{X_1, \cdots, X_n\}$ の関数 $T_n := T(X_1, \cdots, X_n)$ が利用される．この関数 T_n は**統計量** (statistics) とよばれ，代表的なものとして，

標本平均 (sample mean)：

$$\overline{X}_n := \frac{1}{n}(X_1 + \cdots + X_n) = \frac{1}{n}\sum_{i=1}^{n} X_i \tag{8.5}$$

標本分散 (sample variance)：

$$S_n^2 := \frac{1}{n}\left\{(X_1 - \overline{X}_n)^2 + \cdots + (X_n - \overline{X}_n)^2\right\} = \frac{1}{n}\sum_{i=1}^{n}(X_i - \overline{X}_n)^2 \tag{8.6}$$

不偏分散 (unbiased variance)：

$$U_n^2 := \frac{1}{n-1}\left\{(X_1 - \overline{X}_n)^2 + \cdots + (X_n - \overline{X}_n)^2\right\} = \frac{1}{n-1}\sum_{i=1}^{n}(X_i - \overline{X}_n)^2 \tag{8.7}$$

などがある．

母集団と標本に関する対応関係から，標本平均 $\overline{X}_n$，標本分散 S_n^2 は，それぞれ母平均 μ と母分散 σ^2 の推測に利用されることが直観的に理解できるが，そのことの理論的な検証は統計

---

[2] 調査等を実施する前の状態で，具体的には決まっていないことに注意しよう．

的推定と統計的仮説検定を扱う第 10 章と第 11 章において行う．統計量 T_n は無作為標本 (確率変数) の関数であるので，やはり確率変数であり，ある種の分布法則に従うが，それを**標本分布** (sampling distribution) という．統計量の標本分布は，推定や検定の精度を評価するために重要となる．なお，表 8.1 に，母集団分布と標本分布に関する記号と用語をまとめたので参照してほしい．

表 8.1 記号と用語

記 号	用 語	説 明
Ω	母集団	試行 (調査・観測・実験) の対象全体
ω	結果	試行の結果
$X := X(\omega)$	標本，観測	試行の結果 ω に対する変量 (確率変数)
P^X	母集団分布	標本 X の確率分布
$X \sim P^X$	標本 X は分布 P^X に従う	標本 X の確率分布が P^X であること
$\{X_1, \cdots, X_n\} \overset{\text{i.i.d.}}{\sim} P^X$	無作為標本	標本 $\{X_1, \cdots, X_n\}$ が独立に同一の分布 P^X に従うこと
$\{x_1, \cdots, x_n\}$	データ	独立な試行の結果に対して具体的に得られた無作為標本の実現値
θ	母数	母集団分布の特性値
μ	母平均	母集団分布の平均
σ^2	母分散	母集団分布の分散
$T_n = T(X_1, \cdots, X_n)$	統計量	無作為標本の関数
$\overline{X}_n$	標本平均	無作為標本の平均
S_n^2	標本分散	無作為標本の分散
U_n^2	不偏分散	無作為標本の不偏分散

次節では，具体的な統計量の標本分布として，標本平均の分布を R を用いて検証する．

8.2 標本平均の分布

check box ☐☐☐

8.2.1 正規母集団の場合

$\{X_1, \cdots, X_n\}$ を母平均 μ，母分散 σ^2 の正規母集団からの無作為標本，すなわち，$\{X_1, \cdots, X_n\} \overset{\text{i.i.d.}}{\sim} N(\mu, \sigma^2)$ とすると，標本平均 $\overline{X}_n$ に関して以下の命題 (性質) が成り立つ．

(SMN-1)
$$\mathrm{E}(\overline{X}_n) = \mu, \qquad \mathrm{V}(\overline{X}_n) = \frac{\sigma^2}{n}$$

(SMN-2)
$$\overline{X}_n \overset{P}{\longrightarrow} \mu \quad (n \to \infty) \quad \overset{\text{def.}}{\iff} \quad \forall \varepsilon > 0, \quad \lim_{n \to \infty} P(|\overline{X}_n - \mu| \geq \varepsilon) = 0$$

(SMN-3)
$$\overline{X}_n \sim N\left(\mu, \frac{\sigma^2}{n}\right)$$

命題 (SMN-1) において，標本平均 $\overline{X}_n$ の期待値 (または平均) が母平均 μ と等しいことがわかり，この性質は統計的推定の観点から不偏性が成り立つことを示している．また，標本平均 $\overline{X}_n$ の分散が母分散 σ^2 を標本の大きさ n で除したものであることがわかり，標本の大きさの増加と共に減少することがわかる．この性質は，統計的推定の観点からは，推定精度の向上を意味する有効性を保証するものであることがわかる．これらの性質については，詳しくは 10.2 節を参照してほしい．

次に，命題 (SMN-2) は，標本平均 $\overline{X}_n$ が母平均 μ の近傍に集中して分布することを表しており，**大数の法則** (Law of Large Number: LLN) とよばれる．この性質は統計的推定の観点から一致性が成り立つことを示しており，詳しくは 10.2 節を参照してほしい．なお，$\overline{X}_n \xrightarrow{P} \mu$ は $\overline{X}_n$ が μ に**確率収束** (convergence in probability) することを表す記号である．

また，命題 (SMN-3) は，正規母集団の場合に標本平均もまた正規分布に正確に従うことを保証するものである．ただし，その分散は σ^2/n であり，母分散 σ^2 を標本の大きさ n で除したものである．

これらの結果は微分・積分を利用して解析的に導くことができるが，ここでは R を用いて各種のプロットを行い，可視化することによって直観的に理解しよう．

まず，(SMN-1), (SMN-3) を可視化する．母平均 $\mu = 10$，母分散 $\sigma^2 = 5^2$ の正規母集団からの無作為標本を考えると，各標本 X_i は正規分布 $N(10, 5^2)$ に従い，標本平均 $\overline{X}_n$ は $N(10, \frac{5^2}{n})$ に従う．このとき，標本の大きさを $n = 1, 5, 10, 50, 100$ と変化させたときの標本分布の密度関数の変化を R を用いて描いたものが図 8.1 である．

実際にプロットを行うためには，関数 ggplot.pdf.normal.sigma を利用する (付録 E.2 も参照)．この関数を用いて以下のように入力することによって，図 8.1 のプロットを描くことができる．

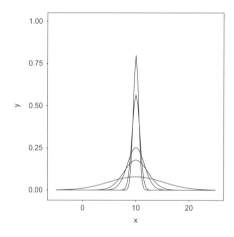

図 8.1 標本平均 $\overline{X}_n$ の分布 $N(10, \frac{5^2}{n})$ の密度関数のプロット．標本の大きさを $n = 1, 5, 10, 50, 100$ と変化させるにつれて，母平均 $\mu = 10$ の付近に集中的に分布することがわかる．

```
> ggplot.pdf.normal.sigma(x=seq(-5,25,0.01),mu=10,
+   sigma=c(5,5/sqrt(5),5/sqrt(10),5/sqrt(50),5/10),
+   xlow=-5,xup=25,yup=1)
```

次に，乱数を生成することによって，経験的な方法，すなわち**モンテカルロ法**[3]による実験 (シミュレーション) で (SMN-2), (SMN-3) を直観的に検証しよう．

まず，無作為標本 $\{X_1, \cdots, X_n\}$ の実現値 (データ) を $\{x_1, \cdots, x_n\}$ とし，その平均 (平均値) $\overline{x} = \sum_{i=1}^{n} x_i/n$ を考えると，これは標本平均 $\overline{X}_n$ の実現値と考えることができる．この対応から，正規分布 $N(\mu, \sigma^2)$ に従う複数のデータセット (N 組) を乱数として生成し，それぞれの平均値を求め，それらのヒストグラムを描くことによって標本平均 $\overline{X}_n$ の分布を視覚的に検証することができる (以下のフローも参照)．

---

[3] 一般に，適切に生成された乱数にもとづいて問題を解く手法はモンテカルロ法 (Monte Carlo Method) とよばれる．

$$\left.\begin{array}{rcl}\{x_{11},\cdots,x_{1n}\} & \Longrightarrow & \overline{x}_1 \\ \{x_{21},\cdots,x_{2n}\} & \Longrightarrow & \overline{x}_2 \\ \vdots & & \vdots \\ \{x_{N1},\cdots,x_{Nn}\} & \Longrightarrow & \overline{x}_N\end{array}\right\} \Longrightarrow \text{ヒストグラムによる可視化}$$

このシミュレーションを実行するためのアルゴリズムは以下のようなものである．

母平均に関するシミュレーションのためのアルゴリズム

(NS1) μ, σ^2 を適切に設定する．

(NS2) $N(\mu, \sigma^2)$ に従う大きさ n の正規乱数を N 組生成し，それぞれの平均を求める．

(NS3) ステップ (NS2) によって得られた N 個の平均値のヒストグラムを描画する．

また，このシミュレーションを実行する R 関数は，付録 E.4 に与えた sim.normal.mean である．ここでは，母平均を $\mu = 0$，母標準偏差を $\sigma = 1$ として固定し，シミュレーションの回数を 1000 回 ($N = 1000$) とし，標本の大きさを $n = 10, 100, 1000, 10000$ と変化させることによって，標本平均の実現値の分布がどのように変化するかを検証する．

以下のように入力することによって，各シミュレーションの結果をオブジェクト obj1 〜 obj4 に保存する．

```
> obj1<-sim.normal.mean(n=10,N=1000)
> obj2<-sim.normal.mean(n=100,N=1000)
> obj3<-sim.normal.mean(n=1000,N=1000)
> obj4<-sim.normal.mean(n=10000,N=1000)
```

この結果を図示するためには，関数 plot.sim.normal.mean を以下のように利用する[4]．

```
> plot.sim.normal.mean(obj1)
> plot.sim.normal.mean(obj2)
> plot.sim.normal.mean(obj3)
> plot.sim.normal.mean(obj4)
```

この関数の実行によって，図 8.2 のように結果が得られる．

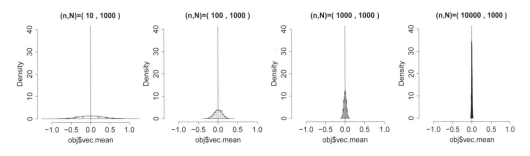

図 8.2 シミュレーションの回数を $N = 1000$ で固定し，$n = 10, 100, 1000, 10000$ と変化させたときの平均値のヒストグラムの変化

---

[4] 付録 E.4 に与えた．

この結果から，標本の大きさ n が増加すると共に，標本平均が真の母数 μ の近傍に集中して分布することがわかる．すなわち，(SMN-2) の大数の法則：$\overline{X}_n \xrightarrow{P} \mu$ $(n \to \infty)$ が成り立つことを経験的に確かめることができた．さらに，(SMN-3) の標本平均の正規性 $\overline{X}_n \sim N\left(\mu, \frac{\sigma^2}{n}\right)$ が成り立つことが，シミュレーションによって生成された 1000 個の平均値のヒストグラムの形状から検証された．

8.2.2 母集団分布が一般の場合

$\{X_1, \cdots, X_n\}$ を一般の分布 P^X に従う母集団からの無作為標本，すなわち，$\{X_1, \cdots, X_n\} \overset{\text{i.i.d.}}{\sim} P^X$ とし，母平均 μ と母分散 σ^2 をもつと仮定すると，標本平均 $\overline{X}_n$ に関して以下のことが成り立つ．

(SM-1)
$$\mathrm{E}(\overline{X}_n) = \mu, \qquad \mathrm{V}(\overline{X}_n) = \frac{\sigma^2}{n}$$

(SM-2)
$$\overline{X}_n \xrightarrow{P} \mu \quad (n \to \infty) \quad \overset{\text{def.}}{\iff} \quad \forall \varepsilon > 0, \quad \lim_{n \to \infty} P(|\overline{X}_n - \mu| \geq \varepsilon) = 0$$

(SM-3)
$$\overline{X}_n \overset{a}{\sim} N\left(\mu, \frac{\sigma^2}{n}\right) \qquad (n \to \infty)$$

ここで，命題 (SM-1), (SM-2) は，一般の母集団分布の場合にも正規母集団の場合と同じ結果が成り立つことを示している．さらに，命題 (SM-3) は，

$$\overline{X}_n \overset{a}{\sim} N\left(\mu, \frac{\sigma^2}{n}\right) \qquad (n \to \infty)$$
$$\iff \frac{\sqrt{n}(\overline{X}_n - \mu)}{\sigma} \overset{a}{\sim} N(0, 1) \qquad (n \to \infty)$$
$$\iff \lim_{n \to \infty} P\left(\frac{\sqrt{n}(\overline{X}_n - \mu)}{\sigma} < x\right) = \int_{-\infty}^{x} \frac{1}{\sqrt{2\pi}} \mathrm{e}^{-\frac{t^2}{2}} \, \mathrm{d}t =: \Phi(x) \qquad (8.8)$$

を表し，**中心極限定理** (Central Limit Theorem: CLT) とよばれ，統計的推定の観点からは漸近正規性とよばれる (詳細は 10.2 節を参照)．

これらの結果は，母集団分布が正規分布とは限らない場合でも，母平均と母分散が存在するという比較的緩い仮定のもとで，標本平均が母平均の近傍で分布し，さらにその分布が正規分布で近似できることを保証している．このことは，後に述べる母平均の統計的な推定・仮説検定において重要な役割を果たす．なお，"$\overset{a}{\sim}$" は，統計量が標本の大きさ n が増加するにつれて**漸近的に** (asymptotically) ある分布に従うことを表す記号である．

これらの結果は微分・積分を利用して解析的に導くことができるが，ここでは R を用いてモンテカルロ法によるシミュレーションによって検証しよう．

シミュレーションを実際に行うためには，まず母集団分布を決定する必要があるが，ここでは一様分布 $U[a,b]$ を採用する．一様分布に従う無作為標本 X_i に関して母平均 μ と母分散 σ^2 は

$$\mu = \mathrm{E}(X_i) = \frac{a+b}{2}, \qquad \sigma^2 = \mathrm{V}(X_i) = \frac{(a-b)^2}{12}$$

で与えられることから，標本平均 $\overline{X}_n$ の平均と分散は，

$$\mathrm{E}(\overline{X}_n) = \mu = \frac{a+b}{2}, \qquad \mathrm{V}(\overline{X}_n) = \frac{\sigma^2}{n} = \frac{(a-b)^2}{12n}$$

となる．このことから，中心極限定理を使うと，

$$\overline{X}_n \stackrel{a}{\sim} N\left(\frac{a+b}{2}, \frac{(a-b)^2}{12n}\right) \tag{8.9}$$

が (漸近的に) 成り立つ．特に，$(a,b) = (0,1)$ のときは，

$$\overline{X}_n \stackrel{a}{\sim} N\left(\frac{1}{2}, \frac{1}{12n}\right) \tag{8.10}$$

となる．

次に，このシミュレーションを実行するためのアルゴリズムを以下に与える．

母平均に関するシミュレーションのためのアルゴリズム

(US1) a, b を適切に設定する．

(US2) $U[a,b]$ に従う大きさ n の一様乱数を N 組生成し，それぞれの平均を求める．

(US3) ステップ (US2) によって得られた N 個の平均値のヒストグラムを描画する．

このアルゴリズムに沿ってシミュレーションを実行する R 関数は，付録 E.4 に与えた sim.uniform.mean である．ここで，一様分布の母数を $(a,b) = (0,1)$ で固定し，シミュレーション回数を 1000 回 ($N = 1000$) とし，標本の大きさを $n = 10, 100, 1000, 10000$ と変化させることによって，標本平均実現値の分布がどのように変化するかをこの関数を利用して検証しよう．

以下のように入力することによって，各シミュレーションの結果をオブジェクト obj.unif1 〜 obj.unif4 に保存する．

```
> obj.unif1<-sim.uniform.mean(n=10,N=1000)
> obj.unif2<-sim.uniform.mean(n=100,N=1000)
> obj.unif3<-sim.uniform.mean(n=1000,N=1000)
> obj.unif4<-sim.uniform.mean(n=10000,N=1000)
```

この結果を図示するための R 関数は，付録 E.4 に与えた plot.sim.uniform.mean であり，シミュレーションのオブジェクトを以下のように与えることによって描くと，次頁の図 8.3 のように結果が得られる．

```
> plot.sim.uniform.mean(obj.unif1)
> plot.sim.uniform.mean(obj.unif2)
> plot.sim.uniform.mean(obj.unif3)
> plot.sim.uniform.mean(obj.unif4)
```

この結果から，標本の大きさ n の増大とともに，標本平均が真の母数 μ の近傍に集中していくことがわかる．すなわち，標本平均の一致性 (大数の法則) $\overline{X}_n \stackrel{P}{\longrightarrow} \mu \ (n \to \infty)$ を経験的に確かめることができた．さらに，標本平均の分布が漸近的に正規分布に従うこと，すなわち，$\overline{X}_n \stackrel{a}{\sim} N\left(\mu, \frac{\sigma^2}{n}\right)$ であることが，データからつくられる平均値のヒストグラムの形状から推察される．

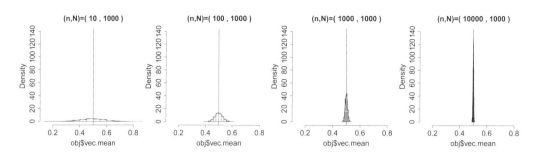

図 8.3 シミュレーションの回数を $N = 1000$ で固定し，$n = 10, 100, 1000, 10000$ と変化させたときの平均値のヒストグラムの変化

8.3 正規分布から導かれる標本分布

ここでは，正規分布から導かれる標本分布として，カイ自乗分布，ティー分布，エフ分布を取り上げる．なお，R による各分布の上側パーセント点の計算については，付録 C.2 も参照してほしい．

8.3.1 カイ自乗分布

$Z_1, \cdots, Z_n$ が，独立に同一の標準正規分布 $N(0,1)$ に従う確率変数とすると，

$$X := Z_1^2 + \cdots + Z_n^2 \tag{8.11}$$

で定義される確率変数 X の分布は，自由度 n の**カイ自乗分布** (chi-square distribution) とよばれ，

$$X \sim \chi_n^2 \stackrel{\mathrm{d}}{=} \overbrace{N(0,1)^2 + \cdots + N(0,1)^2}^{n\,\text{個}} \tag{8.12}$$

と記号的に表される．ここで，"$\stackrel{\mathrm{d}}{=}$" は分布が等しいことを表す記号である．

カイ自乗分布の密度関数，平均，分散は，以下のように与えられる．

密度関数：

$$f(x) = \frac{1}{\Gamma\left(\frac{n}{2}\right) 2^{\frac{n}{2}}} x^{\frac{n}{2}-1} \exp\left(-\frac{x}{2}\right), \quad x \in \mathbb{R}^+ = (0, \infty), \quad n \in \mathbb{N} \tag{8.13}$$

ここで，

$$\Gamma(x) := \int_0^\infty t^{x-1} \mathrm{e}^{-t}\,\mathrm{d}t \tag{8.14}$$

は**ガンマ関数** (gamma function) であり，n は**自由度** (degree of freedom) とよばれる[5]．

平均：

$$\mathrm{E}(X) = n \tag{8.15}$$

分散：

$$\mathrm{V}(X) = 2n \tag{8.16}$$

---

[5] 自由度は，カイ自乗分布の母数 (パラメータ) の名称であることに注意しよう．

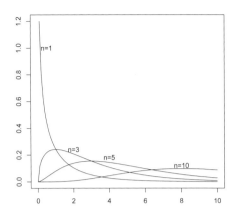

図 8.4 自由度が $n = 1, 3, 5, 10$ の場合のカイ自乗分布の密度関数

図 8.4 は，自由度が $n = 1, 3, 5, 10$ の場合の密度関数のプロットであり，付録 E.4 の R 関数 `plot.pdf.chisq` を以下のように利用して描いている．

```
> plot.pdf.chisq(x=seq(0,10,0.1),df=c(1,3,5,10))
> text(0.5,1,"n=1")
> text(2,0.24,"n=3")
> text(4,0.18,"n=5")
> text(8,0.12,"n=10")
```

正規母集団からの無作為標本 $\{X_1, \cdots, X_n\}$ による分散に関する統計量である標本分散 S_n^2 と，不偏分散 U_n^2 の標本分布としてカイ自乗分布が必要となる．このことを順に解説する．

まず，

$$\frac{X_i - \mu}{\sigma} \overset{\text{i.i.d.}}{\sim} N(0,1) \implies \left(\frac{X_i - \mu}{\sigma}\right)^2 = \frac{(X_i - \mu)^2}{\sigma^2} \overset{\text{i.i.d.}}{\sim} \chi_1^2$$

$$\implies \sum_{i=1}^n \frac{(X_i - \mu)^2}{\sigma^2} \sim \chi_n^2 \tag{8.17}$$

$$\frac{\overline{X}_n - \mu}{\sqrt{\sigma^2/n}} \sim N(0,1) \implies \left(\frac{\overline{X}_n - \mu}{\sqrt{\sigma^2/n}}\right)^2 = \frac{n(\overline{X}_n - \mu)^2}{\sigma^2} \sim \chi_1^2 \tag{8.18}$$

という結果と，

$$X_i - \mu = (X_i - \overline{X}_n) + (\overline{X}_n - \mu)$$

なる変形を考え，その平方和を考えると，

$$\sum_{i=1}^n (X_i - \mu)^2 = \sum_{i=1}^n (X_i - \overline{X}_n)^2 + n(\overline{X}_n - \mu)^2 \tag{8.19}$$

が成り立つ[6]．この両辺を分散 σ^2 で割ったものの分布は，以下のように与えられる．

$$\begin{array}{ccccc}
\dfrac{\sum_{i=1}^n (X_i - \mu)^2}{\sigma^2} & = & \dfrac{\sum_{i=1}^n (X_i - \overline{X}_n)^2}{\sigma^2} & + & \dfrac{n(\overline{X}_n - \mu)^2}{\sigma^2} \\
\wr & & \wr & & \wr \\
\chi_n^2 & = & \chi_{n-1}^2 & + & \chi_1^2
\end{array} \tag{8.20}$$

---

[6] **平方和の分解** (decomposition of sum of squares) とよばれる．

特に，右辺の統計量は独立である：

$$\frac{\sum_{i=1}^{n}(X_i - \overline{X}_n)^2}{\sigma^2} \perp \frac{n(\overline{X}_n - \mu)^2}{\sigma^2} \tag{8.21}$$

これらの結果から，

偏差平方和： $$\sum_{i=1}^{n}(X_i - \overline{X}_n)^2 \sim \sigma^2 \chi_{n-1}^2 \tag{8.22}$$

(修正) 偏差平方和： $$\frac{\sum_{i=1}^{n}(X_i - \overline{X}_n)^2}{\sigma^2} \sim \chi_{n-1}^2 \tag{8.23}$$

が成り立つことに注意すると，標本分散，不偏分散に関して以下の結果が得られる．

標本分散 (修正)： $$\frac{nS_n^2}{\sigma^2} = \frac{\sum_{i=1}^{n}(X_i - \overline{X}_n)^2}{\sigma^2} \sim \chi_{n-1}^2 \tag{8.24}$$

標本分散： $$S_n^2 \sim \frac{\sigma^2}{n}\chi_{n-1}^2 \tag{8.25}$$

不偏分散 (修正)： $$\frac{(n-1)U_n^2}{\sigma^2} = \frac{\sum_{i=1}^{n}(X_i - \overline{X}_n)^2}{\sigma^2} \sim \chi_{n-1}^2 \tag{8.26}$$

不偏分散： $$U_n^2 \sim \frac{\sigma^2}{n-1}\chi_{n-1}^2 \tag{8.27}$$

さらに，これらの結果より，標本分散の平均は，

$$\mathrm{E}(S_n^2) = \frac{\sigma^2}{n}\mathrm{E}(\chi_{n-1}^2) = \frac{\sigma^2}{n}(n-1) = \sigma^2 - \frac{\sigma^2}{n} \neq \sigma^2 \tag{8.28}$$

であるのに対して，不偏分散の平均は

$$\mathrm{E}(U_n^2) = \frac{\sigma^2}{n-1}\mathrm{E}(\chi_{n-1}^2) = \frac{\sigma^2}{n-1}(n-1) = \sigma^2 \tag{8.29}$$

となり，母分散と一致する．この性質は推定の観点から**不偏性** (unbiasedness) とよばれ，このことが U_n^2 が「不偏分散」とよばれる所以である．なお，不偏性については，詳しくは第 10 章を参照してほしい．

注意 8.1 R におけるカイ自乗分布の分位点の計算 R の分位点を求める関数 (q でコーディングされた関数) の引数が，デフォルトでは「下側パーセント点」を与える仕様 (lower.tail=TRUE) となっているのに対して，標準的な統計学の教科書では分布に関する数表の関係から「上側パーセント点」が利用されている．すなわち，自由度 $n-1$ のカイ自乗分布の上側 $100\alpha\%$ 点 $\chi_{n-1}^2(\alpha)$ を R で求めるためには，qchisq(1-alpha,n-1) というように下側 $100(1-\alpha)\%$ 点を求めるように読み替える必要がある．

例えば，自由度 9 のカイ自乗分布 χ_9^2 の上側 5% 点 $\chi_9^2(0.05) = 16.91898$ を求めるためには，

```
> qchisq(0.95,9)
[1] 16.91898
```

というように下側 95% 点を求めるように入力する必要がある．なお，引数 lower.tail に FALSE を与えると，逆に上側 $100\alpha\%$ 点を求めることができる．

```
> qchisq(0.05,9,lower.tail=FALSE)
[1] 16.91898
```

なお，付録 C.2 も参照してほしい．

8.3.2 ティー分布

確率変数 X が標準正規分布 $N(0,1)$，確率変数 Y が自由度 n のカイ自乗分布 χ_n^2 にそれぞれ独立に従うとき，

$$T := \frac{X}{\sqrt{Y/n}} \tag{8.30}$$

で定義される確率変数 T の分布は，自由度 n のティー分布 t_n とよばれ，

$$T \sim t_n \stackrel{\mathrm{d}}{=} \frac{N(0,1)}{\sqrt{\chi_n^2/n}} \tag{8.31}$$

と表される．

自由度 n のティー分布の密度関数と平均，分散は以下のように与えられる．

密度関数：

$$f(x) = \frac{1}{\sqrt{n}B\left(1/2, n/2\right)} \left(1 + \frac{x^2}{n}\right)^{-\frac{n+1}{2}} \qquad (x \in \mathbb{R},\ n \in \mathbb{N}) \tag{8.32}$$

ここで，

$$B(x,y) := \int_0^1 t^{x-1}(1-t)^{y-1}\mathrm{d}t \qquad (x,y \in \mathbb{R}^+) \tag{8.33}$$

は**ベータ関数** (beta function) である．ベータ関数とガンマ関数の間には，以下の関係が成り立つ．

$$B(x,y) = \frac{\Gamma(x)\,\Gamma(y)}{\Gamma(x+y)} \tag{8.34}$$

平均：

$$\mathrm{E}(T) = 0 \qquad (n \geq 2) \tag{8.35}$$

分散：

$$\mathrm{V}(T) = \frac{n}{n-2} \qquad (n \geq 3) \tag{8.36}$$

次頁の図 8.5 は，自由度が $n = 1, 10, \infty$ の場合の密度関数のプロットである．ティー分布に関して自由度が $n \to \infty$ のときは標準正規分布 $N(0,1)$ に近づくことが知られており，このことは自由度が $n = 10$ の場合からも推察できる．

図 8.5 におけるプロットは，付録 E.4 の R 関数 `plot.pdf.t` を以下のように利用して描いている．

```
> plot.pdf.t(x=seq(-5,5,0.1),df=c(1,10))
> text(0,0.41,"N(0,1)")
> text(0,0.35,"n=10")
> text(0,0.28,"n=1")
```

ティー分布に従う統計量としては，正規母集団からの無作為標本，すなわち，$\{X_1, \cdots, X_n\} \stackrel{\mathrm{i.i.d.}}{\sim} N(\mu, \sigma^2)$ の標本平均に関して，

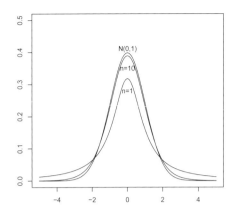

図 8.5 自由度が $n = 1, 10, \infty$ の場合のティー分布の密度関数

$$\frac{\overline{X}_n - \mu}{\sqrt{\sigma^2/n}} = \frac{\sqrt{n}\,(\overline{X}_n - \mu)}{\sigma} \sim N(0,1), \qquad \frac{(n-1)U_n^2}{\sigma^2} \sim \chi_{n-1}^2, \qquad \overline{X}_n \perp\!\!\!\perp U_n^2 \qquad (8.37)$$

が成り立つことから，標本平均の標準化に関する統計量について，

$$\frac{\overline{X}_n - \mu}{\sqrt{U_n^2/n}} = \frac{\dfrac{\overline{X}_n - \mu}{\sqrt{\sigma^2/n}}}{\sqrt{\dfrac{U_n^2/n}{\sigma^2/n}}} = \frac{\dfrac{\overline{X}_n - \mu}{\sqrt{\sigma^2/n}}}{\sqrt{\dfrac{(n-1)U_n^2}{\sigma^2}\Big/(n-1)}} \sim \frac{N(0,1)}{\sqrt{\chi_{n-1}^2/(n-1)}} \stackrel{\mathrm{d}}{=} t_{n-1} \qquad (8.38)$$

が成り立つ．この統計量は**ティー統計量** (t statistics, t-statistics) とよばれ，母平均の推定，検定に関して重要となる．

自由度 n のティー分布の上側 $100\alpha\%$ 点 $t_n(\alpha)$ は注意 8.1 で述べたことと同様の理由から，下側 $100(1-\alpha)\%$ 点を求めることによって得ることができる．例えば，自由度 $n = 10$ の上側 5% 点 $t_n(\alpha) = t_{10}(0.05) = 1.812461$ は，以下のように下側 95% 点を求めることによって得られる．

```
> qt(0.95,10)
[1] 1.812461
```

なお，付録 C.2 も参照してほしい．

8.3.3 エフ分布

確率変数 X が自由度 m のカイ自乗分布 χ_m^2，確率変数 Y が自由度 n のカイ自乗分布 χ_n^2 にそれぞれ独立に従うとき，

$$F := \frac{X/m}{Y/n} \qquad (8.39)$$

で定義される確率変数 F の分布は，自由度 (m,n) のエフ分布 F_n^m とよばれ，

$$F \sim F_n^m \stackrel{\mathrm{d}}{=} \frac{\chi_m^2/m}{\chi_n^2/n} \qquad (8.40)$$

と表される．

自由度 (m,n) のエフ分布の密度関数と平均，分散は以下のように与えられる．

密度関数：

$$f(x) = \frac{1}{B\left(\frac{m}{2}, \frac{n}{2}\right)} \left(\frac{m}{n}\right)^{\frac{m}{2}} x^{\frac{m}{2}-1} \left(1 + \frac{m}{n}x\right)^{-\frac{m+n}{2}} \qquad (x \in \mathbb{R}^+,\ m,n \in \mathbb{N}) \qquad (8.41)$$

平均：
$$\mathrm{E}(F) = \frac{n}{n-2} \qquad (n \geq 3) \tag{8.42}$$

分散：
$$\mathrm{V}(F) = \frac{2n^2(m+n-2)}{m(n-2)^2(n-4)} \qquad (n \geq 5) \tag{8.43}$$

図 8.6 は，自由度が $(m,n) = (2,4), (3,5), (10,16)$ の場合の密度関数のプロットである．このプロットは，付録 E.4 の R 関数 `plot.pdf.F` を以下のように利用して描いている．

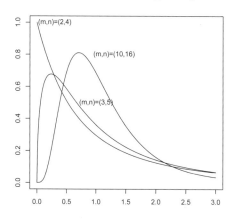

図 8.6 自由度が $(m,n) = (2,4), (3,5)$, $(10,16)$ の場合のエフ分布の密度関数

```
> plot.pdf.F(x=seq(0,3,0.01),df1=c(2,3,10),df2=c(4,5,16))
> text(0.3,1,"(m,n)=(2,4)")
> text(1.0,0.5,"(m,n)=(3,5)")
> text(1.3,0.8,"(m,n)=(10,16)")
```

エフ分布に従う統計量としては，2 つの正規母集団から独立に抽出された無作為標本

$$\{X_1, \cdots, X_{n_1}\} \overset{\mathrm{i.i.d.}}{\sim} N(\mu_1, \sigma_1^2) \perp\!\!\!\perp \{Y_1, \cdots, Y_{n_2}\} \overset{\mathrm{i.i.d.}}{\sim} N(\mu_2, \sigma_2^2)$$

のそれぞれの不偏分散

$$U_1^2 := \frac{1}{n_1-1} \sum_{i=1}^{n_1} (X_i - \overline{X}_{n_1})^2, \qquad U_2^2 := \frac{1}{n_2-1} \sum_{i=1}^{n_2} (Y_i - \overline{Y}_{n_2})^2$$

に関して，

$$\frac{U_1^2}{\sigma_1^2} \sim \frac{\chi_{n_1-1}^2}{n_1-1}, \qquad \frac{U_2^2}{\sigma_2^2} \sim \frac{\chi_{n_2-1}^2}{n_2-1}, \qquad U_1^2 \perp\!\!\!\perp U_2^2 \tag{8.44}$$

が成り立つことから，不偏分散の比に関する統計量について以下のことが成り立つ．

$$\frac{U_1^2/\sigma_1^2}{U_2^2/\sigma_2^2} \sim \frac{\chi_{n_1-1}^2/(n_1-1)}{\chi_{n_2-1}^2/(n_2-1)} \overset{\mathrm{d}}{=} F_{n_2-1}^{n_1-1} \tag{8.45}$$

特に，同一の分散 $\sigma_1^2 = \sigma_2^2 = \sigma^2$ をもつ場合は，

$$\frac{U_1^2/\sigma_1^2}{U_2^2/\sigma_2^2} = \frac{U_1^2/\sigma^2}{U_2^2/\sigma^2} = \frac{U_1^2}{U_2^2} \sim F_{n_2-1}^{n_1-1} \tag{8.46}$$

となる．

自由度 (m,n) のエフ分布の上側 $100\alpha\%$ 点 $F_n^m(\alpha)$ は注意 8.1 で述べたことと同様の理由から，下側 $100(1-\alpha)\%$ 点を求めることによって得ることができる．例えば，自由度 $(m,n) = (5,10)$ の上側 5% 点 $F_n^m(\alpha) = F_{10}^5(0.05) = 3.325835$ は，以下のように下側 95% 点を求めることによって得られる．なお，付録 C.2 も参照してほしい．

```
> qf(0.95,5,10)
[1] 3.325835
```

注意 8.2　ティー分布とエフ分布の関係　自由度 n のティー分布に従う確率変数 T の 2 乗の分布は，
$$T^2 \sim \frac{N(0,1)^2}{\chi_n^2/n} \stackrel{\mathrm{d}}{=} \frac{\chi_1^2/1}{\chi_n^2/n} \stackrel{\mathrm{d}}{=} F_n^1 \tag{8.47}$$
より，自由度 $(1,n)$ のエフ分布となる．

例として，標本平均の標準化された統計量の分布に関する性質 (8.38) について，
$$\left(\frac{\overline{X}_n - \mu}{\sqrt{U_n^2/n}}\right)^2 = \frac{\left(\frac{\overline{X}_n - \mu}{\sqrt{\sigma^2/n}}\right)^2}{\frac{(n-1)U_n^2}{\sigma^2}\bigg/(n-1)} \sim \frac{N(0,1)^2/1}{\chi_{n-1}^2/(n-1)}$$
$$\stackrel{\mathrm{d}}{=} \frac{\chi_1^2/1}{\chi_{n-1}^2/(n-1)} \stackrel{\mathrm{d}}{=} F_{n-1}^1 \left(\stackrel{\mathrm{d}}{=} t_{n-1}^2\right) \tag{8.48}$$
が成り立つ．

注意 8.3　自由度 (m,n) のエフ分布の上側 $100(1-\alpha)\%$ 点 $F_n^m(1-\alpha)$ と，自由度 (n,m) のエフ分布の上側 $100\alpha\%$ 点 $F_m^n(\alpha)$ には，以下の関係が成り立つ．
$$F_n^m(1-\alpha) = \frac{1}{F_m^n(\alpha)} \tag{8.49}$$
例えば，$\alpha = 0.05$ とし，自由度 $(10,5)$ のエフ分布の場合を考えると，
$$F_5^{10}(0.95) = \frac{1}{F_{10}^5(0.05)} = \frac{1}{4.73506} = 0.300676$$
となることは，関数 qf を使って以下のように確かめることができる．

```
> qf(0.05,10,5)
[1] 0.3006764
> 1/qf(0.95,5,10)
[1] 0.3006764
```

ここで，関数 qf はデフォルトで下側 $100(1-\alpha)\%$ を求める仕様となっていることに再び注意しよう．

8.4 補足

8.4.1 標本分布の研究の始まり

標本の大きさが小さい (小標本の) 場合の統計量の精密な分布 (標本分布) を考察することは，

ゴセット (W. S. Gosset) による「ティー分布」に関する研究が嚆矢であるといわれている[7]. ティー分布は大標本のもとでは正規分布で近似することが可能である場合があるが,小標本のもとで違いが顕著となるため注意を要する.

なお,標本分布を詳細に調べることが大切なのは,次章以降で議論する推定・検定・回帰などに統計量が利用される際に,その精度などの性質を知るために不可欠であるからである.また,標本分布を扱う際に「自由度」という用語がセットで議論されるが,あくまでも**自由度はカイ自乗分布の母数 (パラメータ) の名称**であることにも注意しよう[8].

8.4.2 多変量の場合の母集団分布と標本分布

母集団 Ω に対する試行の結果,ω に対する複数の変量をベクトルとして表した $\boldsymbol{X} = [X_1, \cdots, X_p]' = [X_1(\omega), \cdots, X_p(\omega)]'$ は**多変量確率変数** (multivariate random variables) とよばれる (ここで,"$'$" は行列・ベクトルの転置を表すことを思い出そう). 標本 $\boldsymbol{X}$ が母集団分布 $P^{\boldsymbol{X}}$ に従うとき,$\boldsymbol{X} \sim P^{\boldsymbol{X}}$ と表される.

多変量の場合の無作為標本は,独立に同一の母集団分布 $P^{\boldsymbol{X}}$ に従う多変量確率変数 $\{\boldsymbol{X}_1, \cdots, \boldsymbol{X}_n\}$ を使って,

$$\{\boldsymbol{X}_1, \cdots, \boldsymbol{X}_n\} \stackrel{\text{i.i.d.}}{\sim} P^{\boldsymbol{X}} \tag{8.50}$$

と表される.ここで,$\boldsymbol{X}_i := [X_{i1}, \cdots, X_{ip}]'$ $(i = 1, \cdots, n)$ である.

多変量の場合の母集団分布としては,7.7 節で扱った多変量正規分布が代表的なものであり,多変量確率変数 $\boldsymbol{X}$ の母集団分布 $P^{\boldsymbol{X}}$ が多変量正規分布 $N_p(\boldsymbol{\mu}, \boldsymbol{\Sigma})$ であるとき,母平均ベクトル $\boldsymbol{\mu}$,母分散共分散行列 $\boldsymbol{\Sigma}$ の**多変量正規母集団** (multivariate normal population) とよばれる.多変量正規母集団から得られた大きさ n の無作為標本ベクトル $\{\boldsymbol{X}_1, \cdots, \boldsymbol{X}_n\}$ は

$$\{\boldsymbol{X}_1, \cdots, \boldsymbol{X}_n\} \stackrel{\text{i.i.d.}}{\sim} N_p(\boldsymbol{\mu}, \boldsymbol{\Sigma}) \tag{8.51}$$

と表される.

さらに,実際に試行を行った結果に対する無作為標本 $\{\boldsymbol{X}_1, \cdots, \boldsymbol{X}_n\}$ の実現値 $\{\boldsymbol{x}_1, \cdots, \boldsymbol{x}_n\}$ は**多変量データ** (multivariate data) とよばれる.多変量データは,$\boldsymbol{x}_i := [x_{i1}, \cdots, x_{ip}]'$ $(i = 1, \cdots, n)$ であり,多変量データ $\boldsymbol{x}_i$ を以下のように配置した行列を**多変量データ行列** (multivariate data matrix) とよぶ.

$$\mathbf{X} := \begin{bmatrix} \boldsymbol{x}_1' \\ \vdots \\ \boldsymbol{x}_n' \end{bmatrix} = \begin{bmatrix} x_{11} & \cdots & x_{1p} \\ \vdots & & \vdots \\ x_{n1} & \cdots & x_{np} \end{bmatrix} \tag{8.52}$$

具体的な例としては,ある年の日本人の新生児の全体を母集団 Ω と考えると,結果 ω は (1 人の) 新生児であり,その新生児の体重 X_1,身長 X_2,胸囲 X_3,頭囲 X_4 をベクトルとし

---

[7] 原論文は,

Student: The probable error of a mean, *Biometrika*, Vol. **6**, No. 1 (1908) pp. 1–25.

である.ここで,Student は W. S. Gosset のペンネームである (ザルツブルグ (2006), 第 3 章を参照). なお,この論文では「ティー分布」という名称は使われておらず,ゴセット自身は統計量を Z で表している.

[8] ティー分布,エフ分布にも自由度があるが,それらは本質的にカイ自乗分布の自由度が反映してできたものであることが理解されるであろう.

て表した $\boldsymbol{X} = [X_1, X_2, X_3, X_4]' = [X_1(\omega), X_2(\omega), X_3(\omega), X_4(\omega)]'$ が多変量確率変数となる．さらに，無作為に選ばれる (予定の) n 人の新生児の体重，身長，胸囲，頭囲の多変量確率変数 $\{\boldsymbol{X}_1, \cdots, \boldsymbol{X}_n\}$ が無作為標本であり，実際に選ばれた n 人分の新生児の体重，身長，胸囲，頭囲の具体的な値が多変量データ $\{\boldsymbol{x}_1, \cdots, \boldsymbol{x}_n\}$ となる．第 3 章で読み込まれたデータ・フレーム・オブジェクト babieshw.frame と babies.frame は，多変量データ行列の具体例である．なお，新生児の体重，身長，胸囲，頭囲の母集団分布としては多変量正規分布がしばしば利用される．

多変量の場合の統計量 (例えば，標本平均ベクトル，標本分散共分散行列など) の標本分布としては，行列多変量正規分布やウィッシャート分布などがあるが，本書の範囲を超えるため割愛する．

演習問題

Q 8.1 標準正規分布 $N(0,1)$ に従う乱数を n 個生成し，それらの 2 乗を加えることを N 回繰り返し，そのヒストグラムを描き，さらに自由度 n のカイ自乗分布の密度関数を重ね書きする関数を作成せよ．

Q 8.2 6.4 節で使った正規分布の与えられた範囲に関する領域を描く関数 ggplot.pdf.normal.area (付録 E.4 も参照) を参考にして，標本分布 (カイ自乗分布，ティー分布，エフ分布) に対する同様の機能をもつ関数を作成せよ．また，それらを用いて各分布の上側 $100\alpha\%$ 点と上側確率の領域を描け．なお，α の値は各自が適当なものを与えよ．

Q 8.3 確率論・統計学において，以下のような主張がある．

> 「標準正規乱数を (1 個) 得るには，一様分布 $U(0,1)$ に従う乱数を 12 個加えたものから 6 を引けばよい．」

この主張の理論的な根拠を考察すると共に，実際に一様乱数を生成して，この主張を検証せよ．

第 III 部

R によるデータ解析と統計的推測

データの要約と可視化

8 母集団分布と標本分布　　**9**　　**10** 推定

　一般に，データは数字や記号の集まりであって，眺めているだけでは得られる情報は少ない．本章では，R を利用してデータの平均や分散などの**特性値** (characteristic value) または**要約値** (summarized value) を求めることによって**要約** (summarization) したり，データをプロットし**統計グラフィックス** (statistical graphics) を作成することによって**可視化** (visualization) し，データがもつ分布や相関関係などに関する情報を効率的に得るための方法について学ぶ．データを要約し可視化することは，**探索的データ解析** (Explanatory Data Analysis: EDA) を実践していることであり，まさにこのことを体得することが本章の目的である[1]．

9.1　1 変量データの要約

　R にデータが既に読み込まれているならば，関数 summary を用いて要約することができる．ここでは，3.1 節で読み込んだ新生児の体重のデータを実際に要約してみる．

```
> summary(weight)
   Min. 1st Qu.  Median    Mean 3rd Qu.    Max.
   2270    2898    3160    3160    3368    4180
```

この結果において得られるのは，6 個の要約値[2]であり，以下のようなものである．

　　Min.　データの**最小値** (minimun) $x_{\min}$

　　1st Qu.　データの**第 1 四分位点** (first quartile) Q_1

　　Median　データの**中央値** (median) x_{med}

　　Mean　データの**平均値** (mean) $\bar{x}$

　　3rd Qu.　データの**第 3 四分位点** (third quartile) Q_3

　　Max.　データの**最大値** (maximum) $x_{\max}$

　各定義を以下に与える．
　まず，平均値は，

$$\bar{x} := \frac{1}{n}\sum_{i=1}^{n} x_i := \frac{1}{n}(x_1 + \cdots + x_n) \tag{9.1}$$

---

[1]　最新の R 環境のもとでの探索的データ解析の実行については Wickham and Grolemund (2016) も参照してほしい．

[2]　これらの要約値のうち平均値を除いたものは，**テューキーの 5 点要約値** (Tukey's five number summary) とよばれることがある．

で定義される．この値は，データ $\{x_1, \cdots, x_n\}$ 上でそれぞれ等質の「**重み**」$\frac{1}{n}$ をもつと考えたときに，それらの**重心** (center of gravity) という解釈ができ，この意味で，平均値はデータの (中心) **位置** (location) を表す特性値と考えられる．

平均値は関数 mean でも以下のように求めることができる．

```
> mean(weight)
[1] 3160.2
```

次に，中央値はデータの個数 n が奇数，偶数の場合に応じて以下のように定義される．

$$x_{\mathrm{med}} := \begin{cases} x_{(m)} & (n: \text{奇数}) \\ \dfrac{x_{(m)} + x_{(m+1)}}{2} & (n: \text{偶数}) \end{cases} \quad (9.2)$$

ここで，

$$m := \begin{cases} \dfrac{n+1}{2} & (n: \text{奇数}) \\ \dfrac{n}{2} & (n: \text{偶数}) \end{cases} \quad (9.3)$$

であり，

$$x_{(1)} \leq \cdots \leq x_{(n)} \quad (9.4)$$

は，データ $\{x_1, \cdots, x_n\}$ を昇順に並べ替えてできる**順序統計量** (order statistics) である．

中央値は，データを「半分」に分ける点であるという意味で中心位置を表す特性値であり，関数 median を用いても単独に求めることができる．

```
> median(weight)
[1] 3160
```

新生児の体重データにおける平均値 $\bar{x} = 3160.2$ と中央値 $x_{\mathrm{med}} = 3160$ はほぼ等しく，このような場合は，データは平均値 (または中央値) を中心としてほぼ**左右対称** (symmetric) に分布する．なお，これらの値がずれているときは左右どちらかに分布が偏っており，**歪み** (skewness) が生じている．

最小値と最大値は，順序統計量を使って，

$$x_{\min} = x_{(1)}, \qquad x_{\max} = x_{(n)}$$

と表せる．R では，関数 min, max を使って以下のように最小値と最大値を求めることができる．

```
> min(weight)
[1] 2270
> max(weight)
[1] 4180
```

関数 which.min, which.max を使うと，何番目のデータが最小値と最大値を与えるかを調べることができる．

```
> which.min(weight)
[1] 23
> which.max(weight)
[1] 100
```

最大値と最小値を上限と下限にもつ区間は**範囲** (range) とよばれる．

$$R := [x_{\min}, x_{\max}] = [x_{(1)}, x_{(n)}] \tag{9.5}$$

範囲は，関数 range を利用しても単独に求めることができる．

```
> range(weight)
[1] 2270 4180
```

範囲 R はデータの**拡がり** (scale, dispersion) を表す特性値として利用できる[3]．

第 1 四分位点 Q_1，第 2 四分位点 (=中央値) $Q_2 = x_{\mathrm{med}}$，第 3 四分位点 Q_3 は，それぞれデータを 4 分の 1 ずつに分ける点，すなわち，25%, 50%, 75% の割合に分ける点を表している[4]．一般に，データを q 等分する点を q-**分位点** (quantile) といい，関数 quantile で求めることが可能である．例えば，$q = 4$ のとき四分位点，$q = 100$ のとき**百分位点** (percentile) とよばれる．

体重 weight の四分位点については，関数 quantile を用いて以下のように求めることができる．

```
> quantile(weight,seq(0,1,0.25))
    0%    25%    50%    75%   100%
2270.0 2897.5 3160.0 3367.5 4180.0
```

第 3 四分位点 Q_3 と第 1 四分位点 Q_1 の差

$$Q := Q_3 - Q_1 \tag{9.6}$$

は，**四分位範囲** (**i**nter**q**uartile **r**ange) とよばれ，データの拡がりに関する情報を与えてくれる．四分位範囲は関数 IQR で求めることができる．

```
> IQR(weight)
[1] 470
```

このように，関数 summary を利用した結果から，主に分位点にもとづいて得られるデータの分布に関する情報とデータの位置や拡がりに関する情報が得られる．

さらに，データの拡がりを表す基本的な特性値は**分散** (variance) である．

$$s^2 := \frac{1}{n}\sum_{i=1}^{n}(x_i - \overline{x})^2 \tag{9.7}$$

分散は**偏差** (deviation)，すなわち，平均値とデータの差 $x_i - \overline{x}$ の 2 乗平均で与えられ，個々のデータの平均値からのズレを拡がりとしてとらえた特性値と考えることができる[5]．ただし，R の標準的な設定ではデータの分散を求める関数は用意されていないので，5.2 節で定義した svar を用いることにする．

```
> svar(weight)
[1] 143912
```

分散はその定義から，偏差を 2 乗したものから計算するため，データの測定単位の 2 乗

---

[3] 最大値と最小値の差を範囲として定義する場合もある．
[4] R における分位点に関する定義の詳細は quantile のオンラインヘルプを参照してほしい．
[5] **モーメント** (moment) の観点から，分散は**慣性モーメント** (moment of inertia) と考えることができる．

(ここでは g^2) となっており，もとのデータのものと一致しない．このことから，測定単位に関する整合性を保つために，その (正の) 平方根 $s := \sqrt{s^2}$ を**標準偏差** (standard deviation: sd) とよび，拡がりの特性値として利用する．

新生児の体重データに対する標準偏差は，以下のように求めることができる．

```
> sqrt(svar(weight))
[1] 379.3573
```

5.2 節でも指摘したが，R におけるデータの分散を求める関数 var は不偏分散

$$u^2 = \frac{1}{n-1} \sum_{i=1}^{n} (x_i - \overline{x})^2 \tag{9.8}$$

を求める仕様となっており，標準偏差を求める関数 sd も，この不偏分散の平方根 $u = \sqrt{u^2}$ を求めるものである．

新生児の体重データに対する R の標準的な関数を用いた分散と標準偏差の値は，以下のように与えられる．

```
> var(weight)
[1] 145365.6
> sd(weight)
[1] 381.2684
```

9.2　1 変量データの可視化　　　　　　　　　　　　check box □□□

データを数値的に要約することによってもその分布の状態を知ることはできるが，より認知のレベルを上げるためには，適切な統計グラフィックスを作成することによって可視化し，視覚的にその特性をとらえる方法が有効である．

新生児の体重データ (1 変量データ) を可視化する最も基本的な方法は**ヒストグラム** (histogram) を作成することである．ヒストグラムとは，データをすべて含むように適切に設定された**階級** (class)[6]とよばれる k 個の区間 $(a_j, a_{j+1}]$ $(j = 1, \cdots, k)$ を横軸とし，各階級に属するデータの個数 (**度数** (frequency)) f_j に比例した高さをもつ矩形を並べてできるグラフィックである．ここで，各階級の上限と下限の差は一定とし，階級幅 $h := a_{j+1} - a_j$ という．

R でヒストグラムを描くための標準的な関数は hist である．

```
> hist(weight)
```

この入力によって，次頁の図 9.1 で与えられるヒストグラムが描かれる．このヒストグラムから，新生児の体重は平均値に関してほぼ左右対称であり，かつ「単一の山」(**単峰** (unimodal))をもつ分布に従うことがうかがえる．

ここで，縦軸のスケールは頻度 f_j であり，横軸の階級の設定は R のデフォルト[7]に任せているが，オプション breaks によって指定することができる．階級全体を $[2100, 4300]$ として階

---

[6]　**ビン** (bin) とよばれることもある．

[7]　**スタージェスの公式** (Sturges' formula) によって階級の幅を決定している．なお，この方法は，階級の個数を $\lceil \log_2 n + 1 \rceil$ とし，$h = R/(\lceil \log_2 n + 1 \rceil)$ で階級幅 h を決定するものである．ただし，$\lceil x \rceil$ は x の小数点以下を切り上げた値を示す．

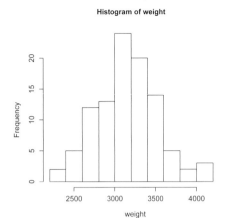

図 9.1 新生児の体重データのヒストグラム

級幅 200 のヒストグラムを描くためには，以下のように入力する．

> hist(weight,breaks=seq(2100,4300,200))

この入力によって，図 9.2 で与えられるヒストグラムが描かれる．図 9.1, 9.2 を比較すると，単峰であることには変化がないものの，形状が若干変化していることがわかる．一般に，ヒストグラムの「形状」は階級のとり方に強く依存する．

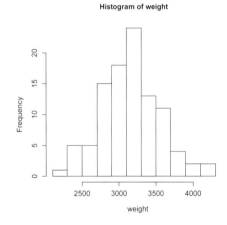

図 9.2 新生児の体重データのヒストグラム (階級全体 $[2100, 4300]$ を階級幅 200 で分割した場合)

さらに，確率密度関数の推定という観点から，ヒストグラムの面積の和が 1 となるように縦軸のスケールを f_j/nh と調整する場合もあり，この場合のヒストグラムの作成にはオプション freq=FALSE を与える (図 9.3 を参照).

> hist(weight,breaks=seq(2100,4300,200),freq=FALSE)

ヒストグラムはデータの分布を視覚的にとらえるためにはよいが，その形状は階級の設定に依存し，ベストのものを選ぶことは難しい．この問題に対して，データの四分位点の情報を利用して分布を可視化する手法が**ボックスプロット**[8] (box plot) である (図 9.4 を参照). ボックスプロットは，「箱 (ボックス)」と「髭 (ヒゲ)」の部分からなる[9]. ボックス内の太い実線はデータの中央値を表し，ボックスの上端と下端の範囲は，四分位範囲 $Q(=Q_3-Q_1)$ であり，

---

[8] ボックスプロットは J. W. Tukey によって提案された (Tukey (1977) を参照).
[9] この意味で，**箱髭図** (box-and-whisker plot) とよばれることがある.

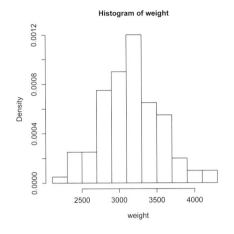

図 9.3 新生児の体重データのヒストグラム (階級全体 [2100, 4300] を階級幅 200 で分割し，縦軸のスケールを面積が 1 となるように調整した場合)

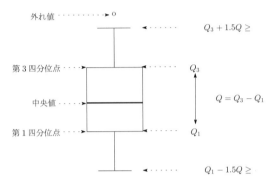

図 9.4 ボックスプロットの一般的な説明

全データのうち中央に位置する 50% のデータが，この範囲に入ることを表している．また髭の範囲は，箱から四分位範囲の幅の 1.5 倍の位置より内側で最も近いデータの位置までを表しており，この範囲外のデータは外れ値とみなされる[10]．

ヒストグラムは階級を決定する方法が多様に存在するのに対して，ボックスプロットは髭の長さに関する選択の方法によって若干の差異は生じるものの，5 点要約値を使って描くことができ，この意味で，関数 summary から得られる数値的な要約を可視化したものと考えることができる．

R では，関数 boxplot を使ってボックスプロットを描くことができる (図 9.5 を参照).

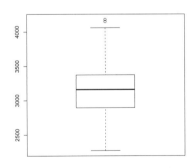

図 9.5 新生児の体重データのボックスプロット

```
> boxplot(weight)
```

この結果から，新生児の体重のデータに関しては，正の外れ値と思われるデータが若干存在

---

10) 正規分布の場合に「髭の外」にデータがはみ出す確率は約 0.35% であり，「かなり稀」であることから，このようにみなされる．

することがわかる．なお，R では，ボックスプロットはデフォルトでは横軸に対して「垂直」に描かれるが，関数 boxplot の引数 horizontal に TRUE を与えることによって「水平」に描くことができる．すなわち，

```
> boxplot(weight,horizontal=TRUE)
```

と入力することによって，図 9.6 のように水平なボックスプロットが描かれる．

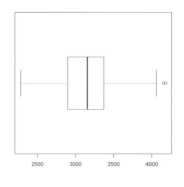

図 9.6　新生児の体重データのボックスプロット (横軸に対して水平)

　一般に，データがある種の分布に従っているかどうかを調べる方法として，データの分位点 (経験的分位点) と分布の分位点 (理論的分位点) を対にしてプロットする Q-Q プロット (Q-Q plot) がある[11]．R を用いて正規分布にデータが従っているかを調べるためには，正規 Q-Q プロットを描くための関数 qqnorm が利用できる．以下のように入力することによって図 9.7 のようなプロットが描かれる．

```
> qqnorm(weight)
> qqline(weight)
```

ここで qqline は，データと理論的な第 1 四分位点の対と，同様に第 3 四分位点の対から得られる点，の 2 点を通る直線を描くための関数である．この直線上にすべての点が乗ることが理想的な Q-Q プロットであるが，現実的にはそのようなことは起こらず，ある程度直線に沿ってプロットが行われていれば正規分布に従うと考える．この結果から，体重の重い新生児の中に数名直線から外れる場合があるものの，ほぼ正規分布に従っていることがわかる．

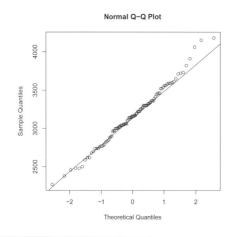

図 9.7　新生児の体重データの正規 Q-Q プロット

---

11)　Q-Q プロットは，Wilk, M. B. and R. Gnanadesikan: Probability plotting methods for the analysis of data, *Biometrika*, Vol. **55**, No. 1 (1968) pp. 1–17 によって提案された．詳しくは，この文献を参照するか，または，最近のものであれば柴田 (2015) に詳しい解説がある．

9.3 2変量データの要約

これまでは，新生児の体重という1変量のデータを要約・可視化する方法を扱った．ここでは，新生児の身長と体重を一組にした2変量データの要約を行うことを考える．その際，3.3節で読み込んだデータフレーム・オブジェクト babieshw.frame をデータとして利用する．

まず，関数 summary を使った標準的な要約は以下のように与えられる．

```
> summary(babieshw.frame)
    height          weight
 Min.   :45.00   Min.   :2340
 1st Qu.:48.50   1st Qu.:2938
 Median :50.00   Median :3150
 Mean   :49.42   Mean   :3173
 3rd Qu.:50.12   3rd Qu.:3400
 Max.   :53.00   Max.   :4150
```

以上の結果から，身長，体重ともにそれぞれの平均値と中央値は近い値をとり，それぞれほぼ左右対称であることがわかるが，身長と体重のそれぞれ単独の結果であり，それらの何らかの関係を表すものは得られない．

一般に，2変量データ (x_i, y_i) $(i = 1, \cdots, n)$ の間の関係を定量的にみるための特性値として**共分散** (covariance) があり，(x_i, y_i) の偏差積の平均

$$s_{xy} := \frac{1}{n} \sum_{i=1}^{n} (x_i - \overline{x})(y_i - \overline{y}) \tag{9.9}$$

で定義される．また，不偏分散 u^2 の共分散に対応するもの，すなわち，以下の**不偏共分散** (unbiased covariance) もしばしば利用される．

$$u_{xy} := \frac{1}{n-1} \sum_{i=1}^{n} (x_i - \overline{x})(y_i - \overline{y}) \tag{9.10}$$

Rでは関数 cov で共分散を計算することができるが，より正確には，不偏共分散 u_{xy} を求めるためのものである．

```
> cov(babieshw.frame$height,babieshw.frame$weight)
[1] 431.4266
```

よって，通常の共分散を求めるためには以下のように関数を定義する必要がある．

```
> scov<-function(x,y) mean((x-mean(x))*(y-mean(y)))
```

このように定義された関数を利用して，新生児の身長と体重のデータに対する共分散を求めると，

```
> scov(babieshw.frame$height,babieshw.frame$weight)
[1] 424.2361
```

となる．

ここで得られた共分散はデータの単位に依存しており，身長 (cm) と体重 (g) に対しては (cm × g) となり，このままではその大きさすら比較することは難しい．この問題に対して，

2変量データ (x_i, y_i) $(i = 1, \cdots, n)$ の間の**線形関係** (linear relationship) を数値的に要約する特性値が，データの**相関係数** (correlation coefficient) である[12]．データの相関係数は

$$r_{xy} := \frac{s_{xy}}{s_x s_y} = \frac{\dfrac{1}{n}\sum_{i=1}^{n}(x_i - \overline{x})(y_i - \overline{y})}{\sqrt{\dfrac{1}{n}\sum_{i=1}^{n}(x_i - \overline{x})^2}\sqrt{\dfrac{1}{n}\sum_{i=1}^{n}(y_i - \overline{y})^2}} \tag{9.11}$$

で定義される．ここで，s_x, s_y は x_i と y_i のそれぞれの標準偏差であり，s_{xy} は (x_i, y_i) の共分散である．相関係数は「無単位の数」であり，そのとる値は $-1 \leq r_{xy} \leq 1$ の範囲に制限される．また，その符号によって以下のようによばれる．

$$r_{xy} \begin{cases} > 0 & (\text{正の相関}) \\ = 0 & (\text{無相関}) \\ < 0 & (\text{負の相関}) \end{cases} \tag{9.12}$$

なお，$r_{xy} = \pm 1$ となるのは，すべてのデータ点 (x_i, y_i) が以下のような直線上に乗るときである．

$$y = \overline{y} \pm \frac{s_y}{s_x}(x - \overline{x}) \quad (\text{複号同順}) \tag{9.13}$$

R でデータの相関係数を求めるためには，cor を利用する．実際に，新生児の身長と体重の相関係数を求めると以下のようになる．

```
> cor(babieshw.frame$height,babieshw.frame$weight)
[1] 0.7839757
```

この結果から，新生児の身長と体重の間には正の相関があることがわかる．

注意 9.1 一般に，相関関係は ± 1 のときに限り直線関係が成り立つ他は相対的な特性値であり，絶対的なものではない．ただし，分野ごとに「高低」(または「強弱」) に関するある種の認識があり，それらは異なっている．例えば，物理学の分野では 0.99 でも低いと判断されることがあるのに対して，人文・社会・自然科学のいくつかの分野では，0.7 であれば相関が高いと判断される場合がある．なお，数学的に相関係数は，データをベクトル $\boldsymbol{x} = [x_1, \cdots, x_n]'$, $\boldsymbol{y} = [y_1, \cdots, y_n]'$ で表したときの，なす角 θ の余弦 $\cos\theta$ である．

9.4 2変量データの可視化

前節では，2変量データ (x_i, y_i) $(i = 1, \cdots, n)$ の間の関係を相関係数などの特性値によって定量的にみたが，ここでは，それらの関係を適切なグラフィックスを作成することによって可視化する方法を学ぶ．

最も基本的なものは**散布図** (scatter plot) であり，これはデータ点 (x_i, y_i) を x-y 平面上にプロットしたものである．R では，関数 plot にデータフレーム babieshw.frame を引数として与えることによって散布図を描くことができる．

---

[12] ピアソン (Pearson) の相関係数とよばれることがある．

```
> plot(babieshw.frame)
```

このような入力によって，図 9.8 のような散布図が描かれる．この散布図から「右肩上がり」の傾向があることがわかり，このことは前節で与えた相関係数の結果 ($r = 0.784$) と整合している．すなわち，新生児の身長が高くなるにつれて，体重も重くなる傾向があることがわかる．

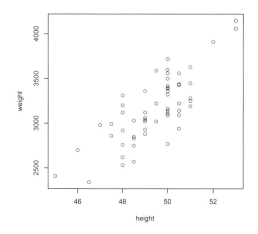

図 9.8　新生児の身長と体重の散布図

散布図は様々な改良や拡張がなされており，ここでは個々の変量に対する周辺分布に関する情報が付加されたプロットを与えよう．まず，散布図に周辺分布の情報としてボックスプロットを加えるプロットとしては，car パッケージ[13]に付属する関数 scatterplot を利用することであろう．

```
> library(car)
> scatterplot(weight~height,data=babieshw.frame,
+ regLine=FALSE,smooth=FALSE)
```

このような入力によって，図 9.9 のような散布図が描かれる．

ここで，regLine と smooth は，それぞれ回帰直線 (regression line) と平滑化 (smoothing) に関する引数であり，デフォルトではこれらの直線や曲線が描かれる仕様となっているが，単

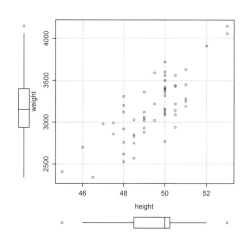

図 9.9　新生児の身長と体重の散布図
(ボックスプロット付き)

---

13) car パッケージを利用するためには，追加インストールが必要である．パッケージのインストールについては，付録 B.6 を参照してほしい．なお，このパッケージの名称は，Fox and Weisberg (2011) の書籍のイニシャル (An R **C**ompanion to **A**pplied **R**egression) に由来する．

純に散布図のみを描くために，FALSE を与えている．このプロットから，身長と体重の関係に加えて，それぞれの分布に関する情報が得られる．すなわち，体重がほぼ左右対称であるのに対して，身長は若干，左に歪んだ分布であることがわかる．

9.5 多変量データの要約

前節までは 1 変量データと 2 変量データの要約と可視化を扱ったが，ここでは，より一般的な 3 変量以上のデータ，いわゆる多変量データ $(x_{i1}, \cdots, x_{ip})$ $(i = 1, \cdots, n)$ を扱う．実際には，3.3 節で読み込んだ新生児の各種の測定データ babies.frame を使用する．なお，このデータは height (身長)，weight (体重)，chest (胸囲)，head (頭囲) といった「量的」なものの他に，gender (性別) といった「質的」なもの[14]も含んでいる．

まず，データを summary で要約すると以下のように与えられる．

```
> summary(babies.frame)
    weight         height         chest          head          gender
 Min.   :2180   Min.   :45.00   Min.   :27.00   Min.   :29.50   female:54
 1st Qu.:2932   1st Qu.:48.50   1st Qu.:31.00   1st Qu.:32.00   male  :46
 Median :3100   Median :49.50   Median :32.00   Median :33.00
 Mean   :3120   Mean   :49.32   Mean   :32.12   Mean   :33.17
 3rd Qu.:3382   3rd Qu.:50.50   3rd Qu.:33.00   3rd Qu.:34.12
 Max.   :3890   Max.   :52.00   Max.   :36.00   Max.   :36.00
```

ここで，量的データである height, weight, chest, head に関する個々の要約の結果からは，分布がほぼ対称であることが読み取れる．また，性別に関する要約の結果は，男子と女子のそれぞれの人数が与えられている．

次に，多変量データ $(x_{i1}, \cdots, x_{ip})$ の (不偏) 共分散

$$u_{jk} := \frac{1}{n-1} \sum_{i=1}^{n} (x_{ij} - \overline{x}_j)(x_{ik} - \overline{x}_k) \tag{9.14}$$

を (j, k) 成分としてもつ行列 (**不偏分散共分散行列** (unbiased variance-covariance matrix))

$$\mathbf{U} := \begin{bmatrix} u_{11} & \cdots & u_{1p} \\ \vdots & \ddots & \vdots \\ u_{p1} & \cdots & u_{pp} \end{bmatrix} \tag{9.15}$$

を関数 cov で求めよう．

```
> cov(babies.frame[,-5])
            weight      height      chest       head
weight  123084.8081  411.1252525  476.993939  273.3171717
height     411.1253    2.6490909    1.481414    0.9677778
chest      476.9939    1.4814141    2.788485    1.1788889
head       273.3172    0.9677778    1.178889    1.9354545
```

---

[14] 性別は**名義尺度** (nominal scale) に分類される．

ここで，babies.frame[,-5] という指定によって，性別 gender に関する列を取り除いている．

2変量データの要約を行ったときにも述べたが，共分散はデータの測定単位に依存しており，このままでは解釈が難しいため，多変量データに関する相関係数を求めることによって，変量間に線形性があるかをみる．

```
> cor(babies.frame[,-5])
          weight    height    chest     head
weight 1.0000000 0.7199851 0.8141914 0.5599809
height 0.7199851 1.0000000 0.5450595 0.4274012
chest  0.8141914 0.5450595 1.0000000 0.5074547
head   0.5599809 0.4274012 0.5074547 1.0000000
```

この結果から，変量間にはすべて正の相関があり，特に，height (身長) と weight (体重)，chest (胸囲) と weight (体重) の間にはその他の場合よりも高い正の相関がある．

なお，ここで得られた結果は，多変量データに対する**相関係数行列** (correlation coefficients matrix) とよばれ，非対角成分に相関係数が配置された行列として一般に以下のように定義される．

$$\mathbf{R} := \begin{bmatrix} 1 & \cdots & r_{1p} \\ \vdots & \ddots & \vdots \\ r_{p1} & \cdots & 1 \end{bmatrix} \tag{9.16}$$

ここで，

$$r_{jk} := \frac{s_{jk}}{s_j s_k} \tag{9.17}$$

であり，多変量データ $(x_{i1}, \cdots, x_{ip})$ $(i = 1, \cdots, n)$ に対して，

$$s_{jk} := \frac{1}{n} \sum_{\ell=1}^{n} (x_{ij} - \overline{x}_j)(x_{ik} - \overline{x}_k) \tag{9.18}$$

$$s_j^2 := \frac{1}{n} \sum_{i=1}^{n} (x_{ij} - \overline{x}_j)^2 \tag{9.19}$$

である．

上で得られた結果は，性別に関して男女を区別せずに考えてきたが，男子と女子のそれぞれの相関を調べよう．データ・フレーム・オブジェクトの成分をある種のルールに従って抽出するための関数として，subset が利用できる．例えば，データフレーム babies.frame において男子のみを抽出する場合は以下のように入力すればよい[15]．

```
> head(subset(babies.frame,gender=="male"))
  weight height chest head gender
2   2610   45.0  30.5 31.5   male
3   3020   48.5  32.5 32.5   male
4   3020   49.0  31.0 32.5   male
5   3330   50.0  34.0 35.0   male
6   2180   46.0  28.0 32.0   male
8   3420   50.0  33.0 35.0   male
```

---

[15] ここで，表示の都合上，関数 head を利用して，先頭の 6 行のみを表示している．

ここで，関数 subset の第 1 引数にはデータフレーム名を与え，第 2 引数に「行」(部分集合) を抽出するための条件を与えている．すなわち，性別 (gender) が男子である条件に合致 (gender=="male") する部分集合 (subset) をデータフレーム (babies.frame) から抽出している．さらに，引数 select を指定することによって，抽出する (または排除する)「列」を指定することも可能である．ここでは，男子の性別を除く他の列を抽出する例を以下に与える．

```
> head(subset(babies.frame,gender=="male",select=-gender))
  weight height chest head
2   2610   45.0  30.5 31.5
3   3020   48.5  32.5 32.5
4   3020   49.0  31.0 32.5
5   3330   50.0  34.0 35.0
6   2180   46.0  28.0 32.0
8   3420   50.0  33.0 35.0
```

このように抽出された男子の相関係数行列を求めると，

```
> cor(subset(babies.frame,gender=="male",select=-gender))
           weight    height     chest      head
weight  1.0000000 0.7166907 0.8627150 0.5860625
height  0.7166907 1.0000000 0.5353365 0.3961842
chest   0.8627150 0.5353365 1.0000000 0.5897600
head    0.5860625 0.3961842 0.5897600 1.0000000
```

となる．同様に，女子の相関係数行列を求めると，

```
> cor(subset(babies.frame,gender=="female",select=-gender))
           weight    height     chest      head
weight  1.0000000 0.7079455 0.7645224 0.4928292
height  0.7079455 1.0000000 0.5599495 0.4109849
chest   0.7645224 0.5599495 1.0000000 0.3935697
head    0.4928292 0.4109849 0.3935697 1.0000000
```

となる．これらの結果から男女混合，男子のみ，女子のみのすべての場合において各変量間に正の相関関係があり，特に，weight (体重) と height (身長)，weight (体重) と chest (胸囲) の間には，ある程度高い相関関係があることがわかる．

9.6 多変量データの可視化

前節では多変量データを数値的に要約する方法について述べたが，ここでは，いくつかの観点からデータのプロットを行い，視覚的に様々な情報を引き出す方法を与える．

まず，多変量データの標準的なプロットは，散布図を 3 変量以上の場合に拡張した**対散布図** (pairwise plot) である[16]．データフレーム babies.frame の対散布図 (男女混合の場合) は関数 plot を使って描くことができ[17]，以下のように入力することによって，図 9.10 のように対散布図が描かれる．

---

16) **散布図行列** (scatter plot matrix) とよばれることもある．

17) R では，plot にデータフレームが引数として与えられた場合は対散布図が描かれる仕様となっている．

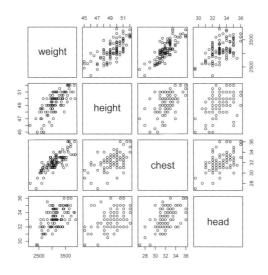

図 9.10 新生児の対散布図 (男女混合)

```
> plot(babies.frame[,-5])
```

ここでは，gender の型は因子であり，数値ではないため取り除いている[18]．つまり，対散布図は対で選ばれた二組の変量の散布図を「行列」の形式に配置して描いたものであり，各対の相関関係の有無を調べることができる．例えば，(1, 2) 成分に対応する図は，横軸に height (身長)，縦軸に weight (体重) をとったときの散布図が描かれている．関数 subset を利用し，以下のように入力することによって，性別ごとに散布図を描くことができる (図 9.11 を参照).

```
> plot(subset(babies.frame,gender=="male",select=-gender))
> plot(subset(babies.frame,gender=="female",select=-gender))
```

これらの対散布図は各変量間に「右上がり」の関係があり，正の相関をもつ相関係数行列の結果と符合する．なお，図 9.11 における左右の図を比較することによって，weight と chest の散布図は女子よりも男子の方がわずかに強い線形関係があることがみてとれて，このことは

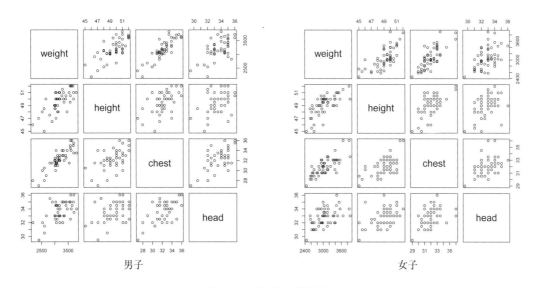

男子　　　　　　　　　　　　　　　　　女子

図 9.11 新生児の対散布図

[18) 含めてプロットした場合も，結果をある程度解釈することは可能である．

相関係数行列の比較結果と整合する．

これまでは，性別を考慮しないか，考慮しても個々に場合分けしたプロットを行ってきたが，同一の対散布図上にプロットを行うことによって，データ全体に加えて，性別の散布状況を把握するために視認性を高めることを考える．以下のように入力することによって，性別を「白黒」のドットに塗り分けることができる．

```
> plot(babies.frame[,-5],pch=21,
+ bg = c("white","black")[unclass(babies.frame$gender)])
```

ここで，pch はプロットに利用される点の記号 (symbol) を指定する引数であり，ここでは，「色付きの円」(filled circle) を与える 21 が指定されている[19]．また，bg は点の「背景部分」(background) に与える色を指定する引数である．ここでは，"white" と "black" の文字列ベクトル c("white","black") から性別 babies.frame$gender を関数 unclass で数値に変換 (female は 1, male は 2) したベクトルを生成し，成分抽出の演算子 [ ] に与えることで性別 (female と male) を白黒 (white と black) にマッピングし，さらに引数 bg に与えることによって塗り分けている．

ここでは関数 plot を利用して対散布図を描いたが，この関数は総称関数であり，実際には与えられたデータ・フレーム・オブジェクトに対して若干の変更[20]を行った後，対散布図を描く関数 pairs をよび出している．よって，関数 pairs を利用することによって，明示的に対散布図を描くことができる．例えば，以下のように入力することによって，図 9.12 と同等の対散布図を描くことができる．

```
> pairs(babies.frame[,-5],pch=21,
+ bg = c("white","black")[unclass(babies.frame$gender)])
```

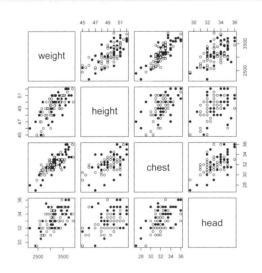

図 9.12　新生児の対散布図 (男女混合 (黒: 男子，白: 女子))

散布図に対して様々な観点から改良されたものが存在するのと同様に，対散布図についても様々なものが存在する．例えば，GGally パッケージに付属する関数 ggpairs を利用すると，図 9.13 のような対散布図を描くことができる[21]．

---

19) pch に与える値のうち，21 から 25 は色付きの記号を表している．
20) 関数 data.matrix を用いてデータフレームを数値行列に変換すること．
21) パッケージを追加インストールする方法は，付録 B.6 を参照してほしい．

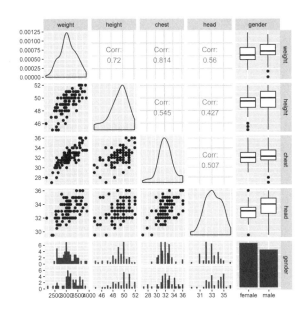

図 9.13 新生児の対散布図 (男女混合, ggpairs を利用)

```
> library(GGally)
> ggpairs(babies.frame)
```

ここで，GGally パッケージを関数 library でロードした後，このパッケージに付属する ggpairs で対散布図を描いている．

この対散布図において，まず対角成分上には各変量に対する推定された密度関数 (または確率関数) のプロットが与えられている．次に，非対角成分のうち，2 変量連続データの組に対応する部分に対しては標本相関係数 (上三角部分) と散布図 (下三角部分) が与えられており，性別 (名義尺度) と連続データの組に対応する部分に関しては，連続データの性別ごとのボックスプロット (上三角部分) とヒストグラム (下三角部分) が与えられている．このプロットには通常の対散布図から得られる情報に，性別に関する各変量の分布間の差に関する情報が加わる．例えば，head (頭囲) は，男子の方が女子よりも若干位置が大きく分布することがわかる．

注意 9.2 ここで利用した GGally パッケージは，現段階で頻繁に改良が行われており，アップデートにともなう仕様の変更から読者の環境 (バージョン) によっては本書とは異なった結果となる可能性がある．なお，このようなバージョンアップにともなう仕様変更は，このパッケージに限ったことではなく，頻度の差こそあれ，改良が絶えず行われているソフトウェア全般にいえることである．その際，どのバージョンを利用するかは，利用者が「機能」と「安定性」のトレードオフを勘案しながら選択する必要がある．

演習問題

Q 9.1 確率変数に関する分散公式 (6.9) と同様に，データの分散に関しても以下のような分散公式が成り立つ．

$$s^2 = \frac{1}{n}\sum_{i=1}^{n} x_i^2 - \bar{x}^2 \tag{9.20}$$

適当なデータを用いて，分散公式が成り立つことを R を用いて確かめよ．

Q 9.2 新生児のデータフレーム babies.frame の体重 weight を，ggplot2 パッケージに付属の関

数 ggplot を用いて，ヒストグラム，ボックスプロット，正規 Q-Q プロット等を作成して可視化せよ．なお，ggplot2 パッケージと関数 ggplot の利用については 4.2 節を参照してほしい．

Q 9.3 GGally パッケージに付属する関数 ggpairs を利用して，新生児のデータフレーム babies.frame に対する対散布図を，性別によって色分けすることによって作成せよ．この結果から，各変量間の性別に関する散布図の差異と，各分布の差異があるかどうかを考察せよ．

Q 9.4 本章で学んだ 1 変量データの要約と可視化を，演習問題 Q 3.1 で読み込んだデータフレーム firms.frame の sales に対して行え．また，その結果から，sales はどのような分布に従うかを考えよ．

Q 9.5 本章で学んだ多変量データの要約と可視化を，演習問題 Q 3.1 で読み込んだデータフレーム firms.frame に対して行え．

Q 9.6 本章で学んだデータの要約と可視化を，演習問題 Q 3.3 で各自が読み込んだデータフレームに対して行え．

推 定

◀ 9 データの要約と可視化 ｜ **10** ｜ **11 ▶** 検 定

　本章では，母集団を特徴づける未知の値を「母数」とよび，それを標本またはデータから「推定」することを考える．具体的には，母数は無作為標本からつくられる統計量またはその実現値を用いて推定されるので，その分布が精度を決定する．この意味で，第8章で学んだ標本分布に関する知識が推定において必要不可欠となることに注意してほしい．推定の具体的な事例としては，新生児の平均体重を標本平均や平均値で推定することが考えられる．本章では，母平均，母分散，母比率を取り上げ，通常の「点推定」と幅をもたせる「区間推定」という方式をRを用いて理論的・数値的に行う．特に，区間推定に関してはシミュレーションを実行し，その結果を可視化することによって，区間推定の考え方を視覚的に理解することを試みる．

　これらの事項を学ぶことによって，未知母数を統計的に推定する方法が理論・実証の両面から理解できるであろう．なお，解説の都合上必要となり新たに作成された関数を付録E.6に与えた[1]．

10.1 統計的推定

　母集団分布を特徴づける値 (特性値) は**母数** (parameter) とよばれ，一般に θ と書かれる．母数の代表的なものとしては，母集団分布の平均である**母平均** (population mean) や分散である**母分散** (population variance) がある．例えば，正規母集団，すなわち母集団分布が正規分布 $N(\mu, \sigma^2)$ の場合は，μ が母平均であり，σ^2 が母分散である．また，母集団分布がベルヌイ分布 $Ber(p)$ の場合は，p が**母比率** (population proportion) とよばれる母数である．

　通常，母数は未知の値であり，この値を知るためには何らかの**行動** (action) をとる必要がある．統計学では，無作為標本にもとづく**統計量** (statistics)，または，その実現値を利用して未知母数を**決定** (decision) する行動をとり，**統計的推定** (statistical estimation) または，単に，**推定** (estimation) とよばれる．

　母数の推定に用いられる統計量は一般に**推定量** (estimator) とよばれ，$\widehat{\theta}_n$ で表される．一方，推定量 $\widehat{\theta}_n$ の実現値は**推定値** (estimate) とよばれ，$\widehat{\theta}$ と書かれる．推定量は無作為標本 $\{X_1, \cdots, X_n\}$ の関数であることから，

$$\widehat{\theta}_n := \widehat{\theta}(X_1, \cdots, X_n) \tag{10.1}$$

と表されることがあるのに対し，推定値は無作為標本 $\{X_1, \cdots, X_n\}$ の実現値であるデータ $\{x_1, \cdots, x_n\}$ の関数であることから，

$$\widehat{\theta} := \widehat{\theta}(x_1, \cdots, x_n) \tag{10.2}$$

と表されることがある．

---
[1] 付録 E.6 に与えた関数のソースコードのファイルは，「本書の使い方」で述べた方法で入手可能である．

推定量 $\widehat{\theta}_n$ として何らかの統計量 T_n が用いられたとき，この量はある種の分布法則に従う確率変数であるため，具体的な値が決まるわけではないが，その精度などの評価を踏まえて未知の母数 θ を**理論的** (theoretical) に推定するために利用する．

一方，推定値 $\widehat{\theta}$ は統計量 T_n の実現値 t であり，具体的な値をとる．このことから，母数を**数値的** (numerical) に推定するために利用される．この役割は以下のように概念的に表すことができる．

$$\theta \xleftarrow{\text{推定}} \widehat{\theta}_n = T_n \text{ (理論的)}$$
$$\theta \xleftarrow{\text{推定}} \widehat{\theta} = t \text{ (数値的)}$$

主な母数，推定量，推定値の対応を，その記号と共に表 10.1 に示す．

表 10.1　母数，推定量，推定値の対応関係

母数	推定量	推定値
θ (一般の母数)	$\widehat{\theta}_n = T_n$ (一般の推定量)	$\widehat{\theta} = t$ (一般の推定値)
μ (母平均)	$\widehat{\mu}_n = \overline{X}_n$ (標本平均)	$\widehat{\mu} = \overline{x}$ (平均値)
σ^2 (母分散)	$\widehat{\sigma}_n^2 = U_n^2$ (不偏分散)	$\widehat{\sigma}^2 := u^2$ (データから計算された不偏分散)
p (母比率)	$\widehat{p}_n = \overline{\varepsilon}_n$ (標本比率)	$\widehat{p} := \overline{\epsilon}$ (データから計算された標本比率)

ここで，推定量と推定値で利用される統計量と，その実現値は，以下のように与えられる．

$$\overline{X}_n := \frac{1}{n}\sum_{i=1}^{n} X_i, \qquad \overline{x} := \frac{1}{n}\sum_{i=1}^{n} x_i$$

$$U_n^2 := \frac{1}{n-1}\sum_{i=1}^{n}(X_i - \overline{X}_n)^2, \qquad u^2 := \frac{1}{n-1}\sum_{i=1}^{n}(x_i - \overline{x})^2$$

$$\overline{\varepsilon}_n := \frac{1}{n}\sum_{i=1}^{n}\varepsilon_i, \qquad \overline{\epsilon} := \frac{1}{n}\sum_{i=1}^{n}\epsilon_i$$

ただし，$\{\varepsilon_1, \cdots, \varepsilon_n\}$ はベルヌイ分布 $Ber(p)$ に従う n 個の無作為標本

$$\{\varepsilon_1, \cdots, \varepsilon_n\} \overset{\text{i.i.d.}}{\sim} Ber(p)$$

とし，その実現値を $\{\epsilon_1, \cdots, \epsilon_n\}$ とする．

10.2 推定量の性質

本章の冒頭でも述べたが，推定量は確率変数であるために，ある種の分布法則に従って変動する．この変動がどのようなものであるかを調べることが，その「良さ」を知る上で重要となる．ここでは，推定量の性質として，「不偏性」，「有効性」，「一致性」，「漸近正規性」を取り上げる．

まず，不偏性は，推定量の平均を調べることによって母数を推定する上で，その推定量に偏りがないことを意味する性質であり，以下のように定義される．

定義 10.1　不偏性　母数 θ の推定量 $\widehat{\theta}_n$ に関して

$$\mathrm{E}(\widehat{\theta}_n) = \theta \tag{10.3}$$

が成り立つとき，「$\widehat{\theta}_n$ は**不偏性** (unbiasedness) をもつ」とよばれる．不偏性をもつ推定量を，θ の**不偏推定量** (unbiased estimator) という．

次に，有効性は，推定量の分散を比較して，それが小さい方が推定精度に関して優れていることを表しており，以下のように定義される．

定義 10.2　有効性　$\widehat{\theta}_n, \widetilde{\theta}_n$ を母数 θ に対する不偏推定量とする．このとき，

$$\mathrm{V}(\widehat{\theta}_n) < \mathrm{V}(\widetilde{\theta}_n) \tag{10.4}$$

が成り立つならば，「$\widehat{\theta}_n$ は $\widetilde{\theta}_n$ よりも**有効** (efficient) である」という．

さらに，一致性は標本の大きさが大きくなるにつれて，推定量が推定したい母数の近傍に集中的に分布することを表す性質であり，以下のように定義される[2]．

定義 10.3　一致性　推定量 $\widehat{\theta}_n$ を母数 θ の推定量とする．このとき，任意の $\varepsilon > 0$ に対して，

$$\lim_{n \to \infty} P(|\widehat{\theta}_n - \theta| \geq \varepsilon) = 0 \tag{10.5}$$

が成り立つとき，「$\widehat{\theta}_n$ は**一致性** (consistency) をもつ」といわれ，記号的に

$$\widehat{\theta}_n \xrightarrow{P} \theta \qquad (n \to \infty) \tag{10.6}$$

と表される．一致性をもつ推定量を，θ の**一致推定量** (consistent estimator) という．なお，$\widehat{\theta}_n \xrightarrow{P} \theta$ は，$\widehat{\theta}_n$ が θ に確率収束することを表す記号であることを思い出そう．

最後に，漸近正規性は標本の大きさが大きくなるにつれて，推定量の分布が正規分布で近似できることを意味し，以下のように定義される．

定義 10.4　漸近正規性　母数 θ の推定量 $\widehat{\theta}_n$ に関して

$$\sqrt{n}\,(\widehat{\theta}_n - \theta) \overset{a}{\sim} N(0, \sigma^2(\theta)) \qquad (n \to \infty) \tag{10.7}$$

が成り立つとき，「$\widehat{\theta}_n$ は**漸近正規性** (asymptotic normality) をもつ」といわれる．ここで，$\sigma^2(\theta)$ は**漸近分散** (asymptotic variance) とよばれる．

注意 10.1　漸近正規性 (10.7) は記号として，以下のように表されることがある．

$$\sqrt{n}\,(\widehat{\theta}_n - \theta) \xrightarrow{d} N(0, \sigma^2(\theta)) \qquad (n \to \infty) \tag{10.8}$$

これは，$\sqrt{n}\,(\widehat{\theta}_n - \theta)$ が正規分布 $N(0, \sigma^2(\theta))$ に**分布収束** (convergence in distribution) することを表す記号である．

---

2)　ここで議論している一致性は，**弱一致性** (weak consistency) とよばれることがある．

10.3 区間推定

ここまでは，母数 θ を推定量 $\widehat{\theta}_n$ または推定値 $\widehat{\theta}$ で決定することを述べたが，それはただ一つの「点」で推定することを表している．このことを，一般に**点推定** (point estimation) という．点推定は最も基本となる統計的推定法であるが，母数の真の値と推定値の間にずれが生じることは不可避であるという問題をもっている．このことを回避するために，ある種の幅をもたせた区間を用いて推定する方法があり，**区間推定** (interval estimation) とよばれている．

区間推定は，以下のように概念的に表すことができる．

$$\theta \xleftarrow{\text{推定}} \left[\widehat{\theta}_{\mathrm{L}n}, \widehat{\theta}_{\mathrm{U}n}\right] \qquad (\text{理論的})$$

ここで $\widehat{\theta}_{\mathrm{L}n}, \widehat{\theta}_{\mathrm{U}n}$ は，

$$P\left(\widehat{\theta}_{\mathrm{L}n} \leq \theta \leq \widehat{\theta}_{\mathrm{U}n}\right) = 1 - \alpha$$

となるように構成された統計量 (推定量) からつくられた区間であり，それぞれ**信頼下限** (lower confidence bound)，**信頼上限** (upper confidence bound) とよばれる．なお，これらを合わせて**信頼限界** (confidence limit) という．

この意味は，区間 $\left[\widehat{\theta}_{\mathrm{L}n}, \widehat{\theta}_{\mathrm{U}n}\right]$ は確率変数であり，観測するごとに変動するが，複数回そのような区間を構成することによって，母数 θ を平均的にいって $100(1-\alpha)\%$ の割合 (信頼度) で含むことが期待される．このことから，区間 $\left[\widehat{\theta}_{\mathrm{L}n}, \widehat{\theta}_{\mathrm{U}n}\right]$ は母数 θ の $100(1-\alpha)\%$ **信頼区間** (confidence interval) とよばれ，$100(1-\alpha)\%$ は**信頼係数** (confidence coefficient) または**信頼水準** (confidence level) とよばれる．

点推定のときと同様に，数値的に母数を区間推定するためには，信頼限界 $\widehat{\theta}_{\mathrm{L}n}, \widehat{\theta}_{\mathrm{U}n}$ の実現値 $\widehat{\theta}_{\mathrm{L}}, \widehat{\theta}_{\mathrm{U}}$ を使って以下のように推定される．

$$\theta \xleftarrow{\text{推定}} \left[\widehat{\theta}_{\mathrm{L}}, \widehat{\theta}_{\mathrm{U}}\right] \qquad (\text{数値的})$$

10.4 母平均の推定

母平均 μ の点推定，区間推定を行うためには，8.2 節で扱った標本平均 $\overline{X}_n$ の分布に関する性質を利用する．ここでは，正規母集団の場合の母平均の点推定と区間推定を，母分散が既知と未知の場合に分けて議論する．

10.4.1 母平均の点推定

母平均 μ の点推定には，理論的には標本平均 $\overline{X}_n$ を，数値的にはデータの平均値 $\overline{x}$ を利用する．これらの役割は，以下のように概念的に表すことができる．

$$\mu \xleftarrow{\text{推定}} \widehat{\mu}_n = \overline{X}_n \qquad (\text{理論的})$$
$$\mu \xleftarrow{\text{推定}} \widehat{\mu} = \overline{x} \qquad (\text{数値的})$$

推定量 $\widehat{\mu}_n = \overline{X}_n$ が満たす性質を，標本平均 $\overline{X}_n$ の分布に関する命題 (8.2 節を参照) に照らして確認する．まず，命題 (SMN-1), (SM-1) より，母集団分布が正規分布の場合と一般の場合で共に

$$\mathrm{E}(\widehat{\mu}_n) = \mathrm{E}(\overline{X}_n) = \mu \tag{10.9}$$

が成り立つので，不偏性をもつことがわかる．同様に，

$$\mathrm{V}(\widehat{\mu}_n) = \mathrm{V}(\overline{X}_n) = \frac{\sigma^2}{n}$$

が成り立つことから，$m < n$ に対して，

$$\mathrm{V}(\widehat{\mu}_n) = \frac{\sigma^2}{n} < \frac{\sigma^2}{m} = \mathrm{V}(\widehat{\mu}_m) \tag{10.10}$$

となり，$\widehat{\mu}_n$ の方が $\widehat{\mu}_m$ よりも有効であることがわかる．このことは，標本の大きさが大きくなればなるほど，有効な推定量を構成することが可能であることを示しており，より精度の高い推定ができることを意味する．

次に，命題 (SMN-2), (SM-2) より，母集団分布が正規分布の場合と一般の場合で共に

$$\widehat{\mu}_n = \overline{X}_n \xrightarrow{P} \mu \qquad (n \to \infty) \tag{10.11}$$

が成り立ち，一致性が成り立つことがわかる．

最後に，命題 (SMN-3) より，正規母集団の場合は，

$$\widehat{\mu}_n = \overline{X}_n \sim N\left(\mu, \frac{\sigma^2}{n}\right) \iff \sqrt{n}\,(\widehat{\mu}_n - \mu) \sim N(0, \sigma^2) \tag{10.12}$$

が正確に成り立つ．また，母集団分布が一般の場合であっても，命題 (SM-3) より，中心極限定理から，

$$\widehat{\mu}_n = \overline{X}_n \overset{a}{\sim} N\left(\mu, \frac{\sigma^2}{n}\right) \iff \sqrt{n}\,(\widehat{\mu}_n - \mu) \overset{a}{\sim} N(0, \sigma^2) \tag{10.13}$$

が成り立つので，漸近正規性をもつことがわかる．

10.4.2　R による母平均の点推定

実際の例として，3.1 節で読み込んだ新生児の体重に関するデータ (オブジェクト weight) を使って，母平均の点推定を行う．関数 mean を利用すると，

```
> mean(weight)
[1] 3160.2
```

となり，母平均 μ の点推定値が，

$$\widehat{\mu} = \bar{x} = 3160.2$$

で与えられることがわかる．

10.4.3 母平均の区間推定 (母分散：既知)

まず，標本 $\{X_1, \cdots, X_n\}$ が正規母集団 (母集団分布 $N(\mu, \sigma^2)$) に従う場合に，母平均 μ の区間推定を考える．議論を簡単にするために，母分散 σ^2 が既知としよう．命題 (SMN-3) より，

$$\overline{X}_n \sim N\left(\mu, \frac{\sigma^2}{n}\right) \iff \frac{\overline{X}_n - \mu}{\sigma/\sqrt{n}} \sim N(0,1)$$

となり，$z(\alpha/2)$ を標準正規分布の上側 $100(\alpha/2)\%$ 点とすると，

$$P\left(\left|\frac{\overline{X}_n - \mu}{\sigma/\sqrt{n}}\right| \leq z\left(\frac{\alpha}{2}\right)\right) = P\left(\overline{X}_n - z\left(\frac{\alpha}{2}\right)\frac{\sigma}{\sqrt{n}} \leq \mu \leq \overline{X}_n + z\left(\frac{\alpha}{2}\right)\frac{\sigma}{\sqrt{n}}\right) = 1 - \alpha \quad (10.14)$$

が成り立つので，区間

$$[\widehat{\mu}_{Ln}, \widehat{\mu}_{Un}] := \left[\overline{X}_n - z\left(\frac{\alpha}{2}\right)\frac{\sigma}{\sqrt{n}},\ \overline{X}_n + z\left(\frac{\alpha}{2}\right)\frac{\sigma}{\sqrt{n}}\right] \quad (10.15)$$

を考えると，

$$P(\widehat{\mu}_{Ln} \leq \mu \leq \widehat{\mu}_{Un}) = P([\widehat{\mu}_{Ln}, \widehat{\mu}_{Un}] \ni \mu) = 1 - \alpha$$

となり，区間 $[\widehat{\mu}_{Ln}, \widehat{\mu}_{Un}]$ が母平均 μ に関する $100(1-\alpha)\%$ の信頼区間となる．このことを概念的に表すと，

$$\mu \xleftarrow{\text{推定}} [\widehat{\mu}_{Ln}, \widehat{\mu}_{Un}] \quad (\text{理論的})$$

となる．

数値として信頼区間を推定する際には，標本平均 $\overline{X}_n$ の実現値であるデータの平均値 $\overline{x} = \sum_{i=1}^{n}(x_i/n)$ を用いて，

$$[\widehat{\mu}_L, \widehat{\mu}_U] = \left[\overline{x} - z\left(\frac{\alpha}{2}\right)\frac{\sigma}{\sqrt{n}},\ \overline{x} + z\left(\frac{\alpha}{2}\right)\frac{\sigma}{\sqrt{n}}\right] \quad (10.16)$$

を利用する．すなわち，

$$\mu \xleftarrow{\text{推定}} [\widehat{\mu}_L, \widehat{\mu}_U] \quad (\text{数値的})$$

となる．

10.4.4 R による母平均の区間推定のシミュレーション (母分散：既知)

実際にデータから数値的に得られた信頼区間 $[\widehat{\mu}_L, \widehat{\mu}_U]$ が，未知の母平均 μ を含むか含まないかの確率は 0 か 1 であって，$(1-\alpha)$ の確率で含むわけではない．

母平均 μ の「信頼率 $100(1-\alpha)\%$ の信頼区間」の解釈としては，標本 $\{X_1, \cdots, X_n\}$ の実現値が N 組与えられたとき，それぞれの実現値から構成された N 組の信頼区間が，「平均的にいって」$100(1-\alpha)\%$ の割合で μ を含むことと理解できるが，このことを R によるシミュレーションを行うことによって確かめよう．

シミュレーションの流れ (図 10.1) は以下のようなものであり，この流れを手順化したものが以下のアルゴリズムである．

$$\underbrace{\{x_{11},\cdots,x_{1n}\} \qquad \cdots \qquad \{x_{N1},\cdots,x_{Nn}\}}$$
$$\Downarrow \qquad \cdots \qquad \Downarrow$$
$$\overline{x}_1 \qquad \qquad \overline{x}_N$$
$$\Downarrow \qquad \cdots \qquad \Downarrow$$
$$\underbrace{\left[\overline{x}_1 - z(\tfrac{\alpha}{2})\tfrac{\sigma}{\sqrt{n}},\ \overline{x}_1 + z(\tfrac{\alpha}{2})\tfrac{\sigma}{\sqrt{n}}\right] \qquad \left[\overline{x}_N - z(\tfrac{\alpha}{2})\tfrac{\sigma}{\sqrt{n}},\ \overline{x}_N + z(\tfrac{\alpha}{2})\tfrac{\sigma}{\sqrt{n}}\right]}$$
$$\Downarrow$$
μ をどの程度含んでいるかを要約・可視化

図 10.1 母平均の区間推定のシミュレーションの流れ

母平均の区間推定のシミュレーションのためのアルゴリズム

(NC1) α, μ, σ^2 を適切に設定する．

(NC2) $N(\mu, \sigma^2)$ に従う大きさ n の正規乱数を N 組生成し，それぞれの平均値と信頼区間を計算する．

(NC3) ステップ (NC2) によって得られた N 個の平均値と信頼区間のインデックスプロットを行う．

では，関数 sim.confint.mean を利用してシミュレーションを実行する．この関数は，標本の大きさが n の標準正規分布 $N(\mu, \sigma^2)$ に従う N 組の正規乱数を発生 (オブジェクト X) し，それぞれに対する平均値 (オブジェクト xbar) と $100(1-\alpha)\%$ 信頼区間 (オブジェクト L.bound, U.bound) を計算する．さらに，それぞれの区間が母平均 μ を含むかどうかを検証し，さらに全体のうちの含有率 (オブジェクト cont.rate) を計算する．

実際に，$\mu = 0, \sigma^2 = 1, \alpha = 0.05, n = 10, N = 100$ としてシミュレーションを以下のように実行する．

```
> set.seed(12345)
> obj.cm<-sim.confint.mean(n=10,N=100)
```

さらに，関数 plot.confint.mean を利用してシミュレーションの結果を可視化する (次頁の図 10.2 を参照)．この関数にシミュレーション結果のオブジェクト obj.cm を以下のように代入することによって，$100\ (= N)$ 組の信頼区間をプロットする．

```
> plot.confint.mean(obj.cm)
```

この結果から，100 組の正規乱数から得られた信頼区間のうち，94 組が母平均 $\mu = 0$ を含んでいることがわかる．よって，μ の含有率は 94% となり，信頼係数 95% と正確には一致しないが近い値をとることがわかる．なお，この結果は，N を増加させるに従って近づくことが予想され，例えば $N = 10000$ のときの一例を与えると，以下のようになる．

```
> set.seed(12345)
> sim.confint.mean(n=10,N=10000)$cont.rate
[1] 95.11
```

この結果が，「平均的にいって」$100(1-\alpha)\%$ の割合で μ を含む，ということを意味している．

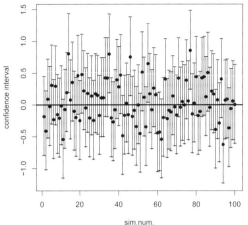

図 10.2 標準正規分布 $N(0,1)$ に従う標本の大きさ $10(=n)$ の乱数にもとづく $100(=N)$ 組の 95%信頼区間

10.4.5 母平均の区間推定 (母分散: 未知)

ここまで考えてきた母平均 μ の信頼区間は，母分散 σ^2 が既知であることを仮定していたが，母分散が未知であることの方が通常であろう．実際，新生児の体重は図 9.7 の結果から正規分布に従っていると考えられるが，母分散は未知である．このように，母分散が未知の場合は，8.3 節で扱ったティー分布に関する結果である (8.38)

$$\frac{\overline{X}_n - \mu}{\sqrt{U_n^2/n}} = \frac{\sqrt{n}\,(\overline{X}_n - \mu)}{U_n} \sim t_{n-1}$$

より，$t_{n-1}(\alpha/2)$ を自由度 $n-1$ のティー分布の上側 $100(\alpha/2)$% 点とすると，

$$P\left(\left|\frac{\overline{X}_n - \mu}{U_n/\sqrt{n}}\right| \leq t_{n-1}\left(\frac{\alpha}{2}\right)\right) = P\left(\overline{X}_n - t_{n-1}\left(\frac{\alpha}{2}\right)\frac{U_n}{\sqrt{n}} \leq \mu \leq \overline{X}_n + t_{n-1}\left(\frac{\alpha}{2}\right)\frac{U_n}{\sqrt{n}}\right) = 1 - \alpha$$

が成り立つので，区間

$$[\widehat{\mu}_{\mathrm{L}n}, \widehat{\mu}_{\mathrm{U}n}] := \left[\overline{X}_n - t_{n-1}\left(\frac{\alpha}{2}\right)\frac{U_n}{\sqrt{n}},\ \overline{X}_n + t_{n-1}\left(\frac{\alpha}{2}\right)\frac{U_n}{\sqrt{n}}\right] \tag{10.17}$$

を考えると，

$$P(\widehat{\mu}_{\mathrm{L}n} \leq \mu \leq \widehat{\mu}_{\mathrm{U}n}) = P([\widehat{\mu}_{\mathrm{L}n}, \widehat{\mu}_{\mathrm{U}n}] \ni \mu) = 1 - \alpha$$

となり，区間 $[\widehat{\mu}_{\mathrm{L}n}, \widehat{\mu}_{\mathrm{U}n}]$ が母平均 μ に関する $100(1-\alpha)$% の信頼区間となる．このことを概念的に表すと，

$$\mu \xleftarrow{\text{推定}} [\widehat{\mu}_{\mathrm{L}n}, \widehat{\mu}_{\mathrm{U}n}] \qquad (\text{理論的})$$

となる．

数値として信頼区間を推定する際には，不偏分散 U_n^2 の実現値であるデータの不偏分散 $u^2 := \sum_{i=1}^n (x_i - \bar{x})^2/(n-1)$ の平方根 $u := \sqrt{u^2}$ を用いて，

$$[\widehat{\mu}_{\mathrm{L}}, \widehat{\mu}_{\mathrm{U}}] = \left[\bar{x} - t_{n-1}\left(\frac{\alpha}{2}\right)\frac{u}{\sqrt{n}},\ \bar{x} + t_{n-1}\left(\frac{\alpha}{2}\right)\frac{u}{\sqrt{n}}\right] \tag{10.18}$$

を利用する．

$$\mu \xleftarrow{\text{推定}} [\widehat{\mu}_{\mathrm{L}}, \widehat{\mu}_{\mathrm{U}}] \qquad (\text{数値的})$$

10.4.6 Rによる母平均の区間推定 (母分散: 未知)

実際の例として，新生児の体重に関する母平均の区間推定を与える．図9.7の結果から，新生児の体重は正規分布に従っていると考えられるので，Rの関数t.testを利用し，正規母集団における母平均の区間推定を行う[3]．

```
> t.test(weight)
        One Sample t-test

data:  weight
t = 82.886, df = 99, p-value < 2.2e-16
alternative hypothesis: true mean is not equal to 0
95 percent confidence interval:
 3084.548 3235.852
sample estimates:
mean of x
    3160.2
```

この結果から，信頼係数95% ($\alpha = 0.05$) の信頼区間が

$$[\widehat{\mu}_\mathrm{L}, \widehat{\mu}_\mathrm{U}] := [3084.548, 3235.852]$$

で与えられることがわかる．なお，この結果には母平均 μ の点推定値

$$\widehat{\mu} = \bar{x} = 3160.2$$

も与えられている．

さらに，信頼係数を99% ($\alpha = 0.01$) と変更したい場合は，引数conf.levelに0.99と与えることによって，以下のように求めることができる．

```
> t.test(weight,conf.level=0.99)
        One Sample t-test

data:  weight
t = 82.886, df = 99, p-value < 2.2e-16
alternative hypothesis: true mean is not equal to 0
99 percent confidence interval:
 3060.063 3260.337
sample estimates:
mean of x
    3160.2
```

この結果から，信頼係数99%の信頼区間が

$$[\widehat{\mu}_\mathrm{L}, \widehat{\mu}_\mathrm{U}] := [3060.063, 3260.337]$$

で与えられることがわかる．なお，これらの結果を比較すると，信頼係数99%の信頼区間の方が広くなっていることがわかる．一般に，信頼係数を大きくすると区間の幅は広くなる．

---

[3] 母平均に関する検定も同時に行うことができる．

10.5 母分散の推定

10.5.1 母分散の点推定

正規母集団に従う母分散 σ^2 の点推定は，理論的には不偏分散 $U_n^2 = \sum_{i=1}^{n}(X_i - \overline{X}_n)^2/(n-1)$ を利用し，数値的にはデータの不偏分散 $u^2 = \sum_{i=1}^{n}(x_i - \overline{x})^2/(n-1)$ を利用する．これらの役割は，以下のように概念的に表すことができる．

$$\sigma^2 \overset{\text{推定}}{\longleftarrow} \widehat{\sigma}_n^2 = U_n^2 \qquad (\text{理論的})$$

$$\sigma^2 \overset{\text{推定}}{\longleftarrow} \widehat{\sigma}^2 = u^2 \qquad (\text{数値的})$$

8.3 節のカイ自乗分布に関して与えられた結果である (8.26) の

$$\frac{(n-1)U_n^2}{\sigma^2} \sim \chi_{n-1}^2 \iff U_n^2 \sim \frac{\sigma^2}{n-1}\chi_{n-1}^2$$

から，

$$\mathrm{E}\bigl(\widehat{\sigma}_n^2\bigr) = \mathrm{E}\bigl(U_n^2\bigr) = \frac{\sigma^2}{n-1}\mathrm{E}(\chi_{n-1}^2) = \sigma^2 \tag{10.19}$$

となり，不偏性をもつことがわかる．ここで，カイ自乗分布 χ_{n-1}^2 の平均が，その自由度 $n-1$ で与えられることを使った．

10.5.2 R による母分散の点推定

関数 var を新生児の体重データのオブジェクト weight に適用して，実際に母分散の点推定を行うと，

```
> var(weight)
[1] 145365.6
```

となり，この結果から，

$$\widehat{\sigma}^2 = 145365.6 = 381.268^2$$

であることがわかる．ここで，関数 var はデフォルトで (通常の分散ではなく) 不偏分散を求める仕様となっている．

10.5.3 母分散の区間推定

母分散の区間推定は，点推定の場合と同様に，8.3 節のカイ自乗分布に関して与えられた結果 (8.26) から，$\chi_{n-1}^2(\alpha/2)$, $\chi_{n-1}^2(1-\alpha/2)$ を，それぞれ自由度 $n-1$ のカイ自乗分布の上側 $100(\alpha/2)\%$, $100(1-\alpha/2)\%$ 点とすると[4]，

$$P\left(\chi_{n-1}^2\left(1-\frac{\alpha}{2}\right) \leq \frac{(n-1)U_n^2}{\sigma^2} \leq \chi_{n-1}^2\left(\frac{\alpha}{2}\right)\right) = P\left(\frac{(n-1)U_n^2}{\chi_{n-1}^2(\alpha/2)} \leq \sigma^2 \leq \frac{(n-1)U_n^2}{\chi_{n-1}^2(1-\alpha/2)}\right)$$
$$= 1 - \alpha$$

が成り立つので，区間

---

[4] 自由度 $n-1$ のカイ自乗分布の上側 $100(1-\alpha/2)\%$ 点は，下側 $100(\alpha/2)\%$ 点である．

$$[\widehat{\sigma}_{\mathrm{L}n}^2, \widehat{\sigma}_{\mathrm{U}n}^2] := \left[\frac{(n-1)U_n^2}{\chi_{n-1}^2(\alpha/2)}, \frac{(n-1)U_n^2}{\chi_{n-1}^2(1-\alpha/2)}\right] \qquad (10.20)$$

を考えると,

$$P(\widehat{\sigma}_{\mathrm{L}n}^2 \leq \sigma^2 \leq \widehat{\sigma}_{\mathrm{U}n}^2) = P([\widehat{\sigma}_{\mathrm{L}n}^2, \widehat{\sigma}_{\mathrm{U}n}^2] \ni \sigma^2) = 1-\alpha$$

となり, 区間 $[\widehat{\sigma}_{\mathrm{L}n}^2, \widehat{\sigma}_{\mathrm{U}n}^2]$ が母分散 σ^2 に関する $100(1-\alpha)\%$ の信頼区間となる. このことを概念的に表すと,

$$\sigma^2 \xleftarrow{\text{推定}} [\widehat{\sigma}_{\mathrm{L}n}^2, \widehat{\sigma}_{\mathrm{U}n}^2] \qquad (\text{理論的})$$

となる.

信頼区間を具体的に数値で推定する際には, 標本の不偏分散 U_n^2 の実現値であるデータの不偏分散 $u^2 = \sum_{i=1}^n (x_i - \overline{x})^2/(n-1)$ を使って,

$$[\widehat{\sigma}_{\mathrm{L}}^2, \widehat{\sigma}_{\mathrm{U}}^2] = \left[\frac{(n-1)u^2}{\chi_{n-1}^2(\alpha/2)}, \frac{(n-1)u^2}{\chi_{n-1}^2(1-\alpha/2)}\right] \qquad (10.21)$$

を利用する. すなわち,

$$\sigma^2 \xleftarrow{\text{推定}} [\widehat{\sigma}_{\mathrm{L}}^2, \widehat{\sigma}_{\mathrm{U}}^2] \qquad (\text{数値的})$$

となる.

10.5.4 Rによる母分散の区間推定

新生児の体重データを使って, 実際の母分散の区間推定を行おう. Rには標準的に母分散の区間推定を行うための関数が用意されていないため, 付録E.6に与えた関数 var.interval を利用する. ここで, Rが下側パーセント点の値を求める仕様となっているために, 上側 $100(\alpha/2)\%$ 点 $\chi_{n-1}^2(\alpha/2)$ を求めるために qchisq(1-alpha/2,df) というように, 下側 $100(1-\alpha/2)\%$ 点を求めるように引数を与える (注意8.1も参照).

では, 関数 var.interval を利用して, 新生児の体重に関する母分散の区間推定を実際に行うと,

```
> var.interval(weight)
$n
[1] 100

$df
[1] 99

$alpha
[1] 0.05

$u2
[1] 145365.6

$conf.interval
[1] 112061.8 196169.4
```

となり, この結果から,

$$[\widehat{\sigma}_{\mathrm{L}}^2, \widehat{\sigma}_{\mathrm{U}}^2] = [112061.8, 196169.4] = [334.756^2, 442.91^2]$$

と与えられる.

10.6 母比率の推定

ここでは,母集団分布がベルヌイ分布 $Ber(p)$ に従う場合に,母比率 p の点推定と区間推定を考える.

10.6.1 母比率の点推定

母比率 p の点推定は,理論的には標本平均 (標本比率) $\bar{\varepsilon}_n$ を,数値的にはデータの平均値 $\bar{\epsilon}$ を利用する.これらの役割は,以下のように概念的に表すことができる.

$$p \xleftarrow{\text{推定}} \widehat{p}_n = \bar{\varepsilon}_n \qquad (\text{理論的})$$

$$p \xleftarrow{\text{推定}} \widehat{p} = \bar{\epsilon} \qquad (\text{数値的})$$

推定量 $\widehat{p}_n = \bar{\varepsilon}_n$ が満たす性質を,8.2 節で扱った命題 (SM-1)〜(SM-3) に照らして確認する.まず,ここでは母集団分布がベルヌイ分布 $Ber(p)$ であるので,

$$\mathrm{E}(\varepsilon_i) = p, \qquad \mathrm{V}(\varepsilon_i) = p(1-p) =: \sigma^2(p)$$

である.ここで,命題 (SM-1) を利用すると,

$$\mathrm{E}(\widehat{p}_n) = \mathrm{E}(\bar{\varepsilon}_n) = p \tag{10.22}$$

が成り立つことから,不偏推定量であることがわかる.

同様に,

$$\mathrm{V}(\widehat{p}_n) = \mathrm{V}(\bar{\varepsilon}_n) = \frac{\sigma^2(p)}{n} = \frac{p(1-p)}{n}$$

が成り立つことから,$m < n$ に対して,

$$\mathrm{V}(\widehat{p}_n) = \frac{\sigma^2(p)}{n} < \frac{\sigma^2(p)}{m} = \mathrm{V}(\widehat{p}_m) \tag{10.23}$$

となり,$\widehat{p}_n$ の方が $\widehat{p}_m$ よりも有効であることがわかる.このことは,標本の大きさが大きくなればなるほど有効な推定量を構成することが可能であることを示しており,より精度の高い推定ができることを意味する.

次に,命題 (SM-2) より,

$$\widehat{p}_n = \bar{\varepsilon}_n \xrightarrow{P} p \qquad (n \to \infty) \tag{10.24}$$

が成り立ち,一致性が成り立つことがわかる.

最後に,命題 (SM-3) より,中心極限定理から,

$$\widehat{p}_n = \bar{\varepsilon}_n \overset{a}{\sim} N\left(p, \frac{\sigma^2(p)}{n}\right) \iff \sqrt{n}\,(\widehat{p}_n - p) \overset{a}{\sim} N(0, \sigma^2(p)) \tag{10.25}$$

が成り立つので,漸近正規性をもつことがわかる.なお,

$$\sigma^2(p) = p(1-p) \tag{10.26}$$

は漸近分散である.

10.6.2 Rによる母比率の点推定

母比率の点推定の例として，新生児のデータから男子が生まれる割合 (母比率) を推定することを考える．新生児のデータのうち，性別に関する情報は以下のように得ることができる．

```
> babies.frame$gender
 [1] female male   male   male   male   male   female
 [8] male   female male   male   male   male   female
[15] female female male   male   female female female
[22] male   female female male   female female female
[29] male   male   female female male   female male
[36] male   male   male   male   female male   female
[43] male   female male   female female male   male
[50] male   female male   female male   male   male
[57] male   female female male   female female female
[64] female female female female male   female female
[71] female female female male   female female male
[78] female female female male   female female female
[85] female male   male   female male   female male
[92] female male   male   female female male   female
[99] male   female
Levels: female male
```

この結果を以下のように入力することによって，新生児の性別をベルヌイ試行に従うデータの形式に変換することができる．

```
> (babies.gender<-as.numeric(babies.frame$gender=="male"))
 [1] 0 1 1 1 1 1 0 1 0 1 1 1 1 0 0 0 1 1 0 0 0 1 0 0 1 0 0
[28] 0 1 1 0 0 1 0 1 1 1 1 1 0 1 0 1 0 1 0 0 1 1 1 0 1 0 1
[55] 1 1 1 0 0 1 0 0 0 0 0 0 0 1 0 0 0 0 0 1 0 0 1 0 0 0 1
[82] 0 0 0 0 1 1 0 1 0 1 0 1 1 0 0 1 0 1 0
```

ここでは，新生児の性別を babies.frame$gender と入力することによって抽出したものを男性 male かどうかを比較演算子==で判断し，さらに as.numric を利用することによって，論理値 TRUE を数値 1 に変換し，FALSE を数値 0 に変換している (2.7.4 項も参照)．この結果を利用すると，男子が生まれる割合の点推定は以下のように与えられる．

```
> mean(babies.gender)
[1] 0.46
```

10.6.3 母比率の区間推定

母比率の区間推定は，ベルヌイ試行の試行回数 n が大きい場合，中心極限定理による結果 (10.25) を利用して，

$$\frac{\sqrt{n}\,(\widehat{p}_n - p)}{\sqrt{\sigma^2(p)}} = \frac{\sqrt{n}\,(\widehat{p}_n - p)}{\sqrt{p\,(1-p)}} \stackrel{a}{\sim} N(0,1) \tag{10.27}$$

が成り立つことから，近似的に，

$$P\left(\left|\frac{\sqrt{n}\,(\widehat{p}_n - p)}{\sqrt{p\,(1-p)}}\right| \leq z\left(\frac{\alpha}{2}\right)\right) \simeq 1 - \alpha$$

が成り立つ．この結果と，$\widehat{p}_n = \overline{\varepsilon}_n$ であることから，

$$\widehat{p}_{\mathrm{L}n} := \frac{1}{1+(z(\alpha/2))^2/n}\left[\left\{\overline{\varepsilon}_n + \frac{(z(\alpha/2))^2}{2n}\right\} - \frac{z(\alpha/2)}{\sqrt{n}}\sqrt{\overline{\varepsilon}_n(1-\overline{\varepsilon}_n) + \frac{(z(\alpha/2))^2}{4n}}\right]$$
(10.28)

$$\widehat{p}_{\mathrm{U}n} := \frac{1}{1+(z(\alpha/2))^2/n}\left[\left\{\overline{\varepsilon}_n + \frac{(z(\alpha/2))^2}{2n}\right\} + \frac{z(\alpha/2)}{\sqrt{n}}\sqrt{\overline{\varepsilon}_n(1-\overline{\varepsilon}_n) + \frac{(z(\alpha/2))^2}{4n}}\right]$$
(10.29)

とおくことによって,

$$\left|\frac{\sqrt{n}\,(\widehat{p}_n - p)}{\sqrt{p\,(1-p)}}\right| \leq z\left(\frac{\alpha}{2}\right) \iff \widehat{p}_{\mathrm{L}n} \leq p \leq \widehat{p}_{\mathrm{U}n}$$

が成り立ち,よって,区間 $[\widehat{p}_{\mathrm{L}n}, \widehat{p}_{\mathrm{U}n}]$ を考えると,

$$P([\widehat{p}_{\mathrm{L}n}, \widehat{p}_{\mathrm{U}n}] \ni p) \simeq 1 - \alpha$$

となり,母比率 p に関する (近似)$100(1-\alpha)\%$ 信頼区間となる.このことを概念的に表すと,

$$p \stackrel{\text{推定}}{\longleftarrow} [\widehat{p}_{\mathrm{L}n}, \widehat{p}_{\mathrm{U}n}] \qquad (\text{理論的})$$

となる.

数値として信頼区間を推定する際には,n 回のベルヌイ試行にもとづく標本平均 $\overline{\varepsilon}_n$ の実現値であるデータの平均値 $\overline{\epsilon} = \sum_{i=1}^{n}\epsilon_i/n\,(=\widehat{p})$ を用いて,

$$\widehat{p}_{\mathrm{L}} = \frac{1}{1+(z(\alpha/2))^2/n}\left[\left\{\overline{\epsilon} + \frac{(z(\alpha/2))^2}{2n}\right\} - \frac{z(\alpha/2)}{\sqrt{n}}\sqrt{\overline{\epsilon}(1-\overline{\epsilon}) + \frac{(z(\alpha/2))^2}{4n}}\right] \quad (10.30)$$

$$\widehat{p}_{\mathrm{U}} := \frac{1}{1+(z(\alpha/2))^2/n}\left[\left\{\overline{\epsilon} + \frac{(z(\alpha/2))^2}{2n}\right\} + \frac{z(\alpha/2)}{\sqrt{n}}\sqrt{\overline{\epsilon}(1-\overline{\epsilon}) + \frac{(z(\alpha/2))^2}{4n}}\right] \quad (10.31)$$

を利用する.すなわち,

$$\mu \stackrel{\text{推定}}{\longleftarrow} [\widehat{p}_{\mathrm{L}}, \widehat{p}_{\mathrm{U}}] \qquad (\text{数値的})$$

となる.

10.6.4 Rによる母比率の区間推定

例として,新生児において,男子が生まれる割合を区間推定する.なお,標本の大きさ $n=100$ が十分大きいものとする.母比率の区間推定には,以下のように関数 prop.test を利用する[5].

```
> prop.test(sum(babies.gender),length(babies.gender),correct=FALSE)
        1-sample proportions test without continuity
        correction

data:  sum(babies.gender) out of length(babies.gender), null probability 0.5
X-squared = 0.64, df = 1, p-value = 0.4237
alternative hypothesis: true p is not equal to 0.5
```

---

[5] 関数 prop.test は母比率の検定 (test) を行うものであるが,区間推定も同時に行うことができる.

```
95 percent confidence interval:
 0.3656081 0.5573514
sample estimates:
    p
0.46
```

ここで，第1引数[6]には sum(babies.gender) によって男子の人数 (46) を与えており，第2引数[7]には length(babies.gender) によって標本の大きさ (100) が与えられている．なお，引数 correct=FALSE は，補正[8]を行わないことを表している．この結果から，信頼係数 95% ($\alpha=0.05$) の信頼区間が

$$[\widehat{p}_{\mathrm{L}}, \widehat{p}_{\mathrm{U}}] := [0.3656081, 0.5573514]$$

で与えられることがわかる．なお，この結果は母比率 p の点推定値が

$$\widehat{p} = \bar{\epsilon} = 0.46$$

となることも与えている．

注意 10.2　母比率の簡易的な推定　標本の大きさ n が十分大きいとき，母比率の信頼上限 (10.28) と信頼下限 (10.29) における $(z(\alpha/2))^2/n$ が無視できるとして，0 で置き換えた，

$$[\bar{p}_{\mathrm{L}n},\ \bar{p}_{\mathrm{U}n}] := \left[\bar{\varepsilon}_n - \frac{z(\alpha/2)}{\sqrt{n}}\sqrt{\bar{\varepsilon}_n(1-\bar{\varepsilon}_n)},\quad \bar{\varepsilon}_n + \frac{z(\alpha/2)}{\sqrt{n}}\sqrt{\bar{\varepsilon}_n(1-\bar{\varepsilon}_n)}\right] \quad (10.32)$$

を考え，母比率 p の信頼区間とする場合がある．この区間は，

$$\frac{\sqrt{n}\,(\widehat{p}_n - p)}{\sqrt{\sigma^2(\widehat{p})}} = \frac{\sqrt{n}\,(\widehat{p}_n - p)}{\sqrt{\widehat{p}(1-\widehat{p})}} - \frac{\sqrt{n}\,(\bar{\varepsilon}_n - p)}{\sqrt{\bar{\epsilon}(1-\bar{\epsilon})}} \overset{a}{\sim} N(0,1)$$

とみなして信頼区間を構成している．

注意 10.3　2項分布の観点からの母比率の推定　6.5節でも述べたように，n 回の独立なベルヌイ試行 $\{\varepsilon_1,\cdots,\varepsilon_n\}$ の和 $X := \varepsilon_1 + \cdots + \varepsilon_n$ の分布は2項分布 $B_N(n,p)$ であることを思い出すと，母比率 p の推定量を

$$\widehat{p}_n = \frac{X}{n}$$

とし，2項分布に従う観測値 $X=k$ が与えられたとして，

$$\widehat{p} = \frac{k}{n}$$

を推定値としても，ベルヌイ試行で考えた場合と本質的に同じものとなる．このことは，ベルヌイ分布に従う n 回の独立な試行を行ったものとみるか，または2項分布に従う観測を1回行ったとみるかの違いといえる．

なお，注意 6.2 でも述べたが，2項分布で母比率の区間推定を行う場合は，標本の大きさ n が大きい場合，2項分布の正規近似

$$X \overset{a}{\sim} N(np, np(1-p)) \quad (10.33)$$

が利用できる．

---

[6]　省略されているが，実際には x である．

[7]　省略されているが，実際には n である．

[8]　イェーツ (F. Yates) の連続補正を指す．

演習問題

Q 10.1 新生児のデータフレーム babies.frame における胸囲 (chest) の母平均と母分散の 95% 信頼区間を求めよ．

Q 10.2 母比率 p の簡易的な区間推定

$$[\overline{p}_{\mathrm{L}n}, \overline{p}_{\mathrm{U}n}] := \left[\overline{\varepsilon}_n - \frac{z(\alpha/2)}{\sqrt{n}}\sqrt{\overline{\varepsilon}_n(1-\overline{\varepsilon}_n)},\quad \overline{\varepsilon}_n + \frac{z(\alpha/2)}{\sqrt{n}}\sqrt{\overline{\varepsilon}_n(1-\overline{\varepsilon}_n)}\right]$$

を行うための R 関数を作成し，新生児のデータに対する男子の出生率の推定を行え．

Q 10.3 R には，正規近似を用いずに母比率 p に関する正確な区間推定を行う関数 binom.test が用意されている[9]．この関数を利用して，新生児のデータに対する男子の出生率の推定を行え．

---

[9] 2項分布の裾確率がベータ分布の裾確率と一致するという解析的な結果を利用している (演習問題 Q 6.5 も参照).

検 定

10 推定 — **11** — **12** 2 標本問題

　一般に，未知の母数を無作為標本やデータから決定することが推定であったのに対し，母数に関して 2 つの仮説を設定し，どちらの仮説が妥当かを無作為標本やデータから決定することを**統計的仮説検定** (statistical hypothesis test) または単に**検定**という．例えば，新生児の平均体重が 3000 g かどうかを検証する場合などが考えられる．本章では，推定について述べた第 10 章と同様に，母平均，母分散，母比率に関する仮説検定について，R を用いて新生児の特性に対する仮説を設定し，実際のデータを利用して仮説検定を行う．

　本章で扱われる事項を学ぶことによって，推定と同様に，母集団における未知の母数を統計的に検定する方法を理論・実証の両面から理解することができるであろう．なお，解説の都合上必要となった関数は付録 E.7 で与えたものを利用している[1])．

11.1 帰無仮説と対立仮説

　検定の対象となる仮説を**帰無仮説** (null hypothesis) とよび，H_0 で表す．これに対し，帰無仮説 H_0 が棄却されたときに採択するための仮説を H_1 で表し，**対立仮説** (alternative hypothesis) という．

　仮説は，大別して次の 2 つの場合がある．1 つは**単純仮説** (simple hypothesis) とよばれ，仮説が**単一**の点 (値) θ_0 からなるときである．もう 1 つは**複合仮説** (composite hypothesis) とよばれるもので，仮説が**複数**の点からなる場合である．

　例えば，母数 θ に関して，

$$\begin{cases} H_0: & \theta = \theta_0 \\ H_1: & \theta = \theta_1 \end{cases}$$

という仮説を設定したとき，帰無仮説と対立仮説の両方とも単一の点からなるので，両方の仮説は単純仮説である．

　一方，

$$(\mathrm{I}) \begin{cases} H_0: & \theta = \theta_0 \\ H_1: & \theta > \theta_0 \end{cases} \quad (\mathrm{II}) \begin{cases} H_0: & \theta = \theta_0 \\ H_1: & \theta < \theta_0 \end{cases} \quad (\mathrm{III}) \begin{cases} H_0: & \theta = \theta_0 \\ H_1: & \theta \neq \theta_0 \end{cases}$$

と仮説を設定したとすると，帰無仮説 H_0 は単一の点 (値) であるので単純仮説であるが，対立仮説 H_1 はどの場合も複数の点 (値) からなるので複合仮説となる．特に，対立仮説を $\theta > \theta_0$，$\theta < \theta_0$ ととった (I), (II) の場合は，θ は θ_0 の左側もしくは右側にあるので**片側仮説** (one-side hypothesis) とよばれる．また，対立仮説を $\theta \neq \theta_0$ ととった (III) の場合は，θ が θ_0 の両側に

---
1) 付録 E.7 に与えた関数のソースコードのファイルは，「本書の使い方」で述べた方法で入手可能である．

あるので**両側仮説** (two-side hypothesis) とよばれる．

片側仮説を対立仮説としてとった場合の仮説検定を**片側検定** (one-side test) といい，両側仮説を対立仮説としてとった場合の仮説検定を**両側検定** (two-side test) という．

11.2 第1種の過誤と第2種の過誤

実際に検定を行う際には，次のような2種類の誤り（**過誤** (error)）をおかす可能性がある．なお，検定において帰無仮説を受け入れないことは**棄却** (reject) とよばれる．

第1種の過誤： H_0 が真であるにもかかわらず，棄却してしまう誤り

第2種の過誤： H_1 が真であるにもかかわらず，H_0 を採択してしまう誤り

これら2種類の過誤を表11.1にまとめると以下のようになる．

表 11.1 2種類の過誤

	H_0 が真	H_1 が真
H_0 を採択	○	×（第2種の過誤）
H_0 を棄却	×（第1種の過誤）	○

ここで，第1種の過誤をおかす確率は**有意水準** (significance level) とよばれ，α で表されることが多い．また，第2種の過誤をおかす確率は β で表されることが多く，$1-\beta$ は対立仮説 H_1 を検出する確率であることから，**検出力** (power) とよばれる．

これら2種類の過誤には，次のような性質がある．

1. α を減少させると，β は増加する．また，β を減少させると，α は増加する．これらのことから，両方の過誤をおかす確率を同時に小さくすることは難しい．
2. 与えられた α に対して，対立仮説が単純仮説であるときは β の値は一意に定まるが，複合仮説の場合は β は母数の真値に依存して変化する．
3. 与えられた α に対して，β の値は標本の大きさを増加させると減少する．
4. 帰無仮説 H_0 を棄却するとき，この判定にともなう過誤をおかす確率は前もって決められた α 以下であるので，「積極的に」対立仮説 H_1 を採択できるが，H_0 を棄却できないときは，β は一般的にわからないことが多いので，棄却できる事実はないため，「帰無仮説は棄却できない」としかいえない．

以上の性質から，検定は有意水準 α を適切に与えたもとで，β をできるだけ小さくする方法が推奨される．

11.3 検定統計量

未知の母数 θ を推定するために推定量とよばれる統計量が利用されたことと同様に，検定もまた統計量を用いて行われ，**検定統計量** (test statistics) とよばれる．ここでは，検定統計量を T_n を用いて表す．検定統計量は，帰無仮説と対立仮説の差を最も反映するものを選ぶことが推奨される．

11.4 有意水準と棄却域

検定は確率をともなった判断を行うことであり，第1種の過誤 (帰無仮説 H_0 が正しいにも関わらず棄却してしまう誤り) をおかす確率である有意水準を予め $\alpha = 0.05, 0.01$ などと指定したもとで行われる．

また，帰無仮説 $H_0 : \theta = \theta_0$ のもとで，

$$P(T_n \in R \mid H_0) = \alpha \tag{11.1}$$

を満たす領域 R を**棄却域** (reject region) とよび，これは検定統計量の実現値 $T_n = t$ が棄却域 R に属する場合 ($t \in R$) に，帰無仮説を棄却することを意味する．ここで，$P(\cdot \mid H_0)$ は，帰無仮説 H_0 のもとでの確率を表している．なお，(11.1) 式を満たす R は無数に存在するが，

$$P(T_n \in R \mid H_1) = 1 - \beta \tag{11.2}$$

となることから，検出力 $1 - \beta$ がより大きくなるように R を選ぶ必要がある[2]．

11.5 検定の実行と仮説検定の手順

以下に，仮説の検定を行う上で共通の手順をまとめる．

(手順1) 帰無仮説 H_0 と対立仮説 H_1 の設定
(手順2) 有意水準 α の設定
(手順3) 検定統計量 T_n の選定
(手順4) 棄却域 R の設定
(手順5) 無作為標本の実現値 (データ) $\{x_1, \cdots, x_n\}$ から検定統計量 T_n の実現値 t を計算し，t が棄却域に「入る」か「入らない」かを調べ，帰無仮説を「棄却する」か「棄却できない」かを判断

11.6 母平均の検定

無作為標本 $\{X_1, \cdots, X_n\}$ が正規母集団に従う場合，すなわち，

$$\{X_1, \cdots, X_n\} \overset{\text{i.i.d.}}{\sim} N(\mu, \sigma^2)$$

のとき，母平均 μ の検定を考える．

11.6.1 仮説の設定

母平均 μ の仮説検定問題において，以下のような帰無仮説 H_0 と対立仮説 H_1 のパターンが

---

[2] 母数の値によらずに検出力が最も大きくなるように構成された検定を，**一様最強力検定** (uniform most powerful test) という．

考えられる．

$$\text{(I)} \begin{cases} H_0: & \mu = \mu_0 \\ H_1: & \mu > \mu_0 \end{cases} \quad \text{(II)} \begin{cases} H_0: & \mu = \mu_0 \\ H_1: & \mu < \mu_0 \end{cases} \quad \text{(III)} \begin{cases} H_0: & \mu = \mu_0 \\ H_1: & \mu \neq \mu_0 \end{cases}$$

ここで，仮説パターン (I), (II) の検定は片側検定であり，(III) の検定は両側検定である．

11.6.2 検定統計量

母分散が既知・未知のそれぞれの場合に対して，検定統計量とその実現値が以下のようなものを考える．

母分散 σ^2 が既知の場合：

$$Z_n := \frac{\sqrt{n}\,(\overline{X}_n - \mu_0)}{\sigma}, \qquad z := \frac{\sqrt{n}\,(\bar{x} - \mu_0)}{\sigma} \tag{11.3}$$

ここで，帰無仮説 H_0 のもとで

$$\overline{X}_n \sim N\left(\mu_0, \frac{\sigma^2}{n}\right)$$

であることから，

$$Z_n \sim N(0,1) \qquad (\text{帰無仮説 } H_0 \text{ のもとで}) \tag{11.4}$$

が成り立つ．

母分散 σ^2 が未知の場合：

$$T_n := \frac{\sqrt{n}\,(\overline{X}_n - \mu_0)}{U_n}, \qquad t := \frac{\sqrt{n}\,(\bar{x} - \mu_0)}{u} \tag{11.5}$$

ただし，8.3 節で扱ったティー分布に関する結果 (8.38) から，

$$T_n \sim t_{n-1} \qquad (\text{帰無仮説 } H_0 \text{ のもとで}) \tag{11.6}$$

が成り立つ．

ここで，不偏分散とその実現値が

$$U_n^2 = \frac{1}{n-1}\sum_{i=1}^n (X_i - \overline{X})^2, \qquad u^2 = \frac{1}{n-1}\sum_{i=1}^n (x_i - \bar{x})^2$$

であることを思い出そう．

11.6.3 棄却域

母集団分布に関する仮定と仮説のパターンに応じて，棄却域は表 11.2, 11.3 のように与えられる．

表 11.2 母分散 σ^2 が既知の場合に対する棄却域

対立仮説 H_1	棄却域 R
(I) $\mu > \mu_0$	$[z(\alpha), \infty)$
(II) $\mu < \mu_0$	$(-\infty, -z(\alpha)]$
(III) $\mu \neq \mu_0$	$(-\infty, -z(\frac{\alpha}{2})]$ または $[z(\frac{\alpha}{2}), \infty)$

表 11.3 母分散 σ^2 が未知の場合に対する棄却域

対立仮説 H_1	棄却域 R
(I) $\mu > \mu_0$	$[t_{n-1}(\alpha), \infty)$
(II) $\mu < \mu_0$	$(-\infty, -t_{n-1}(\alpha)]$
(III) $\mu \neq \mu_0$	$(-\infty, -t_{n-1}(\frac{\alpha}{2})]$ または $[t_{n-1}(\frac{\alpha}{2}), \infty)$

ただし，上の棄却域における各量は以下のとおりである．

$z(\frac{\alpha}{2})$： 正規分布の上側 $100(\frac{\alpha}{2})\%$ 点 (両側 $100\alpha\%$ 点)

$z(\alpha)$： 正規分布の上側 $100\alpha\%$ 点

$t_{n-1}(\frac{\alpha}{2})$： 自由度 $n-1$ のティー分布の上側 $100(\frac{\alpha}{2})\%$ 点 (両側 $100\alpha\%$ 点)

$t_{n-1}(\alpha)$： 自由度 $n-1$ のティー分布の上側 $100\alpha\%$ 点

なお，これらの上側パーセント点の R を用いた計算法については，付録 C を参照してほしい．

11.6.4 検定の実行

検定統計量の実現値 z, t の値に応じて，以下のように検定を実行する．

母分散 σ^2 が既知の場合：

$$z \in R \implies \text{帰無仮説 } H_0 \text{ を棄却}$$
$$z \notin R \implies \text{帰無仮説 } H_0 \text{ を棄却できない (採択)}$$

母分散 σ^2 が未知の場合：

$$t \in R \implies \text{帰無仮説 } H_0 \text{ を棄却}$$
$$t \notin R \implies \text{帰無仮説 } H_0 \text{ を棄却できない (採択)}$$

11.6.5　R を用いた母平均の検定

母平均の検定の例として，新生児の平均体重を μ (g) とし，仮説

$$\begin{cases} H_0: & \mu = 3000 \ (= \mu_0) \\ H_1: & \mu > 3000 \end{cases}$$

の検定を行う[3]．

図 9.7 の結果から，新生児の体重は正規分布に従っていると考えられるので，正規母集団で母分散を未知として検定を行う．R には関数 t.test が用意されており，この関数を利用し，有意水準を $\alpha = 0.05$ として以下のように検定を行うことができる．

---

[3] 厚生労働省 (http://www.mhlw.go.jp/) は「乳幼児身体発育調査」を 10 年ごとに行っており，新生児の体重・身長等を含む乳幼児に関する様々な統計資料を作成し，公表している．平成 22 年 (西暦 2010 年) に実施された調査結果では，筆者が生まれた 1960 年代の調査結果も含まれており，その当時は新生児の平均体重は 3000 g 程度となっている．なお，本書で扱っているデータは 1990 年前後のものであり，当時の調査では平均体重は 3100 g 程度であったことが報告されている．なお，平成 22 年 (西暦 2010 年) では男子の平均体重が 2980 g，女子の平均体重が 2910 g となっているので，ここ 20 年で平均体重は減少傾向にあることがわかる．

```
> t.test(weight,mu=3000,alternative="greater")
        One Sample t-test

data:  weight
t = 4.2018, df = 99, p-value = 2.903e-05
alternative hypothesis: true mean is greater than 3000
95 percent confidence interval:
 3096.895      Inf
sample estimates:
mean of x
   3160.2
```

ここで，帰無仮説が $H_0 : \mu = 3000$ であることを引数 mu=3000 で与えており，対立仮説 $H_1 : \mu > 3000$ であることを引数 alternative="greater"[4] で与えている．この結果から，自由度が $n-1 = 99$ (df=99) であることがわかり，検定統計量の実現値[5]が

$$t = 4.201764$$

で与えられることがわかる．棄却域は

$$R = [t_{n-1}(\alpha), \infty) = [t_{99}(0.05), \infty) = [1.660391, \infty)$$

であることから，

$$t \in R$$

となり，帰無仮説 H_0 は棄却できる．よって，新生児の平均体重は有意水準 $\alpha = 0.05$ (5%) で 3000 g よりも重いといえる．なお，ティー分布の上側パーセント点の求め方については付録 C.2 を参照してほしい．

注意 11.1　ピー値　母平均の検定において，対立仮説が $H_0 : \mu > \mu_0$ の場合に，帰無仮説 $H_0 : \mu = \mu_0$ のもとで検定統計量 T_n がその実現値 t を超えて現れる確率

$$P(T_n > t \mid H_0)$$

を**ピー値** (p value, p-value) とよぶ．
　また，対立仮説が $H_0 : \mu < \mu_0$ の場合は，ピー値は，

$$P(T_n < t \mid H_0)$$

となり，対立仮説が $H_0 : \mu \neq \mu_0$ の場合は

$$P(|T_n| > t \mid H_0)$$

がピー値となる．
　なお，ピー値が有意水準 α よりも小さいときは有意となる．

---

[4]　対立仮説 (alternative hypothesis) が「大なり」(greater than) $>$ であることを表している．
[5]　ティー値 (t value, t-value) とよばれることがある．

11.7 母分散の検定

母平均の検定の場合と同様に，正規母集団に従う無作為標本 $\{X_1, \cdots, X_n\}$ の場合に，母分散 σ^2 に関する検定を考える．

11.7.1 仮説の設定

母平均 μ の仮説検定問題において，以下のような帰無仮説 H_0 と対立仮説 H_1 のパターンが考えられる．

$$\text{(I)} \begin{cases} H_0: & \sigma^2 = \sigma_0^2 \\ H_1: & \sigma^2 > \sigma_0^2 \end{cases} \quad \text{(II)} \begin{cases} H_0: & \sigma^2 = \sigma_0^2 \\ H_1: & \sigma^2 < \sigma_0^2 \end{cases} \quad \text{(III)} \begin{cases} H_0: & \sigma^2 = \sigma_0^2 \\ H_1: & \sigma^2 \neq \sigma_0^2 \end{cases}$$

ここで，仮説パターン (I), (II) の検定は片側検定であり，(III) の検定は両側検定である．

11.7.2 検定統計量

検定統計量とその実現値は，以下のようなものを考える．

$$X_n^2 := \frac{(n-1)U_n^2}{\sigma_0^2}, \qquad x^2 := \frac{(n-1)u^2}{\sigma_0^2} \tag{11.7}$$

ここで，結果 (8.26) より，帰無仮説 H_0 のもとで次が成り立つ．

$$X_n^2 \sim \chi_{n-1}^2 \qquad (\text{帰無仮説 } H_0 \text{ のもとで}) \tag{11.8}$$

11.7.3 棄却域

仮説のパターンに応じて，棄却域は表 11.4 のように与えられる．

表 11.4 仮説のパターンに応じた棄却域

対立仮説 H_1	棄却域 R
(I) $\sigma^2 > \sigma_0^2$	$[\chi_{n-1}^2(\alpha), \infty)$
(II) $\sigma^2 < \sigma_0^2$	$(0, \chi_{n-1}^2(1-\alpha)]$
(III) $\sigma^2 \neq \sigma_0^2$	$(0, \chi_{n-1}^2(1-\alpha/2)]$ または $[\chi_{n-1}^2(\alpha/2), \infty)$

ここで，$\chi_{n-1}^2(\alpha)$ は，自由度 $n-1$ のカイ自乗分布の上側 $100\alpha\%$ 点である．

11.7.4 検定の実行

検定統計量の実現値 x^2 の値に応じて，以下のように検定を実行する．

$$x^2 \in R \implies \text{帰無仮説 } H_0 \text{ を棄却}$$

$$x^2 \notin R \implies \text{帰無仮説 } H_0 \text{ を棄却できない (採択)}$$

11.7.5 R を用いた母分散の検定

母分散の検定の例として，新生児の体重の母分散を σ^2 (g^2) とし，仮説

$$\begin{cases} H_0: & \sigma^2 = 390^2 (= \sigma_0^2) \\ H_1: & \sigma^2 \neq 390^2 \end{cases}$$

の検定を行う[6]．

Rには(単一の母集団に対する)母分散の検定を行う関数は用意されていないため，付録 E.7 に与えた関数 one.var.test を利用する．有意水準を $\alpha = 0.05$，正規母集団として R 関数 one.var.test を利用して，以下のように検定を行う．

```
> one.var.test(weight,sigma2=390^2,alternative="two.sided")
$u2
[1] 145365.6

$n
[1] 100

$statistic
[1] 94.61667

$df
[1] 99

$critical.value
[1]  73.36108 128.42199

$p.value
[1] 0.7881976

$alternative
[1] "two.sided"

$sigma2
[1] 152100

$alpha
[1] 0.05
```

ここで，帰無仮説が $H_0 : \sigma^2 = 390^2$ であることを引数 sigma2=390^2 で与えており，対立仮説 $H_1 : \sigma^2 \neq 390^2$ であることを引数 alternative="two.sided"[7]で与えている．

この結果から，自由度 ($df) が $n-1 = 99$ であることがわかり，検定統計量の実現値 ($statistic) が，

$$x^2 = 94.616673$$

で与えられることがわかる．

棄却域は

$$R = \left(0, \chi^2_{n-1}\left(1 - \frac{\alpha}{2}\right)\right] \quad \text{または} \quad \left[\chi^2_{n-1}\left(\frac{\alpha}{2}\right), \infty\right)$$

---

[6] 平成 12 年 (2000 年) の乳幼児身体発育調査から，新生児の体重の母分散の推定値はおよそ 390^2 g^2 であることが報告されている．この検定の対立仮説は，ここで扱われているデータの採集時期である 1990 年前後は，その 10 年後の 2000 年頃とを比べて体重の母分散が変化していないかどうかを表す．

[7] 対立仮説 (alternative hypothesis) が「両側」(two sided) ($\neq$) であることを表している．

$$= (0, \chi^2_{99}(0.975)] \quad \text{または} \quad [\chi^2_{99}(0.025), \infty)$$
$$= (0, 73.36108] \quad \text{または} \quad [128.42199, \infty)$$

であることから,

$$x^2 \notin R$$

となり, 帰無仮説 H_0 は棄却できない. よって, 新生児の体重の母分散は有意水準 $\alpha = 0.05$ (5%) で 390^2 g^2 と異なっているとはいえない.

なお, カイ自乗分布の上側パーセント点の求め方については付録 C.2 を参照してほしい.

11.8 母比率の検定

母集団分布がベルヌイ分布 $Ber(p)$ に従う無作為標本 $\{\varepsilon_1, \cdots, \varepsilon_n\}$ の場合に, 母比率 p に関する検定を考える.

11.8.1 仮説の設定

母比率 p の仮説検定問題において, 以下のような帰無仮説 H_0 と対立仮説 H_1 のパターンが考えられる.

$$(\text{I}) \begin{cases} H_0: & p = p_0 \\ H_1: & p > p_0 \end{cases} \quad (\text{II}) \begin{cases} H_0: & p = p_0 \\ H_1: & p < p_0 \end{cases} \quad (\text{III}) \begin{cases} H_0: & p = p_0 \\ H_1: & p \neq p_0 \end{cases}$$

ここで, 仮説パターン (I), (II) の検定は片側検定であり, (III) の検定は両側検定である.

11.8.2 検定統計量

検定統計量とその実現値は, 以下のようなものを考える.

$$Z_n := \frac{\sqrt{n}\,(\widehat{p}_n - p_0)}{\sqrt{p_0(1-p_0)}} = \frac{\sqrt{n}\,(\overline{\varepsilon}_n - p_0)}{\sqrt{p_0(1-p_0)}}, \qquad z := \frac{\sqrt{n}\,(\widehat{p} - p_0)}{\sqrt{p_0(1-p_0)}} = \frac{\sqrt{n}\,(\overline{\varepsilon} - p_0)}{\sqrt{p_0(1-p_0)}} \tag{11.9}$$

ただし, ベルヌイ試行の試行回数 n が大きい場合, 中心極限定理による結果 (10.25) を利用して,

$$Z_n \stackrel{a}{\sim} N(0,1) \quad (\text{標本の大きさ } n \text{ が十分大きく, かつ帰無仮説 } H_0 \text{ のもとで}) \tag{11.10}$$

が成り立つ. なお, 標本の大きさ n と母比率 p が満たす条件として, $np \geq 5$, $n(1-p) \geq 5$ を満たすことが一つの目安とされる.

11.8.3 棄却域

仮説のパターンに応じて, 棄却域は表 11.5 のように与えられる.

表 11.5 仮説のパターンに応じた棄却域

対立仮説 H_1	棄却域 R
(I) $p > p_0$	$[z(\alpha), \infty)$
(II) $p < p_0$	$(-\infty, -z(\alpha)]$
(III) $p \neq p_0$	$(-\infty, -z(\frac{\alpha}{2})]$ または $[z(\frac{\alpha}{2}), \infty)$

検定統計量の実現値 z の値に応じて，以下のように検定を実行する．

$$z \in R \implies \text{帰無仮説 } H_0 \text{ を棄却}$$
$$z \notin R \implies \text{帰無仮説 } H_0 \text{ を棄却できない (採択)}$$

11.8.4 Rを用いた母比率の検定

母比率の検定の例として，新生児の男子の出生比率 p に関する仮説

$$\begin{cases} H_0: & p = \frac{1}{2} (= p_0) \\ H_1: & p < \frac{1}{2} \end{cases}$$

の検定を行う．

R には検定統計量 Z_n を利用した検定を行う関数が用意されていないため，付録 E.7 に与えた関数 prop.norm.app.test を利用する[8]．有意水準を $\alpha = 0.05$ (デフォルト値) として，この関数を利用して以下のように検定を行う．

```
> prop.norm.app.test(x=sum(babies.gender),
+ n=length(babies.gender), p=0.5, alternative="less")
$x
[1] 46

$n
[1] 100

$statistic
[1] -0.8

$critical.value
[1] -1.644854

$p.value
[1] 0.2118554

$alternative
[1] "less"

$p
[1] 0.5

$phat
[1] 0.46

$alpha
[1] 0.05
```

ここで，帰無仮説が $H_0: p = 1/2$ であることを引数 p=0.5 で与えており，対立仮説 $H_1: p < 1/2$ であることを引数 alternative="less"[9] で与えている．この結果から，検定

---
[8] 本書では利用しないが，関数 prop.test もこの仮説検定を実行することができる．この関数は，適合度検定の枠組みでカイ自乗統計量にもとづく検定を行うものである．

[9] 対立仮説 (alternative hypothesis) が「小なり」(less than) $<$ であることを表している．

統計量の実現値 ($statistic) が,
$$z = -0.8$$
で与えられることがわかる. 棄却域は $critical.value が -1.644854 で与えられるという結果から,
$$R = (-\infty, -z(\alpha)] = (-\infty, -1.644854]$$
であり,
$$z \notin R$$
より, 帰無仮説 H_0 は棄却できない. よって, 男子の出生比率は有意水準 $\alpha = 0.05$ (5%) で 1/2 よりも低いとはいえない.

なお, 正規分布の上側パーセント点の求め方については付録 C.1 を参照してほしい.

演習問題

Q 11.1 3.3 節で読み込んだ新生児に関するデータフレーム babies.frame は, 1989 年 12 月に採集されたものである. 一方, 昭和 45 年 (1970 年) に実施された乳幼児身体発育調査の結果[10]によると, 男子の新生児の平均身長は 50.2 cm であると報告されている. 約 20 年後に男子の平均身長が変化したかどうかを有意水準 $\alpha = 0.05$ で仮説検定せよ. ただし, 新生児の身長は正規分布に従うものとする.

Q 11.2 平成 12 年 (2000 年) に実施された乳幼児身体発育調査の結果によると, 女子の新生児の身長の分散は 2.0^2 cm^2 であると報告されている. 約 20 年前に調査されたデータフレーム babies.frame を使って, 身長の分散が変化しているかどうかを有意水準 $\alpha = 0.05$ で仮説検定せよ. ただし, 新生児の身長は正規分布に従うものとする.

Q 11.3 データフレーム firms.frame を利用して, 東京証券取引所第一部上場企業に関して, 製造業の比率は 1/2 よりも高いかどうかを有意水準 $\alpha = 0.05$ で仮説検定せよ.

---

[10] 厚生労働省の Web ページ (http://www.mhlw.go.jp/) を参照してほしい.

2 標本問題

第 10, 11 章では単一の母数を推定・検定する方法を学んだが，2 個の母数，例えば，男女の新生児の平均体重や出生率などに差異があるかどうかを考えることは自然である．本章では，2 つの正規母集団から抽出された 2 組の無作為標本を利用して，それぞれの母数の差異を推測する問題，すなわち，**2 標本問題** (two sample problem) を取り上げる．具体的には，新生児のデータにもとづいて，母平均，母分散，母比率の差の推定・検定を R を利用することによって行う．

本章で扱われる事項を学ぶことによって，2 標本問題を理論・実証の両面から理解することができるであろう．

12.1 2 標本問題　　check box □□□

2 種類の正規母集団 $N(\mu_1, \sigma_1^2), N(\mu_2, \sigma_2^2)$ を考え，それぞれから独立に抽出された無作為標本を

$$\{X_1, \cdots, X_{n_1}\} \overset{\text{i.i.d.}}{\sim} N(\mu_1, \sigma_1^2) \perp\!\!\!\perp \{Y_1, \cdots, Y_{n_2}\} \overset{\text{i.i.d.}}{\sim} N(\mu_2, \sigma_2^2) \qquad (12.1)$$

とおく．このとき，それぞれの母集団の母平均の差 $\delta := \mu_1 - \mu_2$ や母分散の比 $\psi := \sigma_1^2/\sigma_2^2$ を考え，2 組の無作為標本 $\{X_1, \cdots, X_{n_1}\}, \{Y_1, \cdots, Y_{n_2}\}$ からそれらの推定・検定を考えることによって 2 つの母集団分布の差異を推測することが，**正規 2 標本問題** (normal two sample problem) である．

本章では，まず正規 2 標本問題を理論面から考え，実際の数値例としては，3.3 節で読み込んだ新生児のデータフレーム `babies.frame` に関する体重や胸囲の平均・分散が性別に関して差異が存在するかどうかを，R を用いて推定・検定を行うことによって考える．

12.2 母分散比の推定と検定　　check box □□□

2 種類の正規母集団から独立に抽出された 2 組の無作為標本 $\{X_1, \cdots, X_{n_1}\}, \{Y_1, \cdots, Y_{n_2}\}$ から，それぞれの不偏分散

$$U_{1n_1}^2 := \frac{1}{n_1 - 1} \sum_{i=1}^{n_1} (X_i - \overline{X}_{n_1})^2, \qquad U_{2n_2}^2 := \frac{1}{n_2 - 1} \sum_{i=1}^{n_2} (Y_i - \overline{Y}_{n_2})^2$$

を考え，標本不偏分散比

$$\widehat{\psi}_{(n_1, n_2)} := \frac{U_{1n_1}^2}{U_{2n_2}^2}$$

を考える．

$$\frac{U_{1n_1}^2}{\sigma_1^2} \sim \frac{\chi_{n_1-1}^2}{n_1-1}, \qquad \frac{U_{2n_2}^2}{\sigma_2^2} \sim \frac{\chi_{n_2-1}^2}{n_2-1}, \qquad U_{1n_1}^2 \perp\!\!\!\perp U_{2n_2}^2$$

が成り立つことから，標本不偏分散比と母分散比の比に関する統計量について以下のことが成り立つ (8.3 節のエフ分布に関する箇所も参照)．

$$\frac{\widehat{\psi}_{(n_1,n_2)}}{\psi} = \frac{U_{1n_1}^2/\sigma_1^2}{U_{2n_2}^2/\sigma_2^2} \sim \frac{\chi_{n_1-1}^2/(n_1-1)}{\chi_{n_2-1}^2/(n_2-1)} \stackrel{\mathrm{d}}{=} F_{n_2-1}^{n_1-1} \tag{12.2}$$

特に，同一の分散 $\sigma_1^2 = \sigma_2^2 =: \sigma^2$ をもつ場合は，母分散比は $\psi = 1$ となり，

$$\frac{\widehat{\psi}_{(n_1,n_2)}}{\psi} = \widehat{\psi}_{(n_1,n_2)} = \frac{U_{1n_1}^2}{U_{2n_2}^2} = \frac{U_{1n_1}^2/\sigma^2}{U_{2n_2}^2/\sigma^2} \sim F_{n_2-1}^{n_1-1} \tag{12.3}$$

となる．

12.2.1　母分散比の点推定と区間推定

まず点推定には，理論的には標本分散比 $\widehat{\psi}_{(n_1,n_2)} = U_{1n_1}^2/U_{2n_2}^2$ を利用し，数値的には標本の不偏分散 $U_{1n_1}^2, U_{2n_2}^2$ の実現値であるデータ $\{x_1, \cdots, x_{n_1}\}, \{y_1, \cdots, y_{n_2}\}$ の不偏分散 $u_1^2 = \sum_{i=1}^{n_1}(x_i-\overline{x})^2/(n_1-1), u_2^2 = \sum_{i=1}^{n_2}(y_i-\overline{y})^2/(n_2-1)$ の分散比 $\widehat{\psi} := u_1^2/u_2^2$ を利用する．これらの役割は，以下のように概念的に表すことができる．

$$\psi \stackrel{\text{推定}}{\longleftarrow} \widehat{\psi}_{(n_1,n_2)} = \frac{U_{1n_1}^2}{U_{2n_2}^2} \qquad \text{(理論的)}$$

$$\psi \stackrel{\text{推定}}{\longleftarrow} \widehat{\psi} = \frac{u_1^2}{u_2^2} \qquad \text{(数値的)}$$

次に，区間推定について考えると，$F_{n_2-1}^{n_1-1}(\alpha/2), F_{n_2-1}^{n_1-1}(1-\alpha/2)$ を，それぞれ自由度 (n_1-1, n_2-1) のエフ分布 $F_{n_2-1}^{n_1-1}$ の上側 $100(\alpha/2)\%, 100(1-\alpha/2)\%$ 点とすると，統計量の分布に関する結果 (12.2) より，

$$P\left(F_{n_2-1}^{n_1-1}\left(1-\frac{\alpha}{2}\right) \le \frac{\widehat{\psi}_{(n_1,n_2)}}{\psi} \le F_{n_2-1}^{n_1-1}\left(\frac{\alpha}{2}\right)\right) = P\left(\frac{\widehat{\psi}_{(n_1,n_2)}}{F_{n_2-1}^{n_1-1}(\alpha/2)} \le \psi \le \frac{\widehat{\psi}_{(n_1,n_2)}}{F_{n_2-1}^{n_1-1}(1-\alpha/2)}\right)$$
$$= 1-\alpha$$

が成り立つので，区間

$$\left[\widehat{\psi}_{\mathrm{L}(n_1,n_2)}, \widehat{\psi}_{\mathrm{U}(n_1,n_2)}\right] := \left[\frac{\widehat{\psi}_{(n_1,n_2)}}{F_{n_2-1}^{n_1-1}(\alpha/2)}, \frac{\widehat{\psi}_{(n_1,n_2)}}{F_{n_2-1}^{n_1-1}(1-\alpha/2)}\right] \tag{12.4}$$

を考えると，

$$P\left(\widehat{\psi}_{\mathrm{L}(n_1,n_2)} \le \psi \le \widehat{\psi}_{\mathrm{U}(n_1,n_2)}\right) = P\left(\left[\widehat{\psi}_{\mathrm{L}(n_1,n_2)}, \widehat{\psi}_{\mathrm{U}(n_1,n_2)}\right] \ni \psi\right) = 1-\alpha$$

となり，区間 $\left[\widehat{\psi}_{\mathrm{L}(n_1,n_2)}, \widehat{\psi}_{\mathrm{U}(n_1,n_2)}\right]$ が母分散比 ψ に関する $100(1-\alpha)\%$ の信頼区間となる．このことを概念的に表すと，

$$\psi \stackrel{\text{推定}}{\longleftarrow} \left[\widehat{\psi}_{\mathrm{L}(n_1,n_2)}, \widehat{\psi}_{\mathrm{U}(n_1,n_2)}\right] \qquad \text{(理論的)}$$

となる．

信頼区間を具体的に数値で推定する際には，

$$[\widehat{\psi}_{\mathrm{L}},\ \widehat{\psi}_{\mathrm{U}}] = \left[\frac{\widehat{\psi}}{F_{n_2-1}^{n_1-1}(\alpha/2)},\ \frac{\widehat{\psi}}{F_{n_2-1}^{n_1-1}(1-\alpha/2)}\right] \tag{12.5}$$

を利用する．すなわち，

$$\psi \xleftarrow{\text{推定}} \left[\widehat{\psi}_{\mathrm{L}},\ \widehat{\psi}_{\mathrm{U}}\right] \qquad (\text{数値的})$$

となる．

12.2.2　R を用いた母分散比の点推定と区間推定

母分散比の推定の例として，新生児に関する女子と男子の体重の母分散をそれぞれ σ_1^2, σ_2^2 として，それらの母分散比 $\psi = \sigma_1^2/\sigma_2^2$ の点推定と区間推定を考える．その際，関数 with[1] を利用して，新生児のデータフレーム babies.frame の性別を表す列 gender における水準 "female" と "male" ごとに体重 weight を取り出したものに，母分散比の推測 (区間推定, 検定) を行うための関数 var.test を以下のように利用することによって，点推定と区間推定を行う．

```
> with(babies.frame,
+ var.test(weight[gender=="female"],weight[gender=="male"]))
        F test to compare two variances

data:  weight[gender == "female"] and weight[gender == "male"]
F = 0.81694, num df = 53, denom df = 45, p-value =
0.4772
alternative hypothesis: true ratio of variances is not equal to 1
95 percent confidence interval:
 0.4596096 1.4328762
sample estimates:
ratio of variances
          0.8169448
```

この結果から，母分散比 ψ の点推定値が

$$\widehat{\psi} = 0.8169448$$

であり，95% 信頼区間が，

$$[\widehat{\psi}_{\mathrm{L}},\ \widehat{\psi}_{\mathrm{U}}] = [0.4596096, 1.4328762]$$

で与えられることがわかる．

この例では，関数 with を利用したが，以下のように引数 formula に適切な式を与えることによって，少し簡素な入力でも同様の結果を得ることができる．

```
> var.test(weight~gender,babies.frame)
```

ここでは，データフレーム babies.frame の列 weight を "female", "male" の 2 つの水

---

[1] 一般に，データフレーム df から列 col を抽出するためには演算子 $ を利用して，df$col と書く必要があるが，この記述は複数の列を同時に利用して処理するような場合に煩雑になることがある．関数 with は with(df, col) のように利用し，データフレーム df の列名 col のみを指定することによって，その列を抽出して利用することを可能とする．

準をもつ因子型の列 gender で分類することを表す式 weight~gender を指定することによって，新生児の体重の分散比を推測している．

12.2.3 母分散比の検定

母分散比 $\psi = \sigma_1^2/\sigma_2^2$ に関する以下の仮説を考える．

$$\begin{cases} H_0: & \psi = 1 \\ H_1: & \psi \neq 1 \end{cases}$$

すなわち，$\psi = 1 \Leftrightarrow \sigma_1^2 = \sigma_2^2 (= \sigma^2)$ より，2 つの母集団分布の分散が等しいかどうかの「等分散性の検定」を行うことになる．

検定統計量とその実現値として，標本不偏分散比とデータの不偏分散比を考える．

$$\widehat{\psi}_{(n_1, n_2)} = \frac{U_{1n_1}^2}{U_{2n_2}^2}, \qquad \widehat{\psi} = \frac{u_1^2}{u_2^2} \tag{12.6}$$

ここで，等分散性が成り立つときの結果 (12.3) より，

$$\widehat{\psi}_{(n_1, n_2)} = \frac{U_{1n_1}^2}{U_{2n_2}^2} \sim F_{n_2-1}^{n_1-1} \qquad \text{(帰無仮説 } H_0 \text{ のもとで)} \tag{12.7}$$

が成り立つ．

有意水準を α とし，棄却域を

$$R = \left(0, F_{n_2-1}^{n_1-1}\left(1 - \frac{\alpha}{2}\right)\right] \quad \text{または} \quad \left[F_{n_2-1}^{n_1-1}\left(\frac{\alpha}{2}\right), \infty\right) \tag{12.8}$$

と設定する．ここで，$F_{n_2-1}^{n_1-1}(\alpha/2)$, $F_{n_2-1}^{n_1-1}(1-\alpha/2)$ は，それぞれ自由度 (n_1-1, n_2-1) のエフ分布 $F_{n_2-1}^{n_1-1}$ の上側 $100(\alpha/2)\%$, $100(1-\alpha/2)\%$ 点であることを思い出そう．なお，エフ分布の上側パーセント点の求め方については，付録 C.2 を参照してほしい．

12.2.4 R による母分散比の検定

母分散比の検定の具体例として，推定と同様に，新生児に関する女子と男子の体重の母分散比 ψ に関する検定

$$\begin{cases} H_0: & \psi = 1 \\ H_1: & \psi \neq 1 \end{cases}$$

を行う．検定に用いる R 関数は推定で利用したものと同じ var.test であり，検定結果は以下のように与えられる．

```
> var.test(weight~gender,babies.frame)
        F test to compare two variances

data:  weight by gender
F = 0.81694, num df = 53, denom df = 45, p-value =
0.4772
alternative hypothesis: true ratio of variances is not equal to 1
95 percent confidence interval:
 0.4596096 1.4328762
sample estimates:
ratio of variances
         0.8169448
```

この結果は推定のときと同じものであるが，検定に関しては次の点に留意してみる必要がある．まず，有意水準は明示されていないが，デフォルトで $\alpha = 0.05$ が設定されていることと，data: weight by gender より，(新生児の) 体重を性別によって分類している．次に，alternative hypothesis: true ratio of variances is not equal to 1 より，対立仮説が $\psi \neq 1$ の検定を実行していることがわかる．また，自由度が，それぞれ $n_1 - 1 = 53$ (num df = 53 [2])，$n_2 - 1 = 45$ (denom df = 45 [3]) で与えられることがわかり，さらに，F = 0.8169448 より，検定統計量の実現値が

$$\widehat{\psi} = 0.8169448$$

で与えられることがわかる．

棄却域は，

$$R = \left(0, F_{n_2-1}^{n_1-1}\left(1 - \frac{\alpha}{2}\right)\right] \quad \text{または} \quad \left[F_{n_2-1}^{n_1-1}\left(\frac{\alpha}{2}\right), \infty\right)$$
$$= (0, F_{45}^{53}(0.975)] \quad \text{または} \quad [F_{45}^{53}(0.025), \infty)$$
$$= (0, 0.5701433] \quad \text{または} \quad [1.7774755, \infty)$$

であるので，

$$\widehat{\psi} \notin R$$

となり，帰無仮説 H_0 は棄却できない．よって，有意水準 $\alpha = 0.05$ で，新生児の体重は性別間の分散比が 1 でないとはいえない．

なお，上側 97.5% 点 $F_{45}^{53}(0.975)$ と上側 2.5% 点 $F_{45}^{53}(0.025)$ は，以下のように求めることができる (付録 C.2 も参照)．

```
> qf(0.025,53,45)  # 上側 97.5 パーセント点の計算
[1] 0.5701433
> qf(0.975,53,45)  # 上側 2.5 パーセント点の計算
[1] 1.777475
```

以上の結果から，新生児の体重の母分散に関しては性別による差を見いだすことができなかったが，他の変量に対してはどうであろうか．そこで，新生児の胸囲 (chest) の母分散が性別による差があるかどうかを有意水準 $\alpha = 0.05$ で検定した結果が，以下のようなものである．

```
> var.test(chest~gender,babies.frame)
        F test to compare two variances

data:  chest by gender
F = 0.46446, num df = 53, denom df = 45, p-value =
0.007702
alternative hypothesis: true ratio of variances is not equal to 1
95 percent confidence interval:
 0.2613028 0.8146360
sample estimates:
ratio of variances
         0.4644593
```

---

[2] 分子自由度 (numerator degree of freedom) を指す．
[3] 分母自由度 (denominator degree of freedom) を指す．

この結果から，検定統計量の実現値が

$$\widehat{\psi} = 0.4644593$$

で与えられ，棄却域は，

$$R = (0, 0.5701433] \quad \text{または} \quad [1.7774755, \infty)$$

であるので，

$$\widehat{\psi} \in R$$

となり，帰無仮説 H_0 は棄却され，有意水準 $\alpha = 0.05$ で，新生児の胸囲は性別間の分散比が 1 でないといえる．よって，胸囲に関しては，性別間に母分散の差異が統計的に存在するという結論が得られた．

12.3 母平均の差の推定と検定

2種類の正規母集団から独立に抽出された2組の無作為標本 $\{X_1, \cdots, X_{n_1}\}, \{Y_1, \cdots, Y_{n_2}\}$ から，それぞれの標本平均

$$\overline{X}_{n_1} := \frac{1}{n_1} \sum_{i=1}^{n_1} X_i, \qquad \overline{Y}_{n_2} := \frac{1}{n_2} \sum_{i=1}^{n_2} Y_i$$

を考え，標本平均の差

$$\widehat{\delta}_{(n_1, n_2)} := \overline{X}_{n_1} - \overline{Y}_{n_2}$$

を考える．

$$\overline{X}_{n_1} \sim N\left(\mu_1, \frac{\sigma_1^2}{n_1}\right), \qquad \overline{Y}_{n_2} \sim N\left(\mu_2, \frac{\sigma_2^2}{n_2}\right), \qquad \overline{X}_{n_1} \perp\!\!\!\perp \overline{Y}_{n_2}$$

が成り立つことから，標本平均の差 $\widehat{\delta}_{(n_1, n_2)}$ について以下のことが成り立つ．

$$\widehat{\delta}_{(n_1, n_2)} = \overline{X}_{n_1} - \overline{Y}_{n_2} \sim N\left(\mu_1 - \mu_2, \frac{\sigma_1^2}{n_1} + \frac{\sigma_2^2}{n_2}\right) \tag{12.9}$$

特に，同一の分散 $\sigma_1^2 = \sigma_2^2 =: \sigma^2$ をもつ場合は，

$$\widehat{\delta}_{(n_1, n_2)} = \overline{X}_{n_1} - \overline{Y}_{n_2} \sim N\left(\delta, \sigma^2 \left(\frac{1}{n_1} + \frac{1}{n_2}\right)\right) \tag{12.10}$$

となる．

12.3.1 母平均の差の点推定と区間推定

推定に関しては，2つの母集団分布に関して等母分散性を仮定する．すなわち，$\sigma_1^2 = \sigma_2^2 = \sigma^2$ とする．

点推定には，理論的には標本平均の差 $\widehat{\delta}_{(n_1, n_2)} = \overline{X}_{n_1} - \overline{Y}_{n_2}$ を利用し，数値的には標本平均 $\overline{X}_{n_1}, \overline{Y}_{n_2}$ の実現値であるデータ $\{x_1, \cdots, x_{n_1}\}, \{y_1, \cdots, y_{n_2}\}$ の平均値 $\overline{x} = \sum_{i=1}^{n_1} x_i / n_1$,

$\overline{y} = \sum_{i=1}^{n_2} y_i/n_2$ の差 $\widehat{\delta} := \overline{x} - \overline{y}$ を利用する．これらの役割は，以下のように概念的に表すことができる．

$$\delta \xleftarrow{\text{推定}} \widehat{\delta}_{(n_1,n_2)} = \overline{X}_{n_1} - \overline{Y}_{n_2} \qquad \text{(理論的)}$$

$$\delta \xleftarrow{\text{推定}} \widehat{\delta} := \overline{x} - \overline{y} \qquad \text{(数値的)}$$

次に，区間推定について考える．等母分散性を仮定しているので，共通の母分散 σ^2 を，2 組の無作為標本を合併した以下のような不偏分散で推定する．

$$U_{n_1 n_2}^2 := \frac{1}{n_1 + n_2 - 2} \left\{ \sum_{i=1}^{n_1} (X_i - \overline{X}_{n_1})^2 + \sum_{j=1}^{n_2} (Y_j - \overline{Y}_{n_2})^2 \right\}$$

ここでは，合併不偏分散とよぶことにすると，この統計量の分布に関して以下のことが成り立つ．

$$U_{n_1 n_2}^2 \sim \frac{\sigma^2}{n_1 + n_2 - 2} \chi_{n_1+n_2-2}^2 \iff \frac{U_{n_1 n_2}^2}{\sigma^2} \sim \frac{\chi_{n_1+n_2-2}^2}{n_1 + n_2 - 2} \qquad (12.11)$$

この結果と標本平均の差の分布に関する結果 (12.10) より，

$$\frac{\widehat{\delta}_{(n_1,n_2)} - \delta}{\sqrt{U_{n_1 n_2}^2 \left(\frac{1}{n_1} + \frac{1}{n_2} \right)}} = \frac{\frac{\widehat{\delta}_{(n_1,n_2)} - \delta}{\sqrt{\sigma^2 \left(\frac{1}{n_1} + \frac{1}{n_2} \right)}}}{\sqrt{\frac{U_{n_1 n_2}^2}{\sigma^2}}}$$

$$\sim \frac{N(0,1)}{\sqrt{\chi_{n_1+n_2-2}^2/(n_1+n_2-2)}} \stackrel{\text{d}}{=} t_{n_1+n_2-2} \qquad (12.12)$$

が成り立つ．この結果を使うと，

$$P\left(-t_{n_1+n_2-2}\left(\frac{\alpha}{2}\right) \leq \frac{\widehat{\delta}_{(n_1,n_2)} - \delta}{\sqrt{U_{n_1 n_2}^2 \left(\frac{1}{n_1} + \frac{1}{n_2} \right)}} \leq t_{n_1+n_2-2}\left(\frac{\alpha}{2}\right) \right)$$

$$= P\left(\widehat{\delta}_{(n_1,n_2)} - t_{n_1+n_2-2}\left(\frac{\alpha}{2}\right) \sqrt{U_{n_1 n_2}^2 \left(\frac{1}{n_1} + \frac{1}{n_2} \right)} \leq \delta \right.$$

$$\left. \leq \widehat{\delta}_{(n_1,n_2)} + t_{n_1+n_2-2}\left(\frac{\alpha}{2}\right) \sqrt{U_{n_1 n_2}^2 \left(\frac{1}{n_1} + \frac{1}{n_2} \right)} \right)$$

$$= 1 - \alpha$$

が成り立つ．ここで，$t_{n_1+n_2-2}(\alpha/2)$ は，自由度 (n_1+n_2-2) のティー分布 $t_{n_1+n_2-2}$ の上側 $100(\alpha/2)\%$ 点である．ティー分布の上側パーセント点の求め方については，付録 C.2.2 を参照してほしい．

よって，区間

$$\left[\widehat{\delta}_{\mathrm{L}(n_1,n_2)}, \widehat{\delta}_{\mathrm{U}(n_1,n_2)} \right] := \left[\widehat{\delta}_{(n_1,n_2)} \pm t_{n_1+n_2-2}\left(\frac{\alpha}{2}\right) \sqrt{U_{n_1 n_2}^2 \left(\frac{1}{n_1} + \frac{1}{n_2} \right)} \right] \qquad (12.13)$$

を考えると[4],

$$P\left(\widehat{\delta}_{L(n_1,n_2)} \le \delta \le \widehat{\delta}_{U(n_1,n_2)}\right) = P\left(\left[\widehat{\delta}_{L(n_1,n_2)},\ \widehat{\delta}_{U(n_1,n_2)}\right] \ni \delta\right) = 1 - \alpha$$

となり，区間 $\left[\widehat{\delta}_{L(n_1,n_2)}, \widehat{\delta}_{U(n_1,n_2)}\right]$ が母平均の差 δ に関する $100(1-\alpha)\%$ の信頼区間となる．このことを概念的に表すと，

$$\delta \overset{\text{推定}}{\longleftarrow} \left[\widehat{\delta}_{L(n_1,n_2)},\ \widehat{\delta}_{U(n_1,n_2)}\right] \qquad \text{(理論的)}$$

となる．

信頼区間を具体的に数値で推定する際には，

$$[\widehat{\delta}_L,\ \widehat{\delta}_U] = \left[\widehat{\delta} \pm t_{n_1+n_2-2}\left(\frac{\alpha}{2}\right) \sqrt{u^2\left(\frac{1}{n_1} + \frac{1}{n_2}\right)}\right] \tag{12.14}$$

を利用する．すなわち，次のようになる．

$$\delta \overset{\text{推定}}{\longleftarrow} \left[\widehat{\delta}_L,\ \widehat{\delta}_U\right] \qquad \text{(数値的)}$$

12.3.2　R による母平均の差の点推定と区間推定

母平均の差の推定の例として，新生児に関する女子と男子の体重の母平均をそれぞれ μ_1, μ_2 として，それらの母平均の差 $\delta = \mu_1 - \mu_2$ の点推定と区間推定を考える．その際，前節で行った検定の結果から，体重の母分散に関して性別間に差異は認められなかったので，等分散性が満たされているものとする．等分散性のもとで平均値の差を推定するためには，関数 t.test に引数 var.equal=TRUE を与えて，以下のように利用する．

```
> t.test(weight~gender,babies.frame,var.equal=TRUE)
        Two Sample t-test

data:  weight by gender
t = -1.7385, df = 98, p-value = 0.08527
alternative hypothesis: true difference in means is not equal to 0
95 percent confidence interval:
 -259.4297   17.1431
sample estimates:
mean in group female   mean in group male
           3064.074             3185.217
```

この結果から，母平均の差 δ の点推定値が

$$\widehat{\delta} = \widehat{\mu}_1 - \widehat{\mu}_2 = 3064.074 - 3185.217 = -121.143$$

であり，95% 信頼区間が，

$$[\widehat{\delta}_L,\ \widehat{\delta}_U] = [-259.4297, 17.1431]$$

で与えられることがわかる．

---

[4]　ここで，$[a \pm b] := [a-b, a+b]$ $(b \ge 0)$ という記号を使った．

12.3.3 母平均の差の検定

母平均の差 $\delta = \mu_1 - \mu_2$ に関する以下の仮説を考える．

$$\begin{cases} H_0: & \delta = 0 \\ H_1: & \delta \neq 0 \end{cases}$$

このことは，$\delta = \mu_1 - \mu_2 = 0$ のとき $\mu_1 = \mu_2$ となり，2 つの母集団分布の母平均が等しいかどうかの検定

$$\begin{cases} H_0: & \mu_1 = \mu_2 \\ H_1: & \mu_1 \neq \mu_2 \end{cases}$$

を行うことになる．

母平均の差の検定は，等分散性の仮定が満たされている場合と満たされない場合で検定法が異なる．

12.3.4 等分散の場合

等分散性が満たされている場合を考える．検定統計量とその実現値として，以下のものを考える．

$$T_{n_1 n_2} := \frac{\widehat{\delta}_{(n_1, n_2)}}{\sqrt{U_{n_1 n_2}^2 \left(\frac{1}{n_1} + \frac{1}{n_2}\right)}}, \quad t := \frac{\widehat{\delta}}{\sqrt{u^2 \left(\frac{1}{n_1} + \frac{1}{n_2}\right)}} \quad (12.15)$$

ここで，帰無仮説が成り立つときは，結果 (12.12) より，

$$T_{n_1 n_2} \sim t_{n_1 + n_2 - 2} \quad (\text{帰無仮説 } H_0 \text{ のもとで}) \quad (12.16)$$

が成り立つ．

有意水準を α とし，棄却域を

$$R = \left(-\infty, -t_{n_1 + n_2 - 2}\left(\frac{\alpha}{2}\right)\right] \quad \text{または} \quad \left[t_{n_1 + n_2 - 2}\left(\frac{\alpha}{2}\right), \infty\right) \quad (12.17)$$

と設定する．ここで，$t_{n_1 + n_2 - 2}(\alpha/2)$ は，自由度 $(n_1 + n_2 - 2)$ のティー分布 $t_{n_1 + n_2 - 2}$ の上側 $100(\alpha/2)\%$ 点である．

12.3.5 R による母平均の差の検定 (等分散の場合)

母平均の差の検定の具体例として，推定と同様に新生児に関する女子と男子の体重の母平均の差 δ に関する検定

$$\begin{cases} H_0: & \delta = 0 \\ H_1: & \delta \neq 0 \end{cases}$$

を行う．検定に用いる R 関数は，推定で利用したものと同じ t.test であり，検定結果は以下のように与えられる．

```
> t.test(weight~gender,babies.frame,var.equal=TRUE)
        Two Sample t-test

data:  weight by gender
```

```
t = -1.7385, df = 98, p-value = 0.08527
alternative hypothesis: true difference in means is not equal to 0
95 percent confidence interval:
 -259.4297   17.1431
sample estimates:
mean in group female    mean in group male
           3064.074              3185.217
```

この結果は推定のときと同じものであるが，検定に関しては，等分散性の検定の場合と同様に次の点に留意してみる必要がある．まず，有意水準は明示されていないが，デフォルトで $\alpha = 0.05$ が設定されていることと，data: weight by gender より，(新生児の) 体重を性別によって分類していることがわかる．次に，alternative hypothesis: true difference in means is not equal to 0 より，対立仮説が $\delta \neq 0$ の検定を実行していることがわかる．また，df = 98 より自由度が $n_1 + n_2 - 2 = 98$ で与えられることがわかり，さらに，t = -1.7384568 より，検定統計量の実現値が

$$t = -1.7384568$$

で与えられることがわかる．

棄却域は，

$$R = \left(-\infty, -t_{n_1+n_2-2}\left(\frac{\alpha}{2}\right)\right] \quad \text{または} \quad \left[t_{n_1+n_2-2}\left(\frac{\alpha}{2}\right), \infty\right)$$
$$= (-\infty, -t_{98}(0.025)] \quad \text{または} \quad [t_{98}(0.025), \infty)$$
$$= (-\infty, -1.9844675] \quad \text{または} \quad [1.9844675, \infty)$$

であるので，

$$t \notin R$$

となり，帰無仮説 H_0 は棄却できない．よって，有意水準 $\alpha = 0.05$ で，新生児の体重は性別間の母平均の差が 0 でないとはいえない．なお，ティー分布の上側 2.5% 点 $t_{98}(0.025) = 1.984467$ は，以下のように求めることができる (付録 C.2.2 も参照)．

```
> qt(0.975,98) #ティー分布の上側 2.5 パーセント点の計算
[1] 1.984467
```

12.3.6 等分散ではない場合

等分散性が満たされていない場合を考える．検定統計量とその実現値として，以下のものを考える．

$$T_\phi := \frac{\widehat{\delta}_{(n_1,n_2)}}{\sqrt{\frac{U_{1n_1}^2}{n_1} + \frac{U_{2n_2}^2}{n_2}}}, \qquad t := \frac{\widehat{\delta}}{\sqrt{\frac{u_1^2}{n_1} + \frac{u_2^2}{n_2}}} \qquad (12.18)$$

ここで，検定統計量 T_ϕ の分布は未知の母分散比 $\psi = \sigma_1^2/\sigma_2^2$ に影響を受けて，帰無仮説のもとでも正確なティー分布に従わないという問題がある[5]．この問題に対していくつかの近似的な結果が与えられており，その中でも著名なものが**ウェルチの検定** (Welch's test) である．この検定は，検定統計量 T_ϕ の帰無仮説のもとでの分布を，

---

5) ベーレンス-フィッシャー問題 (Beherens-Fisher's problem) とよばれる．

$$T_\phi \stackrel{a}{\sim} t_\phi \qquad (\text{帰無仮説 } H_0 \text{ のもとで}) \tag{12.19}$$

で近似し，有意水準 α に対して棄却域を

$$R = \left(-\infty, -t_\phi\left(\frac{\alpha}{2}\right)\right] \quad \text{または} \quad \left[t_\phi\left(\frac{\alpha}{2}\right), \infty\right) \tag{12.20}$$

と設定することによって検定を行うものである．ただし，自由度 ϕ は以下で決定されるものである．

$$\phi = \left(\frac{w_1^2}{n_1 - 1} + \frac{w_2^2}{n_2 - 1}\right)^{-1} \tag{12.21}$$

ここで，

$$w_1 := \frac{u_1^2/n_1}{u_1^2/n_1 + u_2^2/n_2}, \qquad w_2 := 1 - w_1 = \frac{u_2^2/n_2}{u_1^2/n_1 + u_2^2/n_2} \tag{12.22}$$

とおいた．

12.3.7　Rによる母平均の差の検定 (等分散ではない場合)

等分散性が成り立たない場合の母平均の差に関するウェルチの検定の例として，新生児に関する女子と男子の胸囲の母平均の差 δ に関する検定

$$\begin{cases} H_0: & \delta = 0 \\ H_1: & \delta \neq 0 \end{cases}$$

を考える．前節の結果から，胸囲に関しては等分散性が成り立たないという結果を思い出そう．

検定に用いる R 関数は推定で利用したものと同じ t.test であり，検定結果は以下のように与えられる．

```
> t.test(chest~gender,babies.frame)
        Welch Two Sample t-test

data:  chest by gender
t = -0.93051, df = 77.37, p-value = 0.355
alternative hypothesis: true difference in means is not equal to 0
95 percent confidence interval:
 -1.0086778  0.3661657
sample estimates:
mean in group female   mean in group male
           31.97222              32.29348
```

まず，Welch Two Sample t-test という表示から，ウェルチの検定が利用されていることがわかる．有意水準は明示されていないが，デフォルトで $\alpha = 0.05$ が設定されており，等分散性を仮定する引数 var.equal が指定されていない．

また，自由度が $\phi = 77.37$ (df = 77.37) で与えられることがわかり，さらに，t = -0.93051 より，検定統計量の実現値が

$$t = -0.93051$$

で与えられることがわかる．

棄却域は，

$$R = \left(-\infty, -t_\phi\left(\frac{\alpha}{2}\right)\right] \quad \text{または} \quad \left[t_\phi\left(\frac{\alpha}{2}\right), \infty\right)$$
$$= (-\infty, -t_{77.37}(0.025)] \quad \text{または} \quad [t_{77.37}(0.025), \infty)$$
$$= (-\infty, -1.991102] \quad \text{または} \quad [1.991102, \infty)$$

であるので,

$$t \notin R$$

となり,帰無仮説 H_0 は棄却できない.よって,有意水準 $\alpha = 0.05$ で,新生児の胸囲も性別間の母平均の差が 0 でないとはいえない.

なお,ティー分布の上側 2.5% 点 $t_{77.37}(0.025) = 1.991102$ は,以下のように求めることができる (付録 C.2.2 も参照).

```
> qt(0.975,77.37)  # ティー分布の上側 2.5 パーセント点の計算
[1] 1.991102
```

演習問題

Q 12.1 3.3 節で読み込んだ新生児に関するデータフレーム babies.frame の体重 weight に関して,以下の設問に答えよ.

(1) 性別ごとのボックスプロットを描き,比較せよ.

(2) 母平均の差 $\delta = \mu_1 - \mu_2$ に関する以下の仮説検定を行え.

$$\begin{cases} H_0: & \delta = 0 \\ H_1: & \delta < 0 \end{cases}$$

ただし,μ_1, μ_2 は,それぞれ女子,男子の新生児の平均体重とする.

Q 12.2 新生児のデータフレーム babies.frame の頭囲 head に関して,以下の設問に答えよ.

(1) 性別ごとのボックスプロットを描き,比較せよ.

(2) 等分散であるかどうかを検定せよ.

(3) (2) の結果を考慮して,母平均に差があるかどうかを検定せよ.

Q 12.3 2 組のデータ

$$\{x_1, \cdots, x_{n_1}\}, \quad \{y_1, \cdots, y_{n_2}\}$$

のそれぞれの平均値

$$\overline{x} := \frac{1}{n_1} \sum_{i=1}^{n_1} x_i, \quad \overline{y} := \frac{1}{n_2} \sum_{i=1}^{n_2} y_i$$

と不偏分散

$$u_1^2 := \frac{1}{n_1 - 1} \sum_{i=1}^{n_1} (x_i - \overline{x})^2, \quad u_2^2 := \frac{1}{n_2 - 1} \sum_{i=1}^{n_2} (y_i - \overline{y})^2$$

が与えられているとする.以下の設問に答えよ.

(1) 合併したデータ

$$\{z_1, \cdots, z_n\} := \{x_1, \cdots, x_{n_1}, y_1, \cdots, y_{n_2}\}$$

に関する平均値 $\overline{z}$,分散 s^2,不偏分散 u^2 を,平均値 $\overline{x}, \overline{y}$ と不偏分散 u_1^2, u_2^2 を用いて表せ.

(2) データの個数 n_1, n_2,平均値 $\overline{x}, \overline{y}$,不偏分散 u_1^2, u_2^2 を引数として与えることによって,母平均の差の検定を行う関数 mu.test を作成せよ.

(3) (1) の結果を用いてデータの個数 n_1, n_2, 平均値 $\bar{x}, \bar{y}$, 不偏分散 u_1^2, u_2^2 を引数として与えることによって，合併データに関するデータの個数 n, 平均値 $\bar{z}$, 分散 s^2, 不偏分散 u^2, (分散, 不偏分散にもとづく) 標準偏差 s, u を計算するための R 関数 restore を作成せよ．

Q 12.4 平成 12 年 (2000 年) の乳幼児身体発育調査[6])によると，新生児 (単胎) の体重は女子 (x) と男子 (y) に関して，データの個数, 平均値, 不偏分散がそれぞれ以下のように与えられている．

$$n_1 = 1875, \quad \bar{x} = 2980, \quad u_1^2 = 380^2$$
$$n_2 = 1981, \quad \bar{y} = 3050, \quad u_2^2 = 400^2$$

ただし，単位は g である．以下の設問に答えよ．

(1) Q 12.3 で作成した関数 mu.test を用いて，新生児の体重に関して女子と男子との間に差があるかどうかの検定を行え．

(2) Q 12.3 で作成した関数 restore を用いて，女子と男子を合併した「新生児」に関する平均体重, 不偏分散と標準偏差を求めよ．

---

[6]) 厚生労働省の Web ページ (http://www.mhlw.go.jp/) を参照．

回帰分析

13 （前章：12 2標本問題）

家族における親と(成人した)子どもの身長には何らかの関係があることが予想されるが，このような問題は統計学において**回帰** (regression) とよばれ，古くから研究されてきた．本章では，まず単一の説明変数をもつ回帰モデル(単回帰モデル)を使った分析(単回帰分析)を扱い，次に2個の説明変数をもつ回帰モデル(重回帰モデル)による分析(重回帰分析)を行う．本章も他の章と同様に，回帰分析の理論的な側面を述べた後，R を利用し実際のデータを解析することによって，応用の側面も強化する形式をとった．ここで扱われている事項を学ぶことによって，回帰分析の基礎を理論から応用までバランスよく学ぶことができるであろう．

なお，本章で扱う回帰は「直線」や「平面」をデータに当てはめる，いわゆる**線形回帰** (linear regression) であることを強調しておく．解説の都合上必要となり新たに作成された関数は付録 E.8 に与えた[1]．

13.1 単回帰分析

13.1.1 単回帰モデル

例えば，家族の親の身長と成人した子どもの身長や，ある年度の企業の従業員数と売上高，またある年の家計の所得と消費などのように2つの変量 (X, Y) を考え，その実現値 (x, y) の間にどのような関係があるかということを考えることは古くから行われてきた．

ここでは，x と y を変数として，それらの間に直線関係(線形関係)があるかを調べる**単回帰分析** (simple regression analysis)[2]を扱う．x と y の間に以下の関係が成り立つと仮定する．

$$y = \beta_0 + \beta_1 x + \epsilon \tag{13.1}$$

これは，**単回帰モデル** (simple regression model) とよばれ，各項は以下のようによばれる．

- y：**応答変数** (response variable)
- x：**説明変数** (explanatory variable)
- β_0, β_1：**回帰係数** (regression coefficients)
- ϵ：**誤差** (error)

ここで，応答変数 y と説明変数 x は既知であり，回帰係数 β_0, β_1 は未知母数である．また，誤差 ϵ は未知である．なお，変数 x, y は，ここで与えた以外にも分野によって様々な名称が存在する[3]．

---

[1] 付録 E.8 に与えた関数のソースコードのファイルは，「本書の使い方」で述べた方法で入手可能である．
[2] ここで，「単」は「単一」の独立変数を使って分析することを表す．
[3] 例えば，x は**独立変数** (independent variable)，y は**従属変数** (dependent variable) とよばれる．

単回帰モデル (13.1) における直線部分

$$y = \beta_0 + \beta_1 x \tag{13.2}$$

は，**母回帰直線** (population regression line) とよばれ，右辺

$$\eta := \beta_0 + \beta_1 x \tag{13.3}$$

は，**線形予測子** (linear predictor) とよばれる．

単回帰モデルは，入力を x とし，出力を y とする (線形) システムという観点から説明すると，図 13.1 のように理解できる[4]．

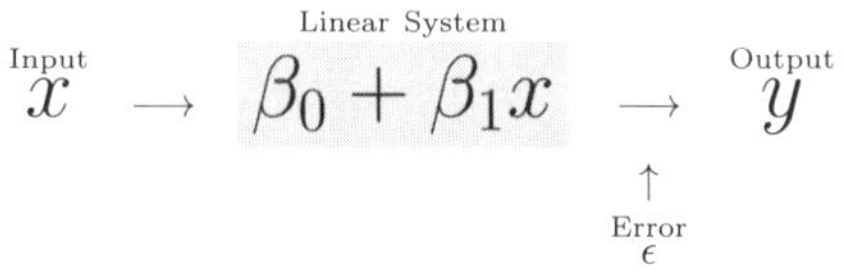

統計的な単回帰モデル $y = \beta_0 + \beta_1 x + \epsilon$ と数学的な線形モデル (直線) $y = \beta_0 + \beta_1 x$ との相違は，線形システム $\beta_0 + \beta_1 x$ に誤差 ϵ が加わることにあり，応答 y は誤差をともなってしか観測できない．

図 13.1 線形システムと単回帰モデル

実際に，変数のセット (x, y) に関する n 組の観測値 (2 変量データ) (x_i, y_i) $(i = 1, \cdots, n)$ が与えられた場合は，単回帰モデル (13.1) は以下のように成分で表される．

$$y_i = \beta_0 + \beta_1 x_i + \epsilon_i \qquad (i = 1, \cdots, n) \tag{13.4}$$

これを単回帰モデルの「成分表現」とよぶことにすると，"i" は観測対象である個体 (individual) の番号を表している．

単回帰モデルの成分表現は，表 13.1 のようにまとめることができる．

表 13.1 単回帰モデルの成分表現

i	y_i	$=$	β_0	$+$	$\beta_1 x_i$	$+$	ϵ_i
1	y_1	$=$	β_0	$+$	$\beta_1 x_1$	$+$	ϵ_1
2	y_2	$=$	β_0	$+$	$\beta_1 x_2$	$+$	ϵ_2
$\vdots$	$\vdots$						
n	y_n	$=$	β_0	$+$	$\beta_1 x_n$	$+$	ϵ_n

13.1.2 最小自乗法と最小自乗推定値

単回帰モデル (13.4) における回帰係数 β_0, β_1 は未知母数であるので，これらをどのようにデータから推定すればよいのかということが問題となる．

この問題の標準的な解決法は，誤差の平方和を最小にするような β_0, β_1 でそれらを推定する方法，すなわち**最小自乗法** (least squares method) である．具体的には，誤差平方和

$$\Delta^2(\beta_0, \beta_1) := \sum_{i=1}^n \epsilon_i^2 = \sum_{i=1}^n (y_i - \beta_0 - \beta_1 x_i)^2 \tag{13.5}$$

を β_0, β_1 に関して最小化することによって定式化される．

---

[4] このように説明すると，あたかも x が「原因」(cause), y が「結果」(result) という「因果関係」(causality) を表すように誤解される傾向にあるが，一般に回帰分析は，x を固定したもとで y の平均や分散，分布などを考察するための分析法であり，因果関係を扱っていないことに注意しよう．

13.1 単回帰分析

$$\boxed{\text{最小自乗法の定式化} \quad \Delta^2(\beta_0, \beta_1) \longrightarrow \min_{\beta_0, \beta_1}}$$

ここで，誤差平方和は

$$\Delta^2(\beta_0, \beta_1) = n\beta_0^2 + \left(\sum_{i=1}^n x_i^2\right)\beta_1^2 - 2\left(\sum_{i=1}^n y_i\right)\beta_0 - 2\left(\sum_{i=1}^n x_i y_i\right)\beta_1 + 2\left(\sum_{i=1}^n x_i\right)\beta_0\beta_1$$
$$+ \sum_{i=1}^n y_i^2$$

と表すことができ，データセット (x_i, y_i) $(i = 1, \cdots, n)$ は既知であることから，図 13.2 で与えられるような (β_0, β_1) に関する曲面 (2次曲面) となる．

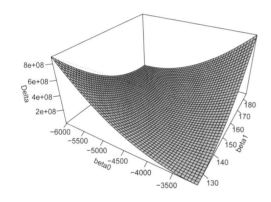

図 13.2 誤差平方和 $\Delta^2(\beta_0, \beta_1)$ の曲面．新生児に関するデータフレーム babies.frame (3.3 節を参照) における身長と体重のデータを用いた場合．

なお，図 13.2 は，付録 E.8 で与えた関数 plot.quadratic を利用し，以下のように入力することによって描いている．

> `plot.quadratic(babies.frame$height,babies.frame$weight)`

誤差平方和 $\Delta^2(\beta_0, \beta_1)$ の最小化は，極値問題に置き換えて解く方法がとられ，以下のように，回帰係数 β_0, β_1 で誤差平方和を偏微分したものをゼロとおくことによって実行される．

$$\begin{cases} \dfrac{\partial \Delta^2(\beta_0, \beta_1)}{\partial \beta_0} = -2\sum_{i=1}^n (y_i - \beta_0 - \beta_1 x_i) = 0 \\ \dfrac{\partial \Delta^2(\beta_0, \beta_1)}{\partial \beta_1} = -2\sum_{i=1}^n x_i(y_i - \beta_0 - \beta_1 x_i) = 0 \end{cases}$$

この式を整理することによって，以下のような β_0, β_1 に関する連立 1 次方程式が得られる．

$$\begin{cases} n\beta_0 + \left(\sum_{i=1}^n x_i\right)\beta_1 = \sum_{i=1}^n y_i \\ \left(\sum_{i=1}^n x_i\right)\beta_0 + \left(\sum_{i=1}^n x_i^2\right)\beta_1 = \sum_{i=1}^n x_i y_i \end{cases} \quad (13.6)$$

この方程式は**正規方程式** (normal equation) とよばれる．また，その解は回帰係数 β_0, β_1 に対する**最小自乗推定値** (least squares estimates) とよばれ，以下のように与えられる．

$$\begin{cases} \beta_0 = \overline{y} - \widehat{\beta}_1 \overline{x} =: \widehat{\beta}_0 \\ \beta_1 = \dfrac{s_{xy}}{s_x^2} = r_{xy} \dfrac{s_y}{s_x} =: \widehat{\beta}_1 \end{cases} \tag{13.7}$$

ここで,

$$\overline{x} := \frac{1}{n}\sum_{i=1}^{n} x_i, \qquad s_x^2 := \frac{1}{n}\sum_{i=1}^{n}(x_i - \overline{x})^2, \qquad s_x := \sqrt{s_x^2}$$

$$\overline{y} := \frac{1}{n}\sum_{i=1}^{n} y_i, \qquad s_y^2 := \frac{1}{n}\sum_{i=1}^{n}(y_i - \overline{y})^2, \qquad s_y := \sqrt{s_y^2}$$

$$s_{xy} := \frac{1}{n}\sum_{i=1}^{n}(x_i - \overline{x})(y_i - \overline{y}), \qquad r_{xy} := \frac{s_{xy}}{s_x s_y}$$

であり,これらは,データから求められた平均 $(\overline{x}, \overline{y})$,分散 (s_x^2, s_y^2),標準偏差 (s_x, s_y),共分散 (s_{xy}^2),相関係数 (r_{xy}) である.これらの値より,最小自乗推定値は,回帰係数を数値的に推定することができる.

$$\beta_0 \xleftarrow{\text{推定}} \widehat{\beta}_0, \qquad \beta_1 \xleftarrow{\text{推定}} \widehat{\beta}_1 \qquad (\text{数値的})$$

13.1.3 標本回帰直線,当てはめ値,残差

最小自乗推定値 $\widehat{\beta}_0, \widehat{\beta}_1$ を切片と傾きとしてもつ直線

$$y = \widehat{\beta}_0 + \widehat{\beta}_1 x \tag{13.8}$$

は,母回帰直線に対して**標本回帰直線** (sample regression line) とよばれる.また,説明変数の観測値 x_i におけるこの直線上の値を,**当てはめ値** (fitted value) または**予測値** (predicted value) とよぶ.

$$\widehat{y_i} := \widehat{\beta}_0 + \widehat{\beta}_1 x_i \tag{13.9}$$

さらに,当てはめ値と応答変数の観測値の差を**残差** (residual) とよび,

$$e_i := y_i - \widehat{y_i} = y_i - (\widehat{\beta}_0 + \widehat{\beta}_1 x_i) \tag{13.10}$$

で定義する.応答変数の観測値 y_i と当てはめ値 $\widehat{y_i}$,そして残差 e_i の間には,以下の関係が成り立つ (図 13.3 も参照).

$$y_i = \widehat{y_i} + e_i = \widehat{\beta}_0 + \widehat{\beta}_1 x_i + e_i \tag{13.11}$$

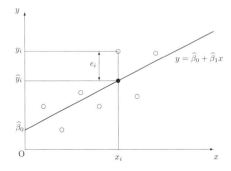

図 13.3 標本回帰直線,当てはめ値,残差の関係

注意 13.1 単回帰モデル
$$y_i = \beta_0 + \beta_1 x_i + \epsilon_i$$
と最小自乗法によって導かれる等式
$$y_i = \widehat{\beta_0} + \widehat{\beta_1} x_i + e_i$$
を見比べると，最小自乗推定値 $\widehat{\beta_0}, \widehat{\beta_1}$ は回帰係数 β_0, β_1 の推定値であるので明らかに対応するが，特に誤差 ϵ_i と残差 e_i が対応する．このことは，後述するように，誤差分散の推定には残差が利用されることの一つの理由である．

注意 13.2 通常の標本回帰直線における傾き β_1 と標本相関係数 r_{xy} との間には明確な関係は見いだせなかったが，
$$\begin{aligned} y &= \widehat{\beta_0} + \widehat{\beta_1} x = \overline{y} + \widehat{\beta_1}(x - \overline{x}) \\ &= \overline{y} + r_{xy} \frac{s_y}{s_x}(x - \overline{x}) \end{aligned}$$
という変形によって，
$$\left(\frac{y - \overline{y}}{s_y}\right) = r_{xy} \left(\frac{x - \overline{x}}{s_x}\right) \tag{13.12}$$
が成り立つ．この式から，x と y を「標準化」したものを新たに変数とする直線の傾きが，x と y の標本相関係数で与えられることがわかる．

13.1.4　Rによる単回帰分析

では実際の例として，新生児のデータフレーム babies.frame (3.3 節を参照) を利用し，単回帰分析を行うことを考えよう．新生児の身長 height を説明変数 x とし，体重 weiht を応答変数 y とすると，単回帰分析の目的は 2 変量データ $(x_i, y_i) = (\text{height}_i, \text{weight}_i)$ 間に「直線関係」が成り立つかどうかを調べることであるので，9.4 節で扱った散布図を描くことによって可視化することで検証しよう．

以下のように入力することによって，図 13.4 のような散布図が描かれる．

```
> plot(weight~height,babies.frame)
```

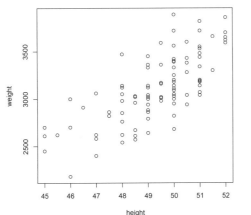

図 13.4　散布図

この結果から，身長と体重の間には正確な直線関係はみられないが，右肩上がりの関係があることがみてとれて，正の相関があることがわかる．実際に，身長と体重の相関係数は，

```
> cor(babies.frame$height,babies.frame$weight)
[1] 0.7199851
```

となり，正の相関があることが数値的に確かめられる．

次に，単回帰モデル

$$\text{weihgt}_i = \beta_0 + \beta_1 \text{height}_i + \epsilon_i \qquad (i = 1, \cdots, n\, (= 100)) \qquad (13.13)$$

をデータに当てはめる．R で (線形) 回帰モデルを当てはめるための関数は lm [5] であり，一般的な利用法は以下のようなものである．

```
lm(formula, data)
```

ここで，引数 formula に**モデル式** (model formula) を与え，引数 data にデータフレームを与える．ここでは，単回帰モデル (13.13) を R のモデル式として書き直すと，

```
weight ~ height
```

となり，「weight を height でモデル化 (modeling) する」と読み替えると理解しやすいであろう [6]．

では，以下のように入力することによって，データフレーム babies.frame に上記のモデルを当てはめる．当てはめた結果をオブジェクト babies.lm.wh に付値している．

```
> (babies.lm.wh<-lm(weight~height,babies.frame))
Call:
lm(formula = weight ~ height, data = babies.frame)

Coefficients:
(Intercept)         height
    -4534.4          155.2
```

この結果は，最小自乗推定値が

$$\widehat{\beta}_0 = -4534.4, \qquad \widehat{\beta}_1 = 155.2$$

で与えられることを表している．結果のオブジェクト babies.lm.wh から最小自乗推定値を抽出したいときは，関数 coef [7] を以下のように利用すればよい．

```
> coef(babies.lm.wh)
(Intercept)        height
 -4534.4097      155.1948
```

この結果を関数 abline [8] に引数として与えることによって，標本回帰直線

$$y = \widehat{\beta}_0 + \widehat{\beta}_1 x = -4534.40975 + 155.19484 x$$

---

5) 線形モデル (linear model) の略．
6) この表記法は，R におけるモデルを記述することにおいて共通するものであり，様々なモデルを統一的なルールで表現することができる．
7) 係数 (coefficient) の略．
8) 切片 a，傾き b の直線 $y = a + bx$ を描くための関数．

を散布図に追加して描くことができる[9] (図 13.5 を参照).

```
> plot(weight~height,babies.frame)
> abline(coef(babies.lm.wh))
```

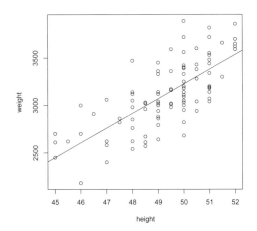

図 13.5　散布図と標本回帰直線

13.1.5　最小自乗推定量の性質

ここまでは，誤差 ϵ_i は (未知の) 数値として扱ってきたが，ここからは確率変数として確率的に変動するものと考え，ε_i と改めて書くことにする．誤差に関する仮定として，独立に同一の正規分布 $N(0, \sigma^2)$ に従うことを仮定する．

$$\varepsilon_i \overset{\text{i.i.d.}}{\sim} N(0, \sigma^2) \qquad (i = 1, \cdots, n) \tag{13.14}$$

ここで，誤差の分散 σ^2 は**誤差分散** (error variance) とよばれ，未知母数である．

誤差が確率的に変動することから，応答変数も変量 (確率変数) として扱い，Y_i と書くことにする．このような設定のもとで単回帰モデルの成分表現は，

$$Y_i = \beta_0 + \beta_1 x_i + \varepsilon_i \qquad (i = 1, \cdots, n) \tag{13.15}$$

と表すことができる．特に応答変数 Y_i は，独立に正規分布 $N(\beta_0 + \beta_1 x_i, \sigma^2)$ に従う．

$$Y_i \overset{\text{ind.}}{\sim} N(\beta_0 + \beta_1 x_i, \sigma^2) \qquad (i = 1, \cdots, n) \tag{13.16}$$

ここで，"$X_i \overset{\text{ind.}}{\sim} P_i \, (i = 1, \cdots, n)$" は，確率変数 $X_1, \cdots, X_n$ がそれぞれ独立に分布 $P_1, \cdots, P_n$ に従うことを表す記号である．この結果は，応答変数 Y_i の分散が誤差分散と一致することを表しており，よって，その変動は誤差の変動によって表されることを意味する[10]．

この仮定のもとで，**最小自乗推定量** (least square estimator) は，

$$\begin{cases} \widehat{\beta}_{0n} := \overline{Y}_n - \widehat{\beta}_{1n}\overline{x} \\ \widehat{\beta}_{1n} := \dfrac{s_{xY}}{s_x^2} = r_{xY}\dfrac{s_Y}{s_x} \end{cases} \tag{13.17}$$

---

[9] さらに簡単に，lm を使って単回帰モデルを当てはめた結果のオブジェクトを直接 abline に与えることによって，標本回帰直線を描くことができる．

[10] このことから，誤差の標準偏差 σ は「精度」といわれる場合がある．

となり，ここで，

$$\overline{Y}_n := \frac{1}{n}\sum_{i=1}^n Y_i, \qquad s_Y^2 := \frac{1}{n}\sum_{i=1}^n (Y_i - \overline{Y}_n)^2, \qquad s_Y := \sqrt{s_Y^2}$$

$$s_{xY} := \frac{1}{n}\sum_{i=1}^n (x_i - \overline{x})(Y_i - \overline{Y}_n), \qquad r_{xY} := \frac{s_{xY}}{s_x s_Y}$$

である．

これらの統計量のうち，応答変数 Y_i に関係するものは確率変数であるため，最小自乗推定量は回帰係数を理論的に推定する．

$$\beta_0 \xleftarrow{\text{推定}} \widehat{\beta}_{0n}, \qquad \beta_1 \xleftarrow{\text{推定}} \widehat{\beta}_{1n} \qquad (\text{理論的})$$

よって，これらの推定量は確率的に変動するため，その精度を評価するためには分布を考察する必要がある．誤差に関する仮定 (13.14) のもとで，最小自乗推定量に関して以下の命題 (性質) が成り立つ．

(LS-1) 最小自乗推定量 $(\widehat{\beta}_{0n}, \widehat{\beta}_{1n})$ の同時分布は以下のように与えられる．

$$\begin{bmatrix} \widehat{\beta}_{0n} \\ \widehat{\beta}_{1n} \end{bmatrix} \sim N_2\left(\begin{bmatrix} \beta_0 \\ \beta_1 \end{bmatrix}, \begin{bmatrix} \sigma_0^2 & \sigma_{01} \\ \sigma_{10} & \sigma_1^2 \end{bmatrix}\right) \qquad (\text{2 変量正規性}) \qquad (13.18)$$

ここで，

$$\sigma_0^2 := \mathrm{V}(\widehat{\beta}_{0n}) = \frac{\sigma^2}{n}\left(1 + \frac{\overline{x}^2}{s_x^2}\right), \qquad \sigma_1^2 := \mathrm{V}(\widehat{\beta}_{1n}) = \frac{\sigma^2}{ns_x^2} \qquad (\text{分散})$$

$$\sigma_{01} := \mathrm{Cov}(\widehat{\beta}_{0n}, \widehat{\beta}_{1n}) = -\frac{\sigma^2 \overline{x}}{ns_x^2} = \mathrm{Cov}(\widehat{\beta}_{1n}, \widehat{\beta}_{0n}) = \sigma_{10} \qquad (\text{共分散})$$

であり，最小自乗推定量 $(\widehat{\beta}_{0n}, \widehat{\beta}_{1n})$ の相関係数は，

$$\rho_{01} = \frac{\sigma_{01}}{\sigma_0 \sigma_1} = \frac{\mathrm{Cov}(\widehat{\beta}_{0n}, \widehat{\beta}_{1n})}{\sqrt{\mathrm{V}(\widehat{\beta}_{0n})}\sqrt{\mathrm{V}(\widehat{\beta}_{1n})}} = \frac{-\dfrac{\sigma^2 \overline{x}}{ns_x^2}}{\sqrt{\dfrac{\sigma^2}{n}\left(1 + \dfrac{\overline{x}^2}{s_x^2}\right)}\sqrt{\dfrac{\sigma^2}{ns_x^2}}}$$

$$= -\frac{\overline{x}}{\sqrt{\overline{x}^2 + s_x^2}}$$

で与えられる．

(LS-2) 最小自乗推定量 $(\widehat{\beta}_{0n}, \widehat{\beta}_{1n})$ の周辺分布は以下のように与えられる．

$$\widehat{\beta}_{0n} \sim N(\beta_0, \sigma_0^2), \qquad \widehat{\beta}_{1n} \sim N(\beta_1, \sigma_1^2) \qquad (\text{正規性}) \qquad (13.19)$$

(LS-3) 最小自乗推定量の平均 (期待値) は，以下のように与えられる．

$$\mathrm{E}(\widehat{\beta}_{0n}) = \beta_0, \qquad \mathrm{E}(\widehat{\beta}_{1n}) = \beta_1 \qquad (\text{不偏性})$$

(LS-4) 最小自乗推定量 $(\widehat{\beta}_{0n}, \widehat{\beta}_{1n})$ の標準誤差[11]は，以下のように与えられる．

$$\text{s.e.}(\widehat{\beta}_{0n}) := \sigma_0 = \sqrt{\sigma_0^2} = \sqrt{\frac{\sigma^2}{n}\left(1 + \frac{\overline{x}^2}{s_x^2}\right)}$$

$$\text{s.e.}(\widehat{\beta}_{1n}) := \sigma_1 = \sqrt{\sigma_1^2} = \sqrt{\frac{\sigma^2}{ns_x^2}}$$

これらの命題のうち，(LS-1) からその他のものは導くことができる (7.3 節の 2 変量正規分布に関する箇所も参照). また，(LS-2), (LS-3), (LS-4) の結果から，

$$\frac{\widehat{\beta}_{0n} - E(\widehat{\beta}_{0n})}{\text{s.e.}(\widehat{\beta}_{0n})} = \frac{\widehat{\beta}_{0n} - \beta_0}{\sigma_0} = \frac{\widehat{\beta}_{0n} - \beta_0}{\sqrt{\frac{\sigma^2}{n}\left(1 + \frac{\overline{x}^2}{s_x^2}\right)}} \sim N(0, 1) \tag{13.20}$$

$$\frac{\widehat{\beta}_{1n} - E(\widehat{\beta}_{1n})}{\text{s.e.}(\widehat{\beta}_{1n})} = \frac{\widehat{\beta}_{1n} - \beta_1}{\sigma_1} = \frac{\widehat{\beta}_{1n} - \beta_1}{\sqrt{\frac{\sigma^2}{ns_x^2}}} \sim N(0, 1) \tag{13.21}$$

となり，最小自乗推定量を標準化することができる．

13.1.6 誤差分散の推定

未知の誤差分散 σ^2 は，最小自乗推定量の分散に関する情報をもつため，回帰係数の推定・検定に欠かせない．ここでは，誤差分散の推定を考えるが，その際，誤差 ε_i そのものを利用できればよいが，「誤差は直接観測できない」ということに注意する必要がある．この問題に対して，誤差と対応がある残差

$$\widehat{\varepsilon}_i := Y_i - \widehat{\beta}_{0n} - \widehat{\beta}_{1n} x_i \quad (i = 1, \cdots, n) \tag{13.22}$$

がもつ情報を利用して推定を行う (注意 13.1 も参照).

具体的には，残差平方和

$$\Delta^2(\widehat{\beta}_{0n}, \widehat{\beta}_{1n}) := \sum_{i=1}^{n} \widehat{\varepsilon}_i^2 = \sum_{i=1}^{n} (Y_i - \widehat{\beta}_{0n} - \widehat{\beta}_{1n} x_i)^2 \tag{13.23}$$

を利用して，以下のように誤差分散の推定量を定義する．

$$\widehat{\sigma}_n^2 := \frac{1}{n-2} \Delta^2(\widehat{\beta}_{0n}, \widehat{\beta}_{1n}) = \frac{1}{n-2} \sum_{i=1}^{n} \widehat{\varepsilon}_i^2 \tag{13.24}$$

この推定量に関して，以下の命題が成り立つ．

(EV-1)
$$\text{E}(\widehat{\sigma}_n^2) = \sigma^2 \quad (\text{不偏性})$$

(EV-2)
$$\frac{(n-2)\widehat{\sigma}_n^2}{\sigma^2} \sim \chi_{n-2}^2 \quad (\text{自由度 } n-2 \text{ のカイ自乗分布})$$

---

[11] 一般に，推定量の標準偏差 (またはその推定値) は，**標準誤差** (standard error: s.e.) とよばれる．

(EV-3)
$$\widehat{\beta}_{0n} \perp\!\!\!\perp \widehat{\sigma}_n^2, \qquad \widehat{\beta}_{1n} \perp\!\!\!\perp \widehat{\sigma}_n^2 \qquad (独立性)$$

誤差分散の推定量 $\widehat{\sigma}_n^2$ を利用することによって，最小自乗推定量の標準誤差を以下のように推定することができる．

$$\widehat{\text{s.e.}}_n(\widehat{\beta}_{0n}) := \widehat{\sigma}_{0n} = \sqrt{\widehat{\sigma}_{0n}^2} = \sqrt{\frac{\widehat{\sigma}_n^2}{n}\left(1 + \frac{\overline{x}^2}{s_x^2}\right)}$$

$$\widehat{\text{s.e.}}_n(\widehat{\beta}_{1n}) := \widehat{\sigma}_{1n} = \sqrt{\widehat{\sigma}_{1n}^2} = \sqrt{\frac{\widehat{\sigma}_n^2}{ns_x^2}}$$

これらの推定量を最小自乗推定量の標準化 (13.20), (13.21) における標準誤差の部分に代入し，誤差分散に関する命題 (EV-2), (EV-3) を利用すると，

$$\frac{\widehat{\beta}_{0n} - E(\widehat{\beta}_{0n})}{\widehat{\text{s.e.}}_n(\widehat{\beta}_{0n})} = \frac{\widehat{\beta}_{0n} - \beta_0}{\widehat{\sigma}_{0n}} = \frac{\widehat{\beta}_{0n} - \beta_0}{\sqrt{\frac{\sigma^2}{n}\left(1 + \frac{\overline{x}^2}{s_x^2}\right)}} \bigg/ \sqrt{\frac{\widehat{\sigma}_n^2}{\sigma^2}} \sim \frac{N(0,1)}{\sqrt{\frac{\chi_{n-2}^2}{n-2}}} \stackrel{d}{=} t_{n-2} \quad (13.25)$$

$$\frac{\widehat{\beta}_{1n} - E(\widehat{\beta}_{1n})}{\widehat{\text{s.e.}}_n(\widehat{\beta}_{1n})} = \frac{\widehat{\beta}_{1n} - \beta_1}{\widehat{\sigma}_{1n}} = \frac{\widehat{\beta}_{1n} - \beta_1}{\sqrt{\frac{\sigma^2}{ns_x^2}}} \bigg/ \sqrt{\frac{\widehat{\sigma}_n^2}{\sigma^2}} \sim \frac{N(0,1)}{\sqrt{\frac{\chi_{n-2}^2}{n-2}}} \stackrel{d}{=} t_{n-2} \quad (13.26)$$

となり，これらの標準化に関する統計量は共に自由度 $n-2$ のティー分布に従うことがわかる．冒頭でも述べたが，これらの結果は回帰係数の推定・検定に利用される[12]．

実際に誤差分散を数値として推定するためには，単回帰モデルをデータに対して当てはめた結果として得られる残差

$$e_i = y_i - \widehat{\beta}_0 - \widehat{\beta}_1 x_i \qquad (i = 1, \cdots, n) \quad (13.27)$$

を使って計算された残差平方和を自由度 $n-2$ で割った

$$\widehat{\sigma}^2 := \frac{1}{n-2}\Delta^2(\widehat{\beta}_0, \widehat{\beta}_1) = \frac{1}{n-2}\sum_{i=1}^n e_i^2 \quad (13.28)$$

を誤差分散の推定値として用いる．また，この推定値を利用することによって，最小自乗推定量の標準誤差を以下のように数値的に推定することができる．

$$\widehat{\text{s.e.}}(\widehat{\beta}_{0n}) := \widehat{\sigma}_0 = \sqrt{\widehat{\sigma}_0^2} = \sqrt{\frac{\widehat{\sigma}^2}{n}\left(1 + \frac{\overline{x}^2}{s_x^2}\right)}$$

$$\widehat{\text{s.e.}}(\widehat{\beta}_{1n}) := \widehat{\sigma}_1 = \sqrt{\widehat{\sigma}_1^2} = \sqrt{\frac{\widehat{\sigma}^2}{ns_x^2}}$$

13.1.7 回帰係数の検定

回帰係数 β_0, β_1 に対する以下の仮説を検定することを考えよう．

$$\begin{cases} H_0: & \beta_0 = 0 \\ H_1: & \beta_0 \neq 0 \end{cases} \quad \begin{cases} H_0: & \beta_1 = 0 \\ H_1: & \beta_1 \neq 0 \end{cases} \quad (13.29)$$

---
[12] 母分散が未知の場合の母平均の推定・検定の問題との類似性に注意しよう．

有意水準を α とし，これらの検定に関しては，以下の検定統計量 (**ティー統計量** (t statistic)) とその実現値 (**ティー値** (t value, t-value)) をそれぞれ利用する．

$$T_{0n} := \frac{\widehat{\beta}_{0n}}{\widehat{\sigma}_{0n}}, \qquad t_0 := \frac{\widehat{\beta}_0}{\widehat{\sigma}_0} \qquad (13.30)$$

$$T_{1n} := \frac{\widehat{\beta}_{1n}}{\widehat{\sigma}_{1n}}, \qquad t_1 := \frac{\widehat{\beta}_1}{\widehat{\sigma}_1} \qquad (13.31)$$

これらの検定統計量は，標準化された統計量の分布に関する結果 (13.25), (13.26) から，帰無仮説 H_0 のもとで以下のように自由度 $n-2$ のティー分布に従う．

$$T_{0n} \sim t_{n-2}, \qquad T_{1n} \sim t_{n-2} \qquad (13.32)$$

棄却域は，自由度 $n-2$ のティー分布の上側 $100(\alpha/2)\%$ 点を $t_{n-2}(\alpha/2)$ とすると，

$$R = (-\infty, -t_{n-2}(\alpha/2)] \quad \text{または} \quad [t_{n-2}(\alpha/2), \infty) \qquad (13.33)$$

ととられ，検定は検定統計量の実現値 t_0, t_1 の値に応じて以下のように実行される．

$$t_0, t_1 \in R \implies \text{帰無仮説 } H_0 \text{ を棄却}$$

$$t_0, t_1 \notin R \implies \text{帰無仮説 } H_0 \text{ を棄却できない (採択)}$$

注意 13.3　エフ統計量を利用した回帰係数の検定　回帰係数 β_1 の検定に関して，以下の検定統計量を利用することができる[13]．

$$F_{1n} := T_{1n}^2 = \frac{\widehat{\beta}_{1n}^2}{\widehat{\sigma}_{1n}^2} \qquad (13.34)$$

この統計量は，注意 8.2 で指摘したティー分布とエフ分布の関係を使うと，帰無仮説 $H_0 : \beta_1 = 0$ のもとで，

$$F_{1n} \sim F_{n-2}^1 \qquad (13.35)$$

に従う．この結果を利用して，有意水準 α に対して棄却域を

$$R = [F_{n-2}^1(\alpha), \infty) \qquad (13.36)$$

ととることによって，検討計量 F_{1n} の実現値 f_1 の値に応じて以下のように検定が実行される．

$$f_1 \in R \implies \text{帰無仮説 } H_0 \text{ を棄却}$$

$$f_1 \notin R \implies \text{帰無仮説 } H_0 \text{ を棄却できない (採択)}$$

ここで，$F_{n-2}^1(\alpha)$ は自由度 $(1, n-2)$ のエフ分布の上側 $100\alpha\%$ 点である．

13.1.8　モデルの当てはまりの程度をみるための指標

ここでは，単回帰モデル (13.4) がデータセット (x_i, y_i) $(i=1,\cdots,n)$ に当てはまっていることをチェックするための指標を考える．

まず，応答変数と当てはめ値の相関係数である**重相関係数** (multiple correlation coefficient)

$$r_{y\widehat{y}} := \frac{s_{y\widehat{y}}}{s_y s_{\widehat{y}}} \qquad (-1 \leq r_{y\widehat{y}} \leq 1) \qquad (13.37)$$

---

[13] 回帰係数 β_0 の検定についても検定統計量を構成できるが，重回帰分析における回帰係数ベクトルの検定に関する流れから，ここでは省略する．

がある．ここで，

$$s_{\widehat{y}}^2 := \frac{1}{n}\sum_{i=1}^{n}(\widehat{y}_i - \overline{\widehat{y}})^2, \qquad s_{y\widehat{y}} := \frac{1}{n}\sum_{i=1}^{n}(y_i - \overline{y})(\widehat{y}_i - \overline{\widehat{y}})$$

であり，応答変数と当てはめ値の平均は一致する．

$$\overline{\widehat{y}} := \frac{1}{n}\sum_{i=1}^{n}\widehat{y}_i = \frac{1}{n}\sum_{i=1}^{n}y_i = \overline{y} \tag{13.38}$$

重相関係数は，応答変数のベクトルとその当てはめ値のベクトルの近さを内積[14]ではかることによって，モデルの観測値への当てはまりの程度をみる指標である．

次に，**決定係数**[15] (coefficient of determination)

$$R^2 := \frac{\sum_{i=1}^{n}(\widehat{y}_i - \overline{\widehat{y}})^2}{\sum_{i=1}^{n}(y_i - \overline{y})^2} \tag{13.39}$$

も指標として利用する．決定係数 R^2 がモデルの当てはまりの指標とみなされるのは，**平方和の分解** (decomposition of sum of squares) とよばれる以下の等式が成り立つことにもとづいている．

$$\sum_{i=1}^{n}(y_i - \overline{y})^2 = \sum_{i=1}^{n}(\widehat{y}_i - \overline{\widehat{y}})^2 + \sum_{i=1}^{n}(y_i - \widehat{y}_i)^2$$
$$\text{TSS} \quad = \quad \text{ESS} \quad + \quad \text{RSS} \tag{13.40}$$

ここで，TSS は**総平方和** (Total Sum of Squares) とよばれ，応答変数全体の変動 (全変動) を表している．また，ESS は**回帰によって説明される平方和** (Explained Sum of Squares by regression) とよばれ，回帰 (当てはめ値) $\widehat{y}_i$ による変動 (回帰変動) を表している．さらに，RSS は**残差平方和** (Residuals Sum of Squares) とよばれ，残差 e_i による変動 (残差変動) を表している．平方和の分解より，決定係数は，

$$R^2 = \frac{\text{ESS}}{\text{TSS}}$$

と表され，全体の変動に対する回帰 (モデル) によって説明される変動の比となっていることがわかる．よって，決定係数はモデルの当てはまりの程度をみるための指標の一つであることがわかる．

さらに，平方和の分解 (13.40) の両辺を TSS で割ることによって，

$$1 = \frac{\text{ESS}}{\text{TSS}} + \frac{\text{RSS}}{\text{TSS}} = R^2 + \frac{\text{RSS}}{\text{TSS}}$$

となることから，

$$0 \leq R^2 \leq 1 \tag{13.41}$$

であり，

---

[14] 内積とは，2 つのベクトルのなす角の余弦に比例したものであるので，ベクトル同士の近さを角度で測っているとみなすことができることに注意しよう．

[15] **寄与率**とよばれることもある．

$$R^2 \to 1 \iff \text{データに対してモデルの当てはまりがよい}$$

$$R^2 \to 0 \iff \text{データに対してモデルの当てはまりが悪い}$$

とみることができる.また,決定係数と重相関係数の間には以下の関係が成り立つ.

$$R^2 = r_{y\widehat{y}}^2 \tag{13.42}$$

決定係数 R^2 は,単純で明確な指標であるが,その構造から一つの「欠点」をもっている.それは,任意の説明変数をモデルに加えれば,必ず増加することである.すなわち,決定係数を当てはまりの指標として配慮なしに利用すると,応答変数と本質的に無関係なものであっても,モデルに加えてしまうことになる.この欠点を補うものとして提案されたものが,以下で定義される**自由度調整済み決定係数** (adjusted coefficient of determination) である.

$$\overline{R}^2 := 1 - \frac{\sum_{i=1}^{n}(y_i - \widehat{y}_i)^2/(n-2)}{\sum_{i=1}^{n}(y_i - \overline{y})^2/(n-1)} \tag{13.43}$$

ここでは,それぞれの変動 (平方和) の自由度で割ることによって調整している.すなわち,決定係数に関して,

$$R^2 = 1 - \frac{\text{RSS}}{\text{TSS}}$$

が成り立つことから,右辺第2項を総平方和 TSS と残差平方和 RSS のそれぞれの自由度 $n-1$,$n-2$ で割ることによって,自由度調整済み決定係数が以下のように導出される.

$$\overline{R}^2 = 1 - \frac{\text{RSS}/(n-2)}{\text{TSS}/(n-1)}$$

自由度調整済み決定係数は,決定係数を使って,

$$\overline{R}^2 = 1 - \frac{n-1}{n-2}(1 - R^2) \tag{13.44}$$

と表すことができることから,単回帰モデルの場合は,その存在範囲が

$$-\frac{1}{n-2} \leq \overline{R}^2 \leq 1 \tag{13.45}$$

で与えられる (よって,負の値をとる場合もあることにも注意しよう).

以上,モデルの当てはまりの程度をみるための指標について述べてきたが,これらのもの以外にも様々な指標が提案されている.例えば,Akaike (1973)[16] による情報量基準 AIC とその派生したものや,Mallows (1973)[17] による C_P 統計量が広く利用されている.

13.1.9 Rによる単回帰分析 (続き)

関数 lm を用いて新生児の身長と体重のデータに単回帰モデルを当てはめた結果 babies.lm.wh

---

[16] Akaike, H.: Information theory and an extension of the maximum likelihood principle, *Proceedings of the 2nd International Symposium on Information Theory*, Petrov, B. N., and Caski, F. (eds.), Akadimiai Kiado, Budapest (1973) pp. 267–281.

[17] Mallows, C. L.: Some comments on C_P, *Technometrics*, Vol. **15**, No. 4 (1973) pp. 661–675.

を関数 summary を用いて要約することによって，回帰係数の検定や当てはめの度合いを具体的にみていく.

```
> summary(babies.lm.wh)
Call:
lm(formula = weight ~ height, data = babies.frame)

Residuals:
    Min      1Q  Median      3Q     Max
-545.33 -176.44   12.26  165.87  664.67

Coefficients:
            Estimate Std. Error t value Pr(>|t|)
(Intercept) -4534.41     745.68  -6.081 2.31e-08 ***
height        155.19      15.11  10.270  < 2e-16 ***
---
Signif. codes:
0 '***' 0.001 '**' 0.01 '*' 0.05 '.' 0.1 ' ' 1

Residual standard error: 244.7 on 98 degrees of freedom
Multiple R-squared:  0.5184,    Adjusted R-squared:  0.5135
F-statistic: 105.5 on 1 and 98 DF,  p-value: < 2.2e-16
```

この結果のうち，Coefficients: という箇所に回帰係数の仮説検定に関する結果が与えられている．まず，Estimate の列には最小自乗推定値

$$\widehat{\beta}_0 = -4534.41, \qquad \widehat{\beta}_1 = 155.19$$

が与えられており，次の Std. Error の列には標準誤差の推定値

$$\widehat{\text{s.e.}}(\widehat{\beta}_{0n}) = \widehat{\sigma}_0 = 745.68, \qquad \widehat{\text{s.e.}}(\widehat{\beta}_{1n}) = \widehat{\sigma}_1 = 15.11$$

が与えられている．また，t value の列には検定統計量の実現値であるティー値

$$t_0 = -6.081, \qquad t_1 = 10.27$$

が与えられている．

回帰係数の仮説検定 (13.29) に対する棄却域は，自由度が $n-2=98$ であることから，有意水準を $\alpha = 0.05$ ととると，

$$R = (-\infty, -t_{98}(0.025)] \quad \text{または} \quad [t_{98}(0.025), \infty)$$
$$= (-\infty, -1.984] \quad \text{または} \quad [1.984, \infty)$$

となり，

$$t_0, t_1 \in R$$

となることから共に有意となり，帰無仮説 H_0 は棄却できる．よって，回帰係数 β_0, β_1 は有意水準 $\alpha = 0.05$ (5%) で共に 0 でないといえる．なお，ティー分布の上側パーセント点の求め方については付録 C.2.2 を参照してほしい．

また，Pr(>|t|) の列は，ピー値を表しており，共に 0.05 よりも小さい値をもつことから，この結果からも回帰係数の仮説検定に関して 5% 有意であることがわかる．

さらに，最終列のアスタリスク "*" の個数は，以下で与えられる検定に関する有意性に関するコード表に対応したものである．

```
Signif. codes:
0  '***'  0.001  '**'  0.01  '*'  0.05  '.'  0.1  ' '  1
```

すなわち，有意水準が順に，$0 \leq \alpha \leq 0.001$ で有意のときが '***'，$0.001 < \alpha \leq 0.01$ で有意のときが '**'，$0.01 < \alpha \leq 0.05$ で有意のときが '*'，$0.05 < \alpha \leq 0.1$ で有意のときが '.'，$0.1 < \alpha \leq 1$ で有意のときが ' ' を表す．今回行った検定では '***' であることから，有意水準が $0 \leq \alpha \leq 0.001$ で共に有意であることを表している．

次に，Residual standard error: 244.7 は，誤差の標準偏差 (精度) の推定値が

$$\widehat{\sigma} = \sqrt{\widehat{\sigma}^2} = 244.7$$

であることを表しており，この結果から，誤差分散の推定値は，

$$\widehat{\sigma}^2 = \frac{1}{n-2} \sum_{i=1}^{n} e_i^2 = 244.7^2 = 59885.2$$

で与えられる．なお，on 98 degrees of freedom は，誤差分散の推定量に関する自由度が $n - 2 = 98$ であることを表している．

さらに，Multiple R-squared: 0.5184, Adjusted R-squared: 0.5135 は，決定係数と自由度調整済み決定係数が，それぞれ

$$R^2 = 0.5184, \qquad \overline{R}^2 = 0.5135$$

で与えられることを表している．

最後に，F-statistic: 105.5 on 1 and 98 DF は，注意 13.3 で述べた帰無仮説 $H_0 : \beta_1 = 0$ のもとで自由度 $(1, 98)$ をもつエフ分布に従う検定統計量 F_{1n} の実現値が

$$f_1 = 105.5$$

で与えられることを表しており，有意水準を $\alpha = 0.05$ ととると，棄却域が

$$R = [F_{n-2}^1(\alpha), \infty) = [F_{98}^1(0.05), \infty) = [3.94, \infty)$$

であることから，

$$f_1 \in R$$

となり，帰無仮説 $H_0 : \beta_1 = 0$ は棄却される．

なお，エフ分布の上側パーセント点の求め方については付録 C.2.3 を参照してほしい．また，p-value: < 2.22e-16 はピー値が極めて小さいことを表しており，この結果からも検定が有意であることがわかる．

注意 13.4 重相関係数 $r_{y\widehat{y}}$ は関数 summary の結果には含まれないが，以下のように入力することによって求めることができる．

```
> cor(babies.frame$weight,fitted(babies.lm.wh))
[1] 0.7199851
```

ここで，`fitted(babies.lm.wh)` は関数 `fitted` によって単回帰モデルを当てはめることで得られる値 (当てはめ値) を抽出している．

13.1.10　回帰係数の区間推定

回帰係数を区間推定することを考える．まず，切片項 β_0 に対する最小自乗推定量 $\widehat{\beta}_{0n}$ を標準化した統計量の分布に関する結果 (13.25) より，

$$\frac{\widehat{\beta}_{0n} - \beta_0}{\widehat{\sigma}_{0n}} = \frac{\widehat{\beta}_{0n} - \beta_0}{\sqrt{\frac{\widehat{\sigma}_n^2}{n}\left(1 + \frac{\overline{x}^2}{s_x^2}\right)}} \sim t_{n-2}$$

となることから，自由度 $n-2$ のティー分布の上側 $100(\alpha/2)\%$ 点を $t_{n-2}(\alpha/2)$ とすると，

$$P\left(-t_{n-2}\left(\frac{\alpha}{2}\right) \frac{\widehat{\beta}_{0n} - \beta_0}{\sqrt{\frac{\widehat{\sigma}_n^2}{n}\left(1 + \frac{\overline{x}^2}{s_x^2}\right)}} \leq t_{n-2}\left(\frac{\alpha}{2}\right)\right)$$
$$= P\left(\widehat{\beta}_{0n} - t_{n-2}\left(\frac{\alpha}{2}\right)\sqrt{\frac{\widehat{\sigma}_n^2}{n}\left(1 + \frac{\overline{x}^2}{s_x^2}\right)} \leq \beta_0 \leq \widehat{\beta}_{0n} + t_{n-2}\left(\frac{\alpha}{2}\right)\sqrt{\frac{\widehat{\sigma}_n^2}{n}\left(1 + \frac{\overline{x}^2}{s_x^2}\right)}\right) = 1 - \alpha$$

が成り立つので，区間

$$[\widehat{\beta}_{\mathrm{L}0n}, \widehat{\beta}_{\mathrm{U}0n}] := \left[\widehat{\beta}_{0n} \pm t_{n-2}\left(\frac{\alpha}{2}\right)\sqrt{\frac{\widehat{\sigma}_n^2}{n}\left(1 + \frac{\overline{x}^2}{s_x^2}\right)}\right] \tag{13.46}$$

を考えると，

$$P(\widehat{\beta}_{\mathrm{L}0n} \leq \beta_0 \leq \widehat{\beta}_{\mathrm{U}0n}) = P([\widehat{\beta}_{\mathrm{L}0n}, \widehat{\beta}_{\mathrm{U}0n}] \ni \beta_0) = 1 - \alpha$$

となり，区間 $[\widehat{\beta}_{\mathrm{L}0n}, \widehat{\beta}_{\mathrm{U}0n}]$ が回帰係数 β_0 の $100(1-\alpha)\%$ 信頼区間となる．このことを概念的に表すと，

$$\beta_0 \xleftarrow{\text{推定}} [\widehat{\beta}_{\mathrm{L}0n}, \widehat{\beta}_{\mathrm{U}0n}] \quad \text{(理論的)}$$

となる．

実際に，数値的に信頼区間を計算するためには，最小自乗推定値 $\widehat{\beta}_0$ と誤差分散の推定値 $\widehat{\sigma}^2$ を利用し，

$$[\widehat{\beta}_{\mathrm{L}0}, \widehat{\beta}_{\mathrm{U}0}] := \left[\widehat{\beta}_0 \pm t_{n-2}\left(\frac{\alpha}{2}\right)\sqrt{\frac{\widehat{\sigma}^2}{n}\left(1 + \frac{\overline{x}^2}{s_x^2}\right)}\right] \tag{13.47}$$

で推定する．

$$\beta_0 \xleftarrow{\text{推定}} [\widehat{\beta}_{\mathrm{L}0}, \widehat{\beta}_{\mathrm{U}0}] \quad \text{(数値的)}$$

同様に，傾き β_1 に対する $100(1-\alpha)\%$ 信頼区間は，最小自乗推定量 $\widehat{\beta}_{1n}$ の標準化された統計量の分布に関する結果 (13.26) を使うことによって，

$$[\widehat{\beta}_{\mathrm{L}1n}, \widehat{\beta}_{\mathrm{U}1n}] := \left[\widehat{\beta}_{1n} - t_{n-2}\left(\frac{\alpha}{2}\right)\sqrt{\frac{\widehat{\sigma}_n^2}{ns_x^2}}, \widehat{\beta}_{1n} + t_{n-2}\left(\frac{\alpha}{2}\right)\sqrt{\frac{\widehat{\sigma}_n^2}{ns_x^2}}\right] \tag{13.48}$$

と構成され,
$$\beta_1 \xleftarrow{\text{推定}} [\widehat{\beta}_{\text{L}1n}, \widehat{\beta}_{\text{U}1n}] \qquad (\text{理論的})$$
と推定される.

なお,数値的には,
$$[\widehat{\beta}_{\text{L}1}, \widehat{\beta}_{\text{U}1}] := \left[\widehat{\beta}_1 - t_{n-2}\left(\frac{\alpha}{2}\right)\sqrt{\frac{\widehat{\sigma}^2}{ns_x^2}}, \widehat{\beta}_1 + t_{n-2}\left(\frac{\alpha}{2}\right)\sqrt{\frac{\widehat{\sigma}^2}{ns_x^2}}\right] \qquad (13.49)$$

を用いて,
$$\beta_1 \xleftarrow{\text{推定}} [\widehat{\beta}_{\text{L}1}, \widehat{\beta}_{\text{U}1}] \qquad (\text{数値的})$$
と推定される.

13.1.11 Rによる単回帰分析 (続き)

Rで回帰係数に対する信頼区間を計算するためには,関数 confint[18] を以下のように利用する.

```
> confint(babies.lm.wh)
                2.5 %      97.5 %
(Intercept) -6014.1815 -3054.6380
height        125.2075   185.1822
```

この結果は,回帰係数の 95% 信頼区間が

$$[\widehat{\beta}_{\text{L}0}, \widehat{\beta}_{\text{U}0}] = [-6014.1815, -3054.638], \qquad [\widehat{\beta}_{\text{L}1}, \widehat{\beta}_{\text{U}1}] = [125.2075, 185.1822]$$

で与えられることを表している.

13.1.12 線形予測子の区間推定

線形予測子 $\eta = \beta_0 + \beta_1 x$ は
$$\widehat{\eta}_n := \widehat{\beta}_{0n} + \widehat{\beta}_{1n} x$$
で推定される.この推定量の分布は,
$$\widehat{\eta}_n \sim N\left(\eta, \frac{\sigma^2}{n}\left\{1 + \left(\frac{x - \overline{x}}{s_x}\right)^2\right\}\right)$$

で与えられることが知られている.この結果を使うと,標準化された統計量は,
$$\frac{\widehat{\eta}_n - \eta}{\sqrt{\frac{\widehat{\sigma}_n^2}{n}\left\{1 + \left(\frac{x - \overline{x}}{s_x}\right)^2\right\}}} \sim t_{n-2}$$

となり,よって,線形予測子 η の $100(1-\alpha)\%$ 信頼区間を以下のように構成することができる.

$$[\widehat{\eta}_{\text{L}n}, \widehat{\eta}_{\text{U}n}] := \left[\widehat{\eta}_n \pm t_{n-1}\left(\frac{\alpha}{2}\right)\sqrt{\frac{\widehat{\sigma}_n^2}{n}\left\{1 + \left(\frac{x - \overline{x}}{s_x}\right)^2\right\}}\right] \qquad (13.50)$$

---
[18] 信頼区間 (**conf**idence **int**erval) の略.

なお，数値的には，以下の信頼区間を計算することになる．

$$[\widehat{\eta}_{\mathrm{L}}, \widehat{\eta}_{\mathrm{U}}] := \left[\widehat{\eta} \pm t_{n-1}\left(\frac{\alpha}{2}\right) \sqrt{\frac{\widehat{\sigma}^2}{n}\left\{1 + \left(\frac{x-\overline{x}}{s_x}\right)^2\right\}}\right] \tag{13.51}$$

ここで，$\widehat{\eta} := \widehat{\beta}_0 + \widehat{\beta}_1 x$ である．厳密にいうと，上記の信頼区間は x を固定するごとに一つの区間が決まり，よって，x を連続的に変化させることによって，標本回帰直線を中心とした「帯状」の領域で推定する (図 13.6 も参照)．

13.1.13 Rによる単回帰分析 (続き)

R で線形予測子 η に対する信頼区間 (領域) を描くためには，4.2 節で紹介した ggplot2 パッケージに付属する関数を利用することが簡便である．以下のように入力することによって，図 13.6 のように散布図上に線形予測子の信頼区間 (領域) をもつ標本回帰直線が描かれたプロットが得られる．

```
> library(ggplot2)
> p <- ggplot(babies.frame,aes(x=height,y=weight))
> p + geom_point() + geom_smooth(method="lm")
```

ここで，p はデータフレーム babies.frame に審美的属性をマッピングした結果のみが格納されたオブジェクトであり，それに点のレイヤー (geom_point()) と標本回帰直線のレイヤー (geom_smooth(method="lm")) を重ねていくことを表している．図 13.6 から，新生児の身長 height の平均 ($\overline{x} = 49.32$) 付近で区間の幅が狭く，平均から離れるに従って信頼区間は広がっていることがみてとれる．これは，信頼区間 (13.51) における区間幅を決める主要項 $\left(\frac{x-\overline{x}}{s_x}\right)^2$ が x の 2 次関数であり，$x = \overline{x}$ のとき最小値 0 をとり，x が平均から離れるに従って増加することと符合する．

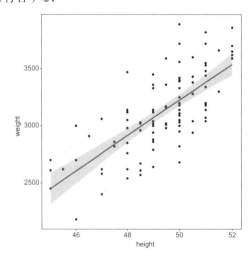

図 13.6 ggplot を利用した線形予測子の信頼領域の描画

13.1.14 Rによる単回帰分析に対する回帰診断

ここまでは，単回帰分析の結果を数値的に要約することによってその妥当性をみてきたが，分析によって得られた数値的な結果を可視化することによって検証することは，一般に **回帰診断** (regression diagnostics) とよばれる．ここでは，その最も初歩的なものである残差のプロットを行うことによって，回帰診断を行う．

13.1 単回帰分析

単回帰の場合，残差は標本回帰直線をデータに当てはめた結果として与えられる「差」を表しており，このことは，当てはまりの程度を表す重要な情報を与える．このことが，回帰分析の結果を診断するために利用される理由の一つである．また，単回帰分析における基本的な仮定である誤差の正規性 (13.14) を検証するためには，誤差に対応する残差の挙動を調べることによって，この仮定の妥当性を調べることも理由として挙げられる．

以上の理由から，残差に関する 2 種類のプロットを与えることによって回帰診断を行う．まず，以下のように，残差 e_i $(i=1,\cdots,n)$ を添字 (インデックス) i の順にプロットする**インデックスプロット** (index plot) を行う関数[19]を用意する．

```
> plot.resid.index
function (obj)
{
    r <- resid(obj)
    sigma <- summary(obj)$sigma
    plot(r, ylim = c(-3 * sigma, 3 * sigma), ylab = "residuals")
    abline(h = 0)
    for (i in 1:3) abline(h = c(-i, i) * sigma, lty = 2)
}
```

この関数は lm オブジェクトを引数 (obj) として与えることによって，残差 e_i (r<-resid(obj)) と誤差の標準偏差の推定値 $\hat{\sigma}$ を抽出 (sigma<-summary(obj)$sigma) し，残差のインデックスプロットを行った後 (plot の部分)，高さ 0 と $\pm 3\hat{\sigma}$ の水平な直線 (abline の部分) を引いている．範囲 $\pm 3\hat{\sigma}$ は誤差の分散が σ^2 で与えられることから，その **3 シグマ限界** ($\pm 3\sigma$) の推定値を表す[20]．

実際に，新生児の単回帰分析を行った結果のオブジェクト babies.lm.wh を利用してプロットを行う．

```
> plot.resid.index(babies.lm.wh)
```

この入力によって，次頁の図 13.7 が描かれる．このプロットでは，周期性の有無や 3 シグマ限界から外れた残差が存在しないかどうかを確認することがポイントとなる．図 13.7 では，すべてのデータは 3 シグマ限界におさまっており，周期性などの傾向はみられない．

次に，9.2 節でも扱った正規 Q-Q プロットを描くことによって，残差が正規分布に従っているかどうかを調べる．関数 qqnorm を用いてもよいが，ここでは lm オブジェクトを可視化するために総称関数 plot を以下のように利用して，正規 Q-Q プロット (図 13.8) を描こう[21]．

```
> plot(babies.lm.wh,which=2)
```

ここで，lm オブジェクトである babies.lm.wh が引数として与えられており，オプション引数として which=2 を与えることによって，残差の Q-Q プロットを描いている[22]．図 13.8

[19) 付録 E.8 も参照してほしい．

20) 誤差 ε_i が正規分布 $N(0,\sigma^2)$ に従っている場合は，$P(-3\sigma \le \varepsilon \le 3\sigma) = 0.997$ であるので，この限界から外れる確率が低い (1000 個に 3 個程度) ことがその根拠である．

21) R のメソッド・ディスパッチ機能により，実際には関数 plot.lm がよび出されている．

22) オプション引数 which は 1 から 6 までの値を与えることができ，順に「残差と当てはめ値のプロット」，「残差の正規 Q-Q プロット」，「スケール・ロケーション (標準化残差と当てはめ値の) プロット」，「クックの距離 (Cook's distance) のプロット」，「残差とてこ比 (leverage) のプロット」，「クックの距離とてこ比のプロット」が描かれる．詳しくは，plot.lm のヘルプを参照してほしい．

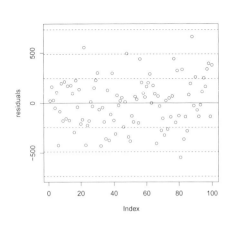
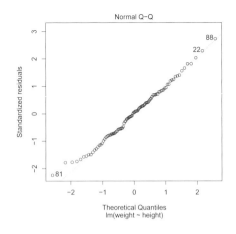

図 13.7 残差のインデックスプロット (単回帰分析の場合)

図 13.8 残差の正規 Q-Q プロット (単回帰分析の場合)

から，残差はほぼ直線上に位置し，誤差の正規性を疑う結果は得られないことがわかる．

13.2 重回帰分析 check box ☐☐☐

13.2.1 重回帰モデル

例えば，父親と母親の身長と成人した子どもの身長や，従業員数と資産と売上高，または所得と資産と消費などのように 3 つの変量 (X_1, X_2, Y) を考え，その実現値 (x_1, x_2, y) の間にどのような関係があるかということを考えることは，単回帰分析の自然な拡張である．

ここでは，(x_1, x_2) の線形結合と y の間に線形関係があるかを調べる**重回帰分析** (multiple regression analysis)[23]を扱う．

具体的には，(x_1, x_2) と y との間には以下の関係が成り立つと仮定する．

$$y = \beta_0 + \beta_1 x_1 + \beta_2 x_2 + \epsilon \tag{13.52}$$

これは，**重回帰モデル** (multiple regression model) とよばれ，各項の名称は単回帰モデル (13.1) の場合と同様である．特に，説明変数は x_1 に加えて x_2 が増えており，それにともなって，回帰係数も β_2 が追加されている．

重回帰モデルは，入力を x_1, x_2 とし，出力を y とする (線形) システムという観点からは，図 13.9 のように理解できる．

図 13.9 線形システムと重回帰モデル

---

23) ここで，「重」は「多重」(複数) の説明変数を使って分析することを表す．

実際に，変数のセット (x_1, x_2, y) に対する n 組の観測値 (3 変量データ) (x_{i1}, x_{i2}, y_i) $(i = 1, \cdots, n)$ が与えられた場合は，重回帰モデル (13.52) は以下のように成分で表される．

$$y_i = \beta_0 + \beta_1 x_{i1} + \beta_2 x_{i2} + \epsilon_i \qquad (i = 1, \cdots, n) \tag{13.53}$$

この成分表現において，"i" は観測対象である個体番号を表すことに再び留意しよう．

重回帰モデルの成分表現は表 13.2 のようにまとめることができる．

表 13.2 重回帰モデルの成分表現

i	y_i	$=$	β_0	$+$	$\beta_1 x_{i1}$	$+$	$\beta_2 x_{i2}$	$+$	ϵ_i
1	y_1	$=$	β_0	$+$	$\beta_1 x_{11}$	$+$	$\beta_2 x_{12}$	$+$	ϵ_1
2	y_2	$=$	β_0	$+$	$\beta_1 x_{21}$	$+$	$\beta_2 x_{22}$	$+$	ϵ_2
$\vdots$	$\vdots$								
n	y_n	$=$	β_0	$+$	$\beta_1 x_{n1}$	$+$	$\beta_2 x_{n2}$	$+$	ϵ_n

13.2.2　最小自乗法と最小自乗推定値

重回帰モデル (13.53) における回帰係数 $\beta_0, \beta_1, \beta_2$ は未知母数であるので，単回帰の場合と同様に最小自乗法で推定する．すなわち，誤差平方和

$$\Delta^2(\beta_0, \beta_1, \beta_2) := \sum_{i=1}^{n} \epsilon_i^2 = \sum_{i=1}^{n}(y_i - \beta_0 - \beta_1 x_{i1} - \beta_2 x_{i2})^2 \tag{13.54}$$

を $\beta_0, \beta_1, \beta_2$ に関して最小にするという，以下のような定式化がなされる．

最小自乗法の定式化

$$\Delta^2(\beta_0, \beta_1, \beta_2) \longrightarrow \min_{\beta_0, \beta_1, \beta_2}$$

これも単回帰の場合と同様に，誤差平方和 $\Delta^2(\beta_0, \beta_1, \beta_2)$ の最小化は，極値問題に置き換えて解く方法がとられ，以下のように回帰係数 $\beta_0, \beta_1, \beta_2$ で誤差平方和を偏微分したものをゼロとおくことによって実行される．

$$\begin{cases} \dfrac{\partial \Delta^2(\beta_0, \beta_1, \beta_2)}{\partial \beta_0} = -2 \sum_{i=1}^{n}(y_i - \beta_0 - \beta_1 x_{i1} - \beta_2 x_{i2}) = 0 \\ \dfrac{\partial \Delta^2(\beta_0, \beta_1, \beta_2)}{\partial \beta_1} = -2 \sum_{i=1}^{n} x_{i1}(y_i - \beta_0 - \beta_1 x_{i1} - \beta_2 x_{i2}) = 0 \\ \dfrac{\partial \Delta^2(\beta_0, \beta_1, \beta_2)}{\partial \beta_2} = -2 \sum_{i=1}^{n} x_{i2}(y_i - \beta_0 - \beta_1 x_{i1} - \beta_2 x_{i2}) = 0 \end{cases}$$

これらの式を整理することによって，$\beta_0, \beta_1, \beta_2$ に関する連立 1 次方程式 (正規方程式) が以下のように得られる．

$$\begin{cases} n\beta_0 + \left(\sum_{i=1}^{n} x_{i1}\right)\beta_1 + \left(\sum_{i=1}^{n} x_{i2}\right)\beta_2 = \sum_{i=1}^{n} y_i \\ \left(\sum_{i=1}^{n} x_{i1}\right)\beta_0 + \left(\sum_{i=1}^{n} x_{i1}^2\right)\beta_1 + \left(\sum_{i=1}^{n} x_{i1}x_{i2}\right)\beta_2 = \sum_{i=1}^{n} x_{i1}y_i \\ \left(\sum_{i=1}^{n} x_{i2}\right)\beta_0 + \left(\sum_{i=1}^{n} x_{i1}x_{i2}\right)\beta_1 + \left(\sum_{i=1}^{n} x_{i2}^2\right)\beta_2 = \sum_{i=1}^{n} x_{i1}y_i \end{cases} \tag{13.55}$$

この正規方程式の解として，最小自乗推定値

$$\begin{cases} \beta_0 = \overline{y} - \widehat{\beta}_1\overline{x}_1 - \widehat{\beta}_2\overline{x}_2 =: \widehat{\beta}_0 \\ \beta_1 = \dfrac{s_2^2 s_{1y} - s_{12} s_{2y}}{s_1^2 s_2^2 (1 - r_{12}^2)} =: \widehat{\beta}_1 \\ \beta_2 = \dfrac{s_1^2 s_{2y} - s_{12} s_{1y}}{s_1^2 s_2^2 (1 - r_{12}^2)} =: \widehat{\beta}_2 qq \end{cases} \qquad (13.56)$$

が得られる．ここで，$j = 1, 2$ として，

$$\overline{x}_j := \frac{1}{n}\sum_{i=1}^n x_{ij}, \qquad s_j^2 := \frac{1}{n}\sum_{i=1}^n (x_{ij} - \overline{x}_j)^2, \qquad s_j := \sqrt{s_j^2}$$

$$\overline{y} := \frac{1}{n}\sum_{i=1}^n y_i, \qquad s_y^2 := \frac{1}{n}\sum_{i=1}^n (y_i - \overline{y})^2, \qquad s_y := \sqrt{s_y^2}$$

$$s_{jy} := \frac{1}{n}\sum_{i=1}^n (x_{ij} - \overline{x}_j)(y_i - \overline{y}), \qquad s_{12} := \frac{1}{n}\sum_{i=1}^n (x_{i1} - \overline{x}_1)(x_{i2} - \overline{x}_2)$$

$$r_{12} := \frac{s_{12}}{s_1 s_1}$$

である．これらの値は，すべてデータから求められるため，最小自乗推定値は数値的に推定する．

$$\beta_0 \xleftarrow{\text{推定}} \widehat{\beta}_0, \qquad \beta_1 \xleftarrow{\text{推定}} \widehat{\beta}_1, \qquad \beta_2 \xleftarrow{\text{推定}} \widehat{\beta}_2 \qquad \text{(数値的)}$$

13.2.3 標本回帰平面，当てはめ値，残差

最小自乗推定値 $\widehat{\beta}_0, \widehat{\beta}_1, \widehat{\beta}_2$ を係数とする平面

$$y = \widehat{\beta}_0 + \widehat{\beta}_1 x_1 + \widehat{\beta}_2 x_2 \qquad (13.57)$$

は，**標本回帰平面** (sample regression plane) とよばれ，説明変数の観測値の組 (x_{i1}, x_{i2}) におけるこの平面上の値を，単回帰の場合と同様に当てはめ値とよぶ．

$$\widehat{y}_i := \widehat{\beta}_0 + \widehat{\beta}_1 x_{i1} + \widehat{\beta}_2 x_{i2} \qquad (13.58)$$

また，当てはめ値と応答変数の観測値の差は残差とよばれる．

$$e_i := y_i - \widehat{y}_i = y_i - (\widehat{\beta}_0 + \widehat{\beta}_1 x_{i1} + \widehat{\beta}_2 x_{i2}) \qquad (13.59)$$

応答変数の観測値 y_i と当てはめ値 $\widehat{y}_i$，そして残差 e_i の間には，以下の関係が成り立つ．

$$y_i = \widehat{y}_i + e_i = \widehat{\beta}_0 + \widehat{\beta}_1 x_{i1} + \widehat{\beta}_2 x_{i2} + e_i \qquad (13.60)$$

13.2.4 Rによる重回帰分析

例として，新生児のデータ babies.frame を利用し，重回帰分析を行うことを考える．単回帰の場合と同様に，新生児の身長 height と胸囲 chest を説明変数 (x_1, x_2) とし，体重 weiht を応答変数 y とすると，7.7節で扱った3変量データ $(x_{i1}, x_{i2}, y_i) = (\text{height}_i, \text{chest}_i, \text{weight}_i)$ の3次元散布図を描くことによって可視化し，それらを検証することができる．ここでは，car パッケージに用意されている関数 scatter3d を以下のように利用する[24]．

---

[24] car パッケージを利用するためには追加インストールが必要となる．パッケージのインストール法については付録 B.6 を参照してほしい．

```
> library(car)
> scatter3d(weight~chest+height, data=babies.frame,surface=FALSE)
```

この入力によって，図 13.10 のような別ウィンドウが開く．なお，このウィンドウも，回転・拡大・縮小などのインタラクティブ性をもつ．

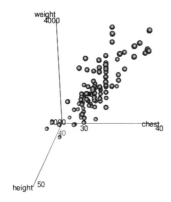

図 13.10　3 次元散布図

この結果から，身長と胸囲の増加にともなって体重も増加する傾向にあることがわかる．

重回帰モデル

$$\mathrm{weihgt}_i = \beta_0 + \beta_1 \mathrm{height}_i + \beta_2 \mathrm{chest}_i + \epsilon_i \quad (i = 1, \cdots, n\, (= 100)) \quad (13.61)$$

を関数 lm を用いてデータに当てはめる．重回帰モデル (13.61) を R のモデル式として書き直すと，

```
weight ~ height + chest
```

となり，データフレーム babies.frame に上記のモデルを当てはめると，

```
> (babies.lm.whc<-lm(weight~height+chest,babies.frame))
Call:
lm(formula = weight ~ height + chest, data = babies.frame)

Coefficients:
(Intercept)       height        chest
    -5106.7         84.7        126.1
```

となる．この結果は，最小自乗推定値が

$$\widehat{\beta}_0 = -5106.7, \qquad \widehat{\beta}_1 = 84.7, \qquad \widehat{\beta}_2 = 126.1$$

で与えられることを表している．この結果から得られる標本回帰平面

$$y = \widehat{\beta}_0 + \widehat{\beta}_1 x_1 + \widehat{\beta}_2 x_2 = -5106.7 + 84.7 x_1 + 126.1 x_2$$

を 3 次元散布図に追加するためには，関数 scatter3d を以下のように利用して描く．

```
> scatter3d(weight~chest+height, data=babies.frame)
```

この入力によって，図 13.11 のように 3 次元散布図に標本回帰平面が描かれる．

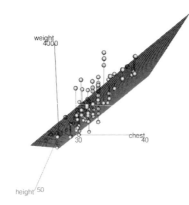

図 **13.11** 標本回帰平面付き 3 次元散布図

13.2.5 最小自乗推定量の性質

誤差に関する正規性 (13.14) のもとで,重回帰モデルの成分表現は,

$$Y_i = \beta_0 + \beta_1 x_{i1} + \beta_2 x_{i2} + \varepsilon_i \qquad (i = 1, \cdots, n) \tag{13.62}$$

と表すことができ,単回帰の場合と同様に,応答変数 Y_i は,独立に以下のような正規分布に従う.

$$Y_i \overset{\text{ind.}}{\sim} N(\beta_0 + \beta_1 x_{i1} + \beta_2 x_{i2}, \sigma^2) \qquad (i = 1, \cdots, n) \tag{13.63}$$

この仮定のもとで,最小自乗推定量は,

$$\begin{cases} \widehat{\beta}_{0n} := \overline{Y}_n - \widehat{\beta}_{1n}\overline{x}_1 - \widehat{\beta}_{2n}\overline{x}_2 \\ \widehat{\beta}_{1n} := \dfrac{s_2^2 s_{1Y} - s_{12} s_{2Y}}{s_1^2 s_2^2 (1 - r_{12}^2)} \\ \widehat{\beta}_{2n} := \dfrac{s_1^2 s_{2Y} - s_{12} s_{1Y}}{s_1^2 s_2^2 (1 - r_{12}^2)} \end{cases} \tag{13.64}$$

となり,ここで,$j = 1, 2$ として,

$$\overline{x}_j := \frac{1}{n}\sum_{i=1}^n x_{ij}, \qquad s_j^2 := \frac{1}{n}\sum_{i=1}^n (x_{ij} - \overline{x}_j)^2, \qquad s_j := \sqrt{s_j^2}$$

$$s_{12} := \frac{1}{n}\sum_{i=1}^n (x_{i1} - \overline{x}_1)(x_{i2} - \overline{x}_2), \qquad r_{12} := \frac{s_{12}}{s_1 s_2}$$

$$\overline{Y}_n := \frac{1}{n}\sum_{i=1}^n Y_i, \qquad s_{jY} := \frac{1}{n}\sum_{i=1}^n (x_{ij} - \overline{x}_j)(Y_i - \overline{Y}_n)$$

である.

これらの統計量のうち,応答変数 Y_i に関係するものは確率変数であるため,最小自乗推定量は,単回帰の場合と同様に回帰係数を理論的に推定することになる.

$$\beta_0 \xleftarrow{\text{推定}} \widehat{\beta}_{0n}, \qquad \beta_1 \xleftarrow{\text{推定}} \widehat{\beta}_{1n}, \qquad \beta_2 \xleftarrow{\text{推定}} \widehat{\beta}_{2n} \qquad (\text{理論的})$$

よって,これらの推定量の精度を評価するためには,分布を考察する必要がある.誤差に関する仮定 (13.14) のもとで,最小自乗推定量に関して以下の命題 (性質) が成り立つ.

(LSM-1) 最小自乗推定量 $(\widehat{\beta}_{0n}, \widehat{\beta}_{1n}, \widehat{\beta}_{2n})$ の同時分布は以下のように与えられる.

$$\begin{bmatrix} \widehat{\beta}_{0n} \\ \widehat{\beta}_{1n} \\ \widehat{\beta}_{2n} \end{bmatrix} \sim N_2 \left(\begin{bmatrix} \beta_0 \\ \beta_1 \\ \beta_2 \end{bmatrix}, \begin{bmatrix} \sigma_0^2 & \sigma_{01} & \sigma_{02} \\ \sigma_{10} & \sigma_1^2 & \sigma_{12} \\ \sigma_{20} & \sigma_{21} & \sigma_2^2 \end{bmatrix} \right) \quad \text{(3 変量正規性)} \quad (13.65)$$

ここで,

$$\sigma_j^2 := \mathrm{V}(\widehat{\beta}_{jn}) = \frac{\sigma^2}{n} c_j \qquad (j = 0, 1, 2) \qquad \text{(分散)}$$

$$\sigma_{01} := \mathrm{Cov}(\widehat{\beta}_{0n}, \widehat{\beta}_{1n}) = -\frac{\sigma^2}{n} \left\{ \frac{\overline{x}_1}{s_1^2(1 - r_{12}^2)} - \frac{s_{12}\overline{x}_2}{s_1^2 s_2^2(1 - r_{12}^2)} \right\}$$

$$= \mathrm{Cov}(\widehat{\beta}_{1n}, \widehat{\beta}_{0n}) = \sigma_{10} \qquad \text{(共分散)}$$

$$\sigma_{02} := \mathrm{Cov}(\widehat{\beta}_{0n}, \widehat{\beta}_{2n}) = -\frac{\sigma^2}{n} \left\{ \frac{\overline{x}_2}{s_2^2(1 - r_{12}^2)} - \frac{s_{12}\overline{x}_1}{s_1^2 s_2^2(1 - r_{12}^2)} \right\}$$

$$= \mathrm{Cov}(\widehat{\beta}_{2n}, \widehat{\beta}_{0n}) = \sigma_{20} \qquad \text{(共分散)}$$

$$\sigma_{12} := \mathrm{Cov}(\widehat{\beta}_{1n}, \widehat{\beta}_{2n}) = -\frac{\sigma^2}{n} \frac{s_{12}}{s_1^2 s_2^2(1 - r_{12}^2)}$$

$$= \mathrm{Cov}(\widehat{\beta}_{2n}, \widehat{\beta}_{1n}) = \sigma_{21} \qquad \text{(共分散)}$$

であり,

$$c_j := \begin{cases} 1 + \dfrac{\overline{x}_1^2}{s_1^2(1 - r_{12}^2)} - 2\dfrac{s_{12}\overline{x}_1\overline{x}_2}{s_1^2 s_2^2(1 - r_{12}^2)} + \dfrac{\overline{x}_2^2}{s_2^2(1 - r_{12}^2)} & (j = 0) \\[2ex] \dfrac{1}{s_j^2(1 - r_{12}^2)} & (j = 1, 2) \end{cases} \quad (13.66)$$

とおいた.

(LSM-2) 最小自乗推定量 $(\widehat{\beta}_{0n}, \widehat{\beta}_{1n}, \widehat{\beta}_{2n})$ の周辺分布は以下のように与えられる.

$$\widehat{\beta}_{jn} \sim N(\beta_j, \sigma_j^2) \qquad (j = 0, 1, 2) \quad \text{(正規性)} \quad (13.67)$$

(LSM-3) 最小自乗推定量 $(\widehat{\beta}_{0n}, \widehat{\beta}_{1n}, \widehat{\beta}_{2n})$ の平均 (期待値) は以下のように与えられる.

$$\mathrm{E}(\widehat{\beta}_{jn}) = \beta_j \qquad (j = 0, 1, 2) \quad \text{(不偏性)}$$

(LSM-4) 最小自乗推定量 $(\widehat{\beta}_{0n}, \widehat{\beta}_{1n}, \widehat{\beta}_{2n})$ の標準誤差は以下のように与えられる.

$$\mathrm{s.e.}(\widehat{\beta}_{jn}) := \sigma_j = \sqrt{\sigma_j^2} = \sqrt{\frac{\sigma^2}{n} c_j} \qquad (j = 0, 1, 2)$$

これらの命題のうち, (LSM-1) からその他のものは導くことができる (7.7 節の 3 変量正規分布に関する箇所も参照). また, (LSM-2), (LSM-3), (LSM-4) の結果から,

$$\frac{\widehat{\beta}_{jn} - \mathrm{E}(\widehat{\beta}_{jn})}{\mathrm{s.e.}(\widehat{\beta}_{jn})} = \frac{\widehat{\beta}_{jn} - \beta_j}{\sigma_j} \sim N(0, 1) \qquad (j = 0, 1, 2) \quad (13.68)$$

となり, 最小自乗推定量を標準化することができる.

13.2.6 誤差分散の推定

重回帰の場合も，単回帰の場合と同様に未知の誤差分散 σ^2 は，残差

$$\widehat{\varepsilon}_i := Y_i - \widehat{\beta}_{0n} - \widehat{\beta}_{1n}x_{i1} - \widehat{\beta}_{2n}x_{i2} \qquad (i = 1, \cdots, n) \tag{13.69}$$

の平方和

$$\Delta^2(\widehat{\beta}_{0n}, \widehat{\beta}_{1n}, \widehat{\beta}_{2n}) := \sum_{i=1}^n \widehat{\varepsilon}_i^2 = \sum_{i=1}^n (Y_i - \widehat{\beta}_{0n} - \widehat{\beta}_{1n}x_{i1} - \widehat{\beta}_{2n}x_{i2})^2 \tag{13.70}$$

を利用して，以下のように推定量を定義する．

$$\widehat{\sigma}_n^2 := \frac{1}{n-3}\Delta^2(\widehat{\beta}_{0n}, \widehat{\beta}_{1n}, \widehat{\beta}_{2n}) = \frac{1}{n-3}\sum_{i=1}^n \widehat{\varepsilon}_i^2 \tag{13.71}$$

この推定量に関して，以下の命題が成り立つ．

(EVM-1)
$$\mathrm{E}(\widehat{\sigma}_n^2) = \sigma^2 \qquad (\text{不偏性})$$

(EVM-2)
$$\frac{(n-3)\widehat{\sigma}_n^2}{\sigma^2} \sim \chi_{n-3}^2 \qquad (\text{自由度 } n-3 \text{ のカイ自乗分布})$$

(EVM-3)
$$\widehat{\beta}_{jn} \perp\!\!\!\perp \widehat{\sigma}_n^2 \qquad (j = 0, 1, 2) \quad (\text{独立性})$$

注意 13.5　誤差分散の推定量の自由度に関する注意　単回帰の場合と比べて誤差分散に関する命題として異なることは，自由度に関する箇所のみである．すなわち，単回帰の場合は，誤差分散の分布に関する命題 (EV-2) において自由度が $n-2$ であったのに対して，説明変数の個数が 1 つ増加した重回帰の場合は，命題 (EVM-2) では自由度が $n-3$ となっており，1 だけ減少している．これは，切片項を除く説明変数の個数を一般に p とした場合を考えることで理解しやすい．すなわち，誤差分散の分布に関する自由度は一般に $n-p-1$ であり，単回帰の場合は説明変数の個数が 1 ($p=1$) であったので $n-p-1 = n-1-1 = n-2$ であり，説明変数の個数が 1 増加して 2 個になった重回帰の場合 ($p=2$) は，$n-p-1 = n-2-1 = n-3$ となる．

誤差分散の推定量 $\widehat{\sigma}_n^2$ を利用することによって，最小自乗推定量の標準誤差を以下のように推定することができる．

$$\widehat{\mathrm{s.e.}}_n(\widehat{\beta}_{jn}) := \widehat{\sigma}_{jn} = \sqrt{\widehat{\sigma}_{jn}^2} = \sqrt{\frac{\widehat{\sigma}_n^2}{n}c_j}$$

これらの推定量を最小自乗推定量の標準化 (13.68) における標準誤差の部分に代入し，誤差分散に関する命題 (EVM-2), (EVM-3) を利用すると，

$$\frac{\widehat{\beta}_{jn} - E(\widehat{\beta}_{jn})}{\widehat{\mathrm{s.e.}}_n(\widehat{\beta}_{jn})} = \frac{\widehat{\beta}_{jn} - \beta_j}{\widehat{\sigma}_{jn}} = \frac{\widehat{\beta}_{jn} - \beta_j}{\sqrt{(\sigma^2/n)c_j}} \Big/ \sqrt{\frac{\widehat{\sigma}_n^2}{\sigma^2}} \sim \frac{N(0,1)}{\sqrt{\chi_{n-3}^2/(n-3)}} \stackrel{\mathrm{d}}{=} t_{n-3} \tag{13.72}$$

となり，これらの標準化に関する統計量は共に自由度 $n-3$ のティー分布に従うことがわかる．単回帰の場合と同様に，これらの結果は回帰係数の推定・検定に利用される．

また，実際に誤差分散を数値として推定するためには，重回帰モデルをデータに対して当てはめた結果として得られる残差

$$e_i = y_i - \widehat{\beta}_0 - \widehat{\beta}_1 x_{i1} - \widehat{\beta}_2 x_{i2} \qquad (i = 1, \cdots, n) \tag{13.73}$$

を使って計算された残差平方和を自由度 $n-3$ で割った

$$\widehat{\sigma}^2 := \frac{1}{n-3} \Delta^2(\widehat{\beta}_0, \widehat{\beta}_1, \widehat{\beta}_2) = \frac{1}{n-3} \sum_{i=1}^{n} e_i^2 \tag{13.74}$$

を誤差分散の推定値として用いる．また，この推定値を利用することによって，最小自乗推定量の標準誤差を以下のように数値的に推定することができる．

$$\widehat{\text{s.e.}}(\widehat{\beta}_{jn}) := \widehat{\sigma}_j = \sqrt{\widehat{\sigma}_j^2} = \sqrt{\frac{\widehat{\sigma}^2}{n} c_j}$$

13.2.7 回帰係数の検定

回帰係数 β_j $(j=0,1,2)$ に対する以下の仮説を検定することを考えよう．

$$\begin{cases} H_0 : & \beta_j = 0 \\ H_1 : & \beta_j \neq 0 \end{cases} \qquad (j = 0, 1, 2) \tag{13.75}$$

有意水準を α とし，これらの検定に関しては以下の検定統計量 (ティー統計量) とその実現値 (ティー値) がそれぞれ利用される．

$$T_{jn} := \frac{\widehat{\beta}_{jn}}{\widehat{\sigma}_{jn}}, \qquad t_j := \frac{\widehat{\beta}_j}{\widehat{\sigma}_j} \qquad (j - 0, 1, 2) \tag{13.76}$$

これらの検定統計量は，標準化された統計量の分布に関する結果 (13.72) から，帰無仮説 H_0 のもとで以下のように自由度 $n-3$ のティー分布に従う．

$$T_{jn} \sim t_{n-3} \qquad (j = 0, 1, 2) \tag{13.77}$$

棄却域は，自由度 $n-3$ のティー分布の上側 $100(\alpha/2)\%$ 点を $t_{n-3}(\alpha/2)$ とすると，

$$R = \left(-\infty, -t_{n-3}\left(\frac{\alpha}{2}\right)\right] \quad \text{または} \quad \left[t_{n-3}\left(\frac{\alpha}{2}\right), \infty\right) \tag{13.78}$$

ととられ，検定は検定統計量の実現値 t_j $(j=0,1,2)$ の値に応じて以下のように実行される．

$$t_j \in R \implies \text{帰無仮説 } H_0 \text{ を棄却}$$
$$t_j \notin R \implies \text{帰無仮説 } H_0 \text{ を棄却できない (採択)}$$

13.2.8 回帰係数ベクトルの検定

切片項 β_0 以外の回帰係数のベクトルを

$$\boldsymbol{\beta}_2 := \begin{bmatrix} \beta_1 \\ \beta_2 \end{bmatrix} \tag{13.79}$$

で表し，仮説

$$\begin{cases} H_0: & \boldsymbol{\beta}_2 = \mathbf{0} \\ H_1: & \boldsymbol{\beta}_2 \neq \mathbf{0} \end{cases}$$

を検定することを考える．ここで $\mathbf{0} := [0,0]'$ は，(2次元) ゼロベクトル (列ベクトル) である．なお，この検定は，注意 13.3 で述べたエフ統計量を利用した検定の拡張と考えることができる．

この検定は，平方和の分解 (13.40) によって，全体の変動を回帰によって説明される変動と説明されない変動に分解し，それらを比較することによって行われる．平方和の分解 (13.40) を観測 Y_i で置き換えたものに関して，帰無仮説 $H_0: \boldsymbol{\beta}_2 = \mathbf{0}$ のもとで以下のような分布に関する特性が成り立つ．

$$\frac{\sum_{i=1}^n (Y_i - \overline{Y})^2}{\sigma^2} = \frac{\sum_{i=1}^n (\widehat{Y}_i - \overline{Y})^2}{\sigma^2} + \frac{\sum_{i=1}^n (Y_i - \widehat{Y}_i)^2}{\sigma^2}$$
$$\wr \qquad\qquad \wr \qquad\qquad \wr$$
$$\chi^2_{n-1} \quad \stackrel{\mathrm{d}}{=} \quad \chi^2_2 \quad + \quad \chi^2_{n-3}$$

この結果において，右辺の第 1 項と第 2 項は独立であることから，検定統計量 (エフ統計量) に関して以下の結果が成り立つ．

$$F_{2n} := \frac{\sum_{i=1}^n (\widehat{Y}_i - \overline{Y})^2 / 2}{\sum_{i=1}^n (Y_i - \widehat{Y}_i)^2 / (n-3)} = \frac{\left(\sum_{i=1}^n (\widehat{Y}_i - \overline{Y})^2 / \sigma^2\right) / 2}{\left(\sum_{i=1}^n (Y_i - \widehat{Y}_i)^2 / \sigma^2\right) / (n-3)}$$
$$\sim \frac{\chi^2_2 / 2}{\chi^2_{n-3}/(n-3)} \stackrel{\mathrm{d}}{=} F^2_{n-3} \qquad (\text{自由度 } (2, n-3) \text{ のエフ分布}) \qquad (13.80)$$

この結果を利用し，有意水準 α に対して棄却域を

$$R = [F^2_{n-3}(\alpha), \infty) \qquad (13.81)$$

ととることによって，検定統計量 F_{2n} の実現値 f_2 の値に応じて以下のように検定が実行される．

$$f_2 \in R \implies \text{帰無仮説 } H_0 \text{ を棄却}$$
$$f_2 \notin R \implies \text{帰無仮説 } H_0 \text{ を棄却できない (採択)}$$

ここで，$F^2_{n-3}(\alpha)$ は自由度 $(2, n-3)$ のエフ分布の上側 $100\alpha\%$ 点である．

表 13.3 回帰分析における分散分析表

変動要因	自由度	平方和	平均平方和	エフ比
回帰	2	$\sum_{i=1}^n (\widehat{y}_i - \overline{y})^2$	$\sum_{i=1}^n (\widehat{y}_i - \overline{y})^2 / 2$	$\dfrac{\sum_{i=1}^n (\widehat{y}_i - \overline{y})^2 / 2}{\sum_{i=1}^n (y_i - \widehat{y}_i)^2 / (n-3)}$
残差	$n-3$	$\sum_{i=1}^n (y_i - \widehat{y}_i)^2$	$\sum_{i=1}^n (y_i - \widehat{y}_i)^2 / (n-3)$	
全体	$n-1$	$\sum_{i=1}^n (y_i - \overline{y})^2$		

以上の検定を行う際に利用される統計量 (の実現値) を表 13.3 の形でまとめたものを**分散分析表** (ANalysis Of VAriance table; ANOVA table) とよぶ.

この表における第 1 列目は**変動要因** (Source of Variation: SV) を表しており,第 2 列は各平方和に対する自由度を表している.また,第 3 列は,分解式 (13.40) におけるそれぞれの平方和であり,順に,回帰によって説明される平方和 (ESS),残差平方和 (RSS),全平方和 (TSS) であることを思い出そう.さらに,第 4 列は平方和をその自由度で割った値,すなわち平均をとったものとみることができ,**平均平方和** (Mean Sum of Squares: MSS) とよばれる.最後に第 5 列は,帰無仮説 H_0 を検定するための検定統計量 F_{2n} の実現値

$$f_2 := \frac{\sum_{i=1}^{n}(\widehat{y}_i - \overline{y})^2/2}{\sum_{i=1}^{n}(y_i - \widehat{y}_i)^2/(n-3)} \tag{13.82}$$

であり,**エフ比** (F ratio, F-ratio) または**エフ値** (F value, F-value) とよばれる.

13.2.9 モデルの当てはまりの程度をみるための指標

重回帰モデル (13.53) がデータセット (x_{i1}, x_{i2}, y_i) $(i = 1, \cdots, n)$ に当てはまっていることをチェックするための指標は,単回帰の場合と同様に定義できる.

その際,重相関係数 $r_{y\widehat{y}}$ と決定係数 R^2 は,モデルを当てはめることによって得られる,当てはめ値 $\widehat{y}_i$ を利用することによって同様に定義することができるが,自由度調整済み決定係数は自由度に依存しているので,以下のように若干の修正が必要となる.

$$\begin{aligned}\overline{R}^2 &= 1 - \frac{\sum_{i=1}^{n}(y_i - \widehat{y}_i)^2/(n-3)}{\sum_{i=1}^{n}(y_i - \overline{y})^2/(n-1)} \\ &= 1 - \frac{\text{RSS}/(n-3)}{\text{TSS}/(n-1)}\end{aligned} \tag{13.83}$$

すなわち,単回帰の場合は残差平方和 RSS を調整する項が $(n-2)$ であったのに対して,切片項を除く説明変数が 2 個になった重回帰の場合では $(n-3)$ となる.

13.2.10 R による重回帰分析 (続き)

関数 lm を用いて新生児の身長,胸囲,体重のデータに重回帰モデルを当てはめた結果 babies.lm.whc を関数 summary を用いて要約することによって,回帰係数の検定や当てはめの度合いを具体的にみていく.ただし,単回帰の場合において,詳細に結果の解釈の仕方について解説したので,ポイントのみを簡単に述べることにする.

```
> summary(babies.lm.whc)
Call:
lm(formula = weight ~ height + chest, data = babies.frame)

Residuals:
    Min      1Q  Median      3Q     Max
-390.68 -110.92  -21.43  108.33  538.64
```

```
Coefficients:
            Estimate Std. Error t value Pr(>|t|)
(Intercept) -5106.66     519.27  -9.834 3.06e-16 ***
height         84.70      12.48   6.787 9.13e-10 ***
chest         126.06      12.16  10.363  < 2e-16 ***
---
Signif. codes:
0 '***' 0.001 '**' 0.01 '*' 0.05 '.' 0.1 ' ' 1


Residual standard error: 169.4 on 97 degrees of freedom
Multiple R-squared:  0.7714,     Adjusted R-squared:  0.7667
F-statistic: 163.7 on 2 and 97 DF,  p-value: < 2.2e-16
```

この結果において，Coefficients:の最終列のアスタリスク "*" の個数がすべて3個であり，有意水準が $0 \leq \alpha \leq 0.001$ で共に高度に有意であることがわかる．よって，回帰係数 β_j ($j=0,1,2$) は有意水準 $\alpha = 0.05$ (5%) で共に0でないといえる．同じことであるが，ティー値にもとづく検定の観点からは，回帰係数の仮説検定 (13.75) に対する棄却域が，有意水準 $\alpha = 0.05$，自由度が $n-3 = 97$ のとき，

$$R = (-\infty, -t_{97}(0.025)] \quad \text{または} \quad [t_{97}(0.025), \infty)$$
$$= (-\infty, -1.985] \quad \text{または} \quad [1.985, \infty)$$

で与えられる．したがって，t value の列に与えられているティー値をみると，すべてこの区間に属し，共に有意となり，帰無仮説 H_0 は棄却できることもわかる．さらに，Pr(>|t|) 列のピー値をみても，共に0.05よりも小さい値をもつことから，回帰係数の仮説検定に関して5%有意であることがわかる．

次に，Residual standard error: 169.4 は，誤差の標準偏差の推定値が

$$\widehat{\sigma} = \sqrt{\widehat{\sigma}^2} = 169.4$$

であることを表しており，単回帰の場合 ($\widehat{\sigma} = 244.7$) と比べて，数値としては小さくなっていることから，推定精度が増している．また，この結果から誤差分散の推定値は，

$$\widehat{\sigma}^2 = \frac{1}{n-3} \sum_{i=1}^{n} e_i^2 = 169.4^2 = 28712.5$$

で与えられる．なお，on 97 degrees of freedom は，誤差分散の推定量に関する自由度が $n-3 = 97$ であることを示している．

さらに，Multiple R-squared: 0.7714, Adjusted R-squared: 0.7667 は，決定係数と自由度調整済み決定係数がそれぞれ，

$$R^2 = 0.7714, \quad \overline{R}^2 = 0.7667$$

で与えられることを表しており，単回帰モデルの場合と比べて決定係数が0.518から0.771へ増加しており，自由度調整済み決定係数については，0.513から0.767へ増加している．

最後に，F-statistic: 163.7 on 2 and 97 DF は，帰無仮説 $H_0 : \boldsymbol{\beta}_2 = \boldsymbol{0}$ のもとで自由度 $(2, 97)$ をもつエフ分布に従う検定統計量 F_{2n} の実現値が

$$f_2 = 163.7$$

で与えられることを表している．有意水準を $\alpha = 0.05$ ととると，棄却域が

$$R = [F_{n-3}^2(\alpha), \infty) = [F_{97}^2(0.05), \infty) = [3.09, \infty)$$

であることから，

$$f_2 \in R$$

となり，帰無仮説 $H_0 : \boldsymbol{\beta}_2 = \mathbf{0}$ は棄却される．また，p-value: < 2.22e-16 はピー値が極めて小さいことを表しており，この結果からも検定が有意であることがわかる．

なお，単回帰の場合と同様に，重相関係数 $r_{y\widehat{y}}$ は以下のように入力することによって求めることができる．

```
> cor(babies.frame$weight,fitted(babies.lm.whc))
[1] 0.8783159
```

13.2.11 回帰係数の区間推定

回帰係数 β_j ($j = 0, 1, 2$) を区間推定することを考える．最小自乗推定量 $\widehat{\beta}_{jn}$ を標準化した統計量の分布に関する結果 (13.72) より，

$$\frac{\widehat{\beta}_{jn} - E(\widehat{\beta}_{jn})}{\widehat{\text{s.e.}}_n(\widehat{\beta}_{jn})} = \frac{\widehat{\beta}_{jn} - \beta_j}{\widehat{\sigma}_{jn}} = \frac{\widehat{\beta}_{jn} - \beta_j}{\sqrt{\frac{\widehat{\sigma}_n^2}{n} c_j}} \sim t_{n-3}$$

となる（ここで，c_j については (13.66) を参照）．この結果から，自由度 $n-3$ のティー分布の上側 $100(\alpha/2)\%$ 点を $t_{n-3}(\alpha/2)$ とすると，

$$P\left(-t_{n-3}\left(\frac{\alpha}{2}\right) \leq \frac{\widehat{\beta}_{jn} - \beta_j}{\sqrt{\frac{\widehat{\sigma}_n^2}{n} c_j}} \leq t_{n-3}\left(\frac{\alpha}{2}\right)\right)$$
$$= P\left(\widehat{\beta}_{jn} - t_{n-3}\left(\frac{\alpha}{2}\right)\sqrt{\frac{\widehat{\sigma}_n^2}{n} c_j} \leq \beta_j \leq \widehat{\beta}_{jn} + t_{n-3}\left(\frac{\alpha}{2}\right)\sqrt{\frac{\widehat{\sigma}_n^2}{n} c_j}\right) = 1 - \alpha$$

が成り立つので，区間

$$[\widehat{\beta}_{\mathrm{L}jn}, \widehat{\beta}_{\mathrm{U}jn}] := \left[\widehat{\beta}_{jn} - t_{n-3}\left(\frac{\alpha}{2}\right)\sqrt{\frac{\widehat{\sigma}_n^2}{n} c_j},\ \widehat{\beta}_{jn} + t_{n-3}\left(\frac{\alpha}{2}\right)\sqrt{\frac{\widehat{\sigma}_n^2}{n} c_j}\right] \quad (13.84)$$

を考えると，

$$P(\widehat{\beta}_{\mathrm{L}jn} \leq \beta_j \leq \widehat{\beta}_{\mathrm{U}jn}) = P([\widehat{\beta}_{\mathrm{L}jn}, \widehat{\beta}_{\mathrm{U}jn}] \ni \beta_j) = 1 - \alpha$$

となり，区間 $[\widehat{\beta}_{\mathrm{L}jn}, \widehat{\beta}_{\mathrm{U}jn}]$ が回帰係数 β_j の $100(1-\alpha)\%$ 信頼区間となる．このことを概念的に表すと，

$$\beta_j \xleftarrow{\text{推定}} [\widehat{\beta}_{\mathrm{L}jn}, \widehat{\beta}_{\mathrm{U}jn}] \quad (\text{理論的})$$

となる．

実際に，数値的に信頼区間を計算するためには，最小自乗推定値 $\widehat{\beta}_j$ と誤差分散の推定値 $\widehat{\sigma}^2$ を利用し，

$$[\widehat{\beta}_{\mathrm{L}j},\ \widehat{\beta}_{\mathrm{U}j}] := \left[\widehat{\beta}_j - t_{n-3}\left(\frac{\alpha}{2}\right)\sqrt{\frac{\widehat{\sigma}^2}{n}c_j},\ \widehat{\beta}_j + t_{n-3}\left(\frac{\alpha}{2}\right)\sqrt{\frac{\widehat{\sigma}^2}{n}c_j}\right] \quad (13.85)$$

で推定する．すなわち，

$$\beta_j \xleftarrow{\text{推定}} [\widehat{\beta}_{\mathrm{L}j},\ \widehat{\beta}_{\mathrm{U}j}] \qquad (\text{数値的})$$

となる．

13.2.12　Rによる重回帰分析（続き）

単回帰の場合にも利用したが，Rで回帰係数に対する信頼区間を計算するためには，関数 confint を以下のように利用する．

```
> confint(babies.lm.whc)
                 2.5 %      97.5 %
(Intercept) -6137.27152 -4076.0455
height         59.92999   109.4692
chest         101.91828   150.2034
```

この結果は，回帰係数の95%信頼区間が

$$[\widehat{\beta}_{\mathrm{L}0},\ \widehat{\beta}_{\mathrm{U}0}] = [-6137.27152, -4076.0455]$$
$$[\widehat{\beta}_{\mathrm{L}1},\ \widehat{\beta}_{\mathrm{U}1}] = [59.92999, 109.4692]$$
$$[\widehat{\beta}_{\mathrm{L}2},\ \widehat{\beta}_{\mathrm{U}2}] = [101.91828, 150.2034]$$

で与えられることを表している．

13.2.13　Rによる重回帰分析に対する回帰診断

単回帰の場合と同様に，説明変数が2個の場合の重回帰分析による残差は，標本回帰平面とデータの「差」を表しており，重回帰の場合も当てはまりの程度を表す重要な情報を与える．また，この場合も誤差の正規性 (13.14) を検証するために有効である．

新生児の重回帰分析を行った結果のオブジェクト babies.lm.whc を利用して，インデックスプロットを行う．

```
> plot.resid.index(babies.lm.whc)
```

この入力によって図 13.12 が描かれ，1件のデータが3シグマ限界から外れる結果となっているが，このことは，単回帰の場合に比べて説明変数が増加したことから，誤差の標準偏差の推定値が

$$\text{単回帰の場合：}\ \widehat{\sigma} = 244.715 \quad \Longrightarrow \quad \text{重回帰の場合：}\ \widehat{\sigma} = 169.447$$

と減少しており，精度が向上している関係上，起こったものと考えられる．なお，周期性などの傾向はみられない．

次に，正規 Q-Q プロットを描くことによって残差が正規分布に従っているかどうかを調べる．

```
> plot(babies.lm.whc,which=2)
```

図 13.13 は，インデックスプロットと同様に1件のデータが直線から若干離れているものの，総じて残差はほぼ直線上に位置しているため，誤差の正規性を疑う結果は得られない．

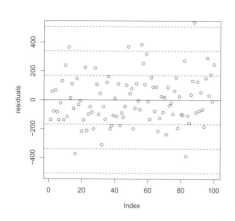
図 13.12 残差のインデックスプロット (重回帰分析の場合)

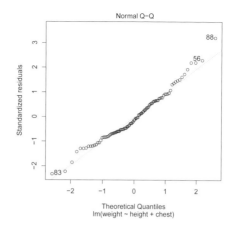
図 13.13 残差の正規 Q-Q プロット (重回帰分析の場合)

13.3 補足

回帰分析は "regression analysis" の訳であり，ここで "regress" は

$$\text{regress} = \text{re}(後ろへ) + \text{gress}(歩く)$$

という意を語源としてもつ[25]．このことから，"regression" という語は「退行」，「退化」などの幾分ネガティブな訳もあるが，統計学では「回帰」という語が当てられている．このような語が使われるようになったのは，イギリスの統計学者 F. Golton[26] による，親と子どもの身長に関する以下のような研究に由来するといわれる．

> Galton, F.: Regression towards mediocrity in hereditary stature, *Journal of the Anthropological Institute of Great Britain and Ireland*, Vol.**15** (1886) pp.246-263.

この論文のタイトルにおける "mediocrity" は「凡人」を，そして "hereditary stature" は「遺伝的身長」を表すことから，直訳すると「遺伝的身長の凡人への回帰 (退化)」となる．このようなタイトルが付いた理由は，必ずしも高い (または低い) 身長の「親」から，高い (または低い) 身長の「子」が生まれるわけではなく，「子」の身長は子の世代の身長の平均 (凡人) へ回帰 (または退化) する傾向にある，という主張が与えられたことに由来するといわれる．

演習問題

Q 13.1 以下の設問に答えよ．
(1) 3.3 節で読み込んだデータフレーム `babies.frame` に対して，以下のように入力することによっ

---

[25] https://www.etymonline.com/word/regress
[26] F. Golton の研究対象は多岐にわたるため，統計学者というよりも科学者と考える必要があるかもしれない．ここで紹介した原論文の PDF ファイルを含む F. Galton に関する様々な情報が http://galton.org/ から提供されている．

て weight を列ベクトル y として定義し，1 列目に 1 のみの成分からなるベクトルと 2 列目に height を成分としてもつ行列 $\mathbf{X}$ を定義せよ．

```
> y <- matrix(babies.frame$weight)
> X <- cbind(rep(1,100),babies.frame$height)
```

(2) 最小自乗推定値のベクトル $\widehat{\boldsymbol{\beta}} = (\mathbf{X}'\mathbf{X})^{-1}\mathbf{X}'y$ を計算し，関数 lm で求めたものと比較せよ．

(3) 射影行列 $\mathbf{P} = \mathbf{X}(\mathbf{X}'\mathbf{X})^{-1}\mathbf{X}'$ を計算し，回帰ベクトル $\widehat{y} = \mathbf{P}y$ と残差ベクトル $e = y - \widehat{y}$ を求め，関数 lm で求めたものと比較せよ．

(4) 誤差分散の推定値 $\widehat{\sigma}^2 = e'e/(n-2)$ を計算し，関数 lm で求めたものと比較せよ．

Q 13.2 データフレーム babies.frame に対して，以下の設問に答えよ．

(1) 体重 (weight) を身長 (height)，胸囲 (chest)，頭囲 (head) で重回帰分析せよ．また，その結果から回帰係数の有意性や決定係数などをみることによって，回帰の当てはまりなどの良さを考察せよ．

(2) 残差のプロットを行うことによって回帰診断を行い，結果を考察せよ．

Q 13.3 Q 3.1 で読み込んだデータフレーム firms.frame に対して，以下の設問に答えよ．

(1) 売上高 (sales) を従業員数 (employees) と資産合計 (assets) で重回帰分析せよ．また，その結果から回帰係数の有意性や決定係数などをみることによって，回帰の当てはまりの良さなどを考察せよ．

(2) 残差のプロットを行うことによって回帰診断を行い，結果を考察せよ．

Q 13.4 Q 3.3 で各自が読み込んだデータフレームを用いて回帰分析を行え．

付録A　確率

A.1　用語，記号

ここでは，統計学において確率に関して使用される主な記号の説明を与える (表 A.1, 図 A.1 も参照).

試行 (trial)： 実験，観測 (観察)，調査の総称
事象 (event)： 試行を行ったときに起こる**結果** (outcome) の集り[1]
母集団 (population)： 試行を行ったときに起こり得るすべての結果の集り
事象族 (family of events)： 事象の集合

命題 A.1　A, B, C を事象とすると，以下のことが成り立つ．

交換法則：
$$A \cup B = B \cup A, \quad A \cap B = B \cap A$$

結合法則：
$$A \cup (B \cup C) = (A \cup B) \cup C, \quad A \cap (B \cap C) = (A \cap B) \cap C$$

分配法則：
$$A \cap (B \cup C) = (A \cap B) \cup (A \cap C), \quad A \cup (B \cap C) = (A \cup B) \cap (A \cup C)$$

ド・モルガンの法則：
$$(A \cup B)^c = A^c \cap B^c, \quad (A \cap B)^c = A^c \cup B^c$$

表 A.1　記号と用語

記号	用語	意味
ω	結果	試行を行ったときに起こる結果
A	事象	結果の集り
Ω	母集団	試行を行ったときに起こり得るすべての結果の集り
$\emptyset$	空事象	結果を1つも含まない事象
$A \subset B$	部分事象	事象 A が起こったとき，事象 B は必ず起こること
$A = B$	同等性	事象 A と事象 B は同一のものであるということ ($A = B \Leftrightarrow A \subset B$ かつ $A \supset B$)
A^c	余事象	事象 A が起こらないこと
$A \cup B$	和事象	事象 A または B のどちらかが起こること
$A \cap B$	積事象	事象 A と B が同時に起こること
$A \setminus B := A \cap B^c$	差事象	事象 A は起こるが，事象 B は起こらないこと
$A \cap B = \emptyset$	排反事象	事象 A, B が同時に起こらないこと (「A と B は互いに排反」という)
$\sharp A$	濃度	事象 A の結果の濃度

---

[1] より正確には，σ-集合体に属する事象 (集合) のこと．

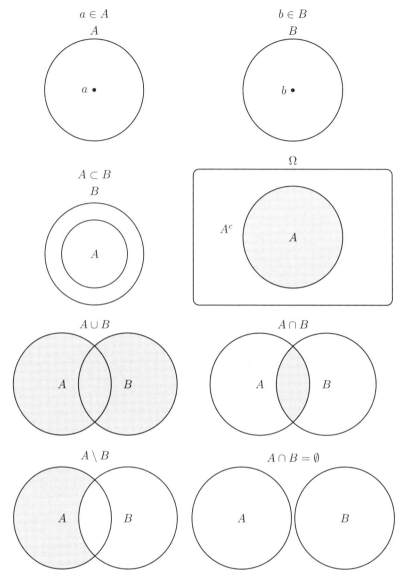

図 A.1 各種の事象

A.2 確率の定義

定義 A.1 σ-集合体 $\Omega \neq \emptyset$ とする．以下の条件を満たす Ω の部分集合の族 $\mathcal{A}$ を，「Ω 上の σ-**集合体** (σ-field)」という．

(F1) $\emptyset \in \mathcal{A}$
(F2) $A \in \mathcal{A} \;\Rightarrow\; A^c (= \Omega \setminus A) \in \mathcal{A}$
(F3) $A_n \in \mathcal{A} \;\;(n = 1, 2, \cdots) \;\Rightarrow\; \bigcup_{n=1}^{\infty} A_n \in \mathcal{A}$

注意 A.1 σ-集合体における σ (シグマ) という記号は，定義 A.1 における性質 (F3) の主張が，$\mathcal{A}$ の元が**無限和**[2])について閉じていることを意味する．

---

2) 一般に数列 $\{a_1, \cdots, a_n\}$ の和を表す記号として，$\sum_{i=1}^{n} a_i = a_1 + \cdots + a_n$ が利用されたが，ここで Σ (シグマ) が和を意味することを思い出すと，この記号が自然なものと感じられるであろう．

定義 A.2 (Kolmogorov, 1933) Ω を母集団とし，$\mathcal{A}$ を Ω 上の σ-集合体とする．
(集合) 関数：
$$P : \mathcal{A} \longrightarrow [0,1]$$
が以下の条件を満たすとき，**確率測度** (probability measure) といい，$P(A)$ を事象 A $(\in \mathcal{A})$ が起こる**確率** (probability) という．

(P1) $P(\Omega) = 1$

(P2) $A_n \in \mathcal{A}$ $(n = 1, 2, \cdots)$ かつ $A_i \cap A_j = \emptyset$ $(i \neq j)$ のとき，
$$P(A_1 \cup A_2 \cup \cdots) = P(A_1) + P(A_2) + \cdots$$

が成り立つ．

ここで，$(\Omega, \mathcal{A})$ を**可測空間** (measurable space)，$(\Omega, \mathcal{A}, P)$ を**確率空間** (probability space) という．なお，σ-集合体 $\mathcal{A}$ に属する集合を**事象** (event) という．さらに，$P(A) = 1$ が成り立つとき，「事象 A は**ほとんど確実に** (almost surely: a.s.) 起こる」という．

A.3　加法定理と乗法定理

命題 A.2

(1) $P(A \cup B) = P(A) + P(B) - P(A \cap B)$

(2) $A \cap B = \emptyset \implies P(A \cup B) = P(A) + P(B)$ 　　(**加法定理**)

(3) $P(A^c) = 1 - P(A)$

定義 A.3　条件付き確率　事象 A が起こったという条件のもとで事象 B が起こる確率を**条件付き確率** (conditional probability) といい，以下で定義される．
$$P(B \mid A) := \frac{P(A \cap B)}{P(A)}$$

定義 A.4　独立　以下のことが成り立つとき，「事象 A と事象 B は**独立** (independence) である」という．
$$P(B \mid A) = P(B) \tag{A.1}$$

注意 A.2　定義 A.4 において，条件 (A.1) が成り立つとき，
$$P(A \mid B) = P(A)$$
も成り立つ．よって，これらの結果から，2 つの事象 A, B が独立であるとは，一方の事象が生起することが，他の事象の生起に影響を与えないことを表す．

定理 A.1　乗法定理　2 つの事象 A, B が同時に起こるという確率は，条件付き確率を使って以下のように表される．
$$P(A \cap B) = P(A)P(B \mid A) = P(B)P(A \mid B)$$

定理 A.2　独立
$$\text{事象 } A, B \text{ が独立} \iff P(A \cap B) = P(A)P(B)$$

注意 A.3　排反と独立　事象 A, B が互いに排反 $A \cap B = \emptyset$ であるとき，

$$P(A \cup B) = P(A) + P(B)$$

が成り立つ．一方，事象 A, B が独立であるとは，

$$P(A \cap B) = P(A)P(B)$$

が成り立つことをいう．よって，**排反と独立とは事象の異なる性質を示している**．

A.4　ベイズの定理

定理 A.3　加法定理　$A_1, A_2, \cdots, A_n \subset \Omega$ とし，$A_i \cap A_j = \emptyset \ (i \neq j)$ を満たすとき，

$$P(A_1 \cup A_2 \cup \cdots \cup A_n) = P(A_1) + P(A_2) + \cdots P(A_n)$$

が成り立つ．

定理 A.4　乗法定理

$$P(A_1 \cap A_2 \cap \cdots \cap A_n) = P(A_1)P(A_2 \mid A_1)P(A_3 \mid A_1 \cap A_2) \cdots P(A_n \mid A_1 \cap A_2 \cap \cdots \cap A_{n-1})$$

定理 A.5　全確率の公式　母集団 Ω が

$$\Omega = A_1 \cup A_2 \cup \cdots \cup A_n, \qquad A_i \cap A_j = \emptyset \qquad (i \neq j)$$

というように分割されているとき，任意の事象 B に対して以下の式が成り立つ．

$$P(B) = P(A_1)P(B \mid A_1) + \cdots + P(A_n)P(B \mid A_n)$$

定理 A.6　ベイズ (Bayes) の定理

$$\Omega = A_1 \cup A_2 \cup \cdots \cup A_n, \qquad A_i \cap A_j = \emptyset \qquad (i \neq j)$$

のとき，任意の事象 B に対して以下の式が成り立つ．

$$P(A_i \mid B) = \frac{P(A_i)P(B \mid A_i)}{P(A_1)P(B \mid A_1) + \cdots + P(A_n)P(B \mid A_n)}$$

付録B　Tips

ここでは，Rの tips[1])として，Rを実行する環境を調べる方法やRスクリプトの管理，Rのグラフィック機能，コマンド・ライン・エディタの利用法，Windows環境下での目的別ショートカットの作成法，パッケージのインストール法，さらに，Rの統合開発環境であるRStudioに関する話題を提供し，Rを利用する上で有益となる情報を与える．

B.1　Rの実行環境

Rを利用しているときに，バージョンなどの実行環境を改めて調べることが必要となることがある．そのときには，関数 sessionInfo を利用して以下のように調べることができる．

```
> sessionInfo()

R version 3.4.3 (2017-11-30)
Platform: x86_64-apple-darwin15.6.0 (64-bit)
Running under: macOS High Sierra 10.13.3

Matrix products: default
BLAS: /Library/Frameworks/R.framework/Versions/3.4/Resources/lib/libRblas.0.dylib
LAPACK: /Library/Frameworks/R.framework/Versions/3.4/Resources/lib/libRlapack.dylib

locale:
[1] ja_JP.UTF-8/ja_JP.UTF-8/ja_JP.UTF-8/C/ja_JP.UTF-8/ja_JP.UTF-8

attached base packages:
[1] stats     graphics  grDevices utils
[5] datasets  methods   base

other attached packages:
[1] GGally_1.3.2        car_2.1-6
[3] rgl_0.99.9          scatterplot3d_0.3-40
[5] mvtnorm_1.0-7       ggplot2_2.2.1
[7] readxl_1.0.0

loaded via a namespace (and not attached):
 [1] Rcpp_0.12.15        RColorBrewer_1.1-2
 [3] cellranger_1.1.0    pillar_1.1.0
 [5] compiler_3.4.3      nloptr_1.0.4
 [7] plyr_1.8.4          tools_3.4.3
 [9] digest_0.6.15       lme4_1.1-15
[11] jsonlite_1.5        tibble_1.4.2
[13] gtable_0.2.0        nlme_3.1-131.1
[15] lattice_0.20-35     mgcv_1.8-23
[17] rlang_0.1.6         Matrix_1.2-12
```

[1) 情報環境利用上の便利な技法などのこと．

```
[19] shiny_1.0.5         crosstalk_1.0.0
[21] parallel_3.4.3      SparseM_1.77
[23] stringr_1.2.0       knitr_1.19
[25] MatrixModels_0.4-1  htmlwidgets_1.0
[27] grid_3.4.3          nnet_7.3-12
[29] reshape_0.8.7       R6_2.2.2
[31] minqa_1.2.4         reshape2_1.4.3
[33] magrittr_1.5        scales_0.5.0
[35] htmltools_0.3.6     MASS_7.3-48
[37] splines_3.4.3       pbkrtest_0.4-7
[39] mime_0.5            xtable_1.8-2
[41] colorspace_1.3-2    httpuv_1.3.5
[43] quantreg_5.35       labeling_0.3
[45] stringi_1.1.6       lazyeval_0.2.1
[47] munsell_0.4.3
```

B.2 Rスクリプトの管理

コンソールにスクリプト (R式，コード) を直接入力することによってRを使用してもよいが，実行した履歴を記録しておくことが推奨される．このことは，実行結果の「再現性」(reproducibility) を確保するためにも重要であることに注意しよう．このために，Windows環境とmacOS環境のRにはスクリプトを編集・実行・保存するための「Rエディタ」とよばれる標準的なエディタが付属している．ここでは，これらの利用法を簡単に紹介する[2]．

B.2.1 R for Windows のエディタ

Windows環境のR (R for Windows) においては，以下のような手順によって，スクリプトをRエディタによって編集・実行・保存することができる．

1. Rの[ファイル]メニューにおいて[新しいスクリプト]というサブメニューを選択する．
2. [Rエディタ]が開くので，Rのスクリプトを記述する．
3. 実行したいスクリプトの行にカーソルを移動し，Rエディタの[編集]メニューから[カーソル行または選択中のRコードを実行]を選択する．
4. スクリプトの実行結果がコンソールに表示される．
5. スクリプトの保存はRエディタの[編集]メニューの[保存]または[別名で保存…]を選択する．

なお，複数行のスクリプトを実行したいときは，マウスの左ボタンをドラッグすることによって指定し，Rエディタの[編集]メニューから[カーソル行または選択中のRコードを実行]を選択すればよい．また，すでにRのスクリプトファイルが用意されているものを開くためには，[ファイル]メニューから[スクリプトを開く…]を選択すれば別途ウィンドウが表示されるので，目的となるスクリプトファイル (拡張子はRがデフォルト) を指定すればよい．

図B.1は，Windows環境のR[3]で100個の標準正規乱数のインデックスプロットを行うスクリプトをRエディタに入力し，実行したときのスクリーンショットである．

---

[2] Rのスクリプトの管理は各ユーザが使い慣れたエディタを利用することもできるが，スクリプトを実行する際には，コンソールにコピー・アンド・ペーストする必要がある．

[3] ここで，RはSDI (Single-Document Interface) モードで起動している．

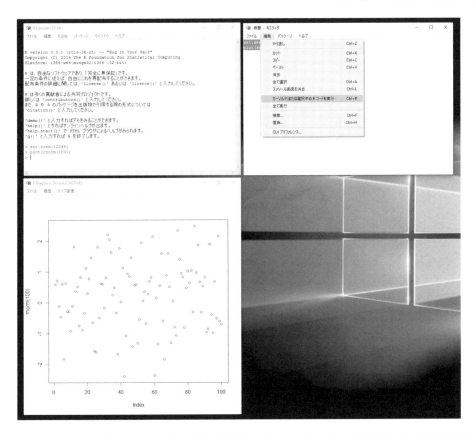

図 **B.1** Windows 環境の R で 100 個の標準正規乱数のインデックスプロットを行うスクリプトを R の標準エディタに入力し，プロットを実行したときのスクリーンショット．

B.2.2　R for macOS のエディタ

macOS 環境の R (R for macOS) においては，以下のような手順によって，スクリプトを R エディタによって編集・実行・保存することができる．

1. R の [ファイル] メニューにおいて，[新規文書] というサブメニューを選択する．
2. [名称未設定] というウィンドウ (R エディタ) が開くので，R のスクリプトを記述する．
3. R エディタをアクティブにした状態で，実行したいスクリプトの行にカーソルを移動し，[編集] メニューから [実行] を選択する．
4. スクリプトの実行結果がコンソールに表示される．
5. スクリプトの保存は，[ファイル] メニューの [保存] または [別名で保存…] を選択する．

なお，Windows の場合と同様に複数行のスクリプトを実行したいときは，マウスの左ボタンをドラッグすることによって指定し，R エディタの [編集] メニューから [カーソル行または選択中の R コードを実行] を選択すればよい．なお，すでに R のスクリプトファイルが用意されているものを開くためには，[ファイル] メニューから [文書を開く…] を選択すれば別途ウィンドウが表示されるので，目的となるスクリプトファイル (拡張子は R がデフォルト) を指定すればよい．

図 B.2 は，macOS 環境の R で 100 個の標準正規乱数のインデックスプロットを行うスクリプトを R エディタに入力し，実行したときのスクリーンショットである．

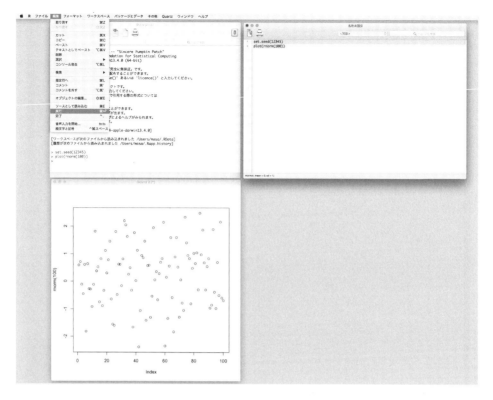

図 B.2 macOS 環境の R で 100 個の標準正規乱数のインデックスプロットを行うスクリプトを R の標準エディタに入力し，プロットを実行したときのスクリーンショット．

B.3 R におけるグラフィック機能

R で作成したデータのプロットなどのグラフィックスをレポートや論文に挿入したり，画像ファイルとして出力したものを文書ファイルに読み込むことが必要となる場合があろう．ここでは，Windows 環境と macOS 環境で R に用意されているグラフィック機能を紹介することによって，これらの要求に答えるための方法を与える．

B.3.1 R for Windows におけるグラフィック機能

Windows 環境の R (R for Windows) において，グラフィックスをレポートなどにペーストする (貼り付ける) ための手順を以下に与える．

1. [R Graphics: Device] ウィンドウの [ファイル] メニューを選択する．
2. [クリップボードへコピー] というサブメニューを選択する．
3. [ビットマップとして] と [メタファイルとして] というサブメニューが用意されているので，適宜選択する．
4. レポートなどの文書の適切な箇所にペーストする．

ここで，[ビットマップとして] と [メタファイルとして] というメニューは，クリップボードへ転送されるデータがビットマップ形式 (ラスタ形式) かまたはメタファイル形式 (ベクタ形式) の違いを表している[4]．図 B.3 は，Windows 環境で R を使って 100 個の標準正規乱数のインデックスプロットを行った結果をメタファイルとしてクリップボードへコピーし，Microsoft PowerPoint[5]のスライドにペーストした状態のスクリーンショットである．

---

[4] 画像の形式の詳細は，例えば，https://msdn.microsoft.com/ja-jp/default.aspx などが参考になる．

[5] Microsoft PowerPoint は米国 Microsoft Corporation の米国およびその他の国における登録商標です．

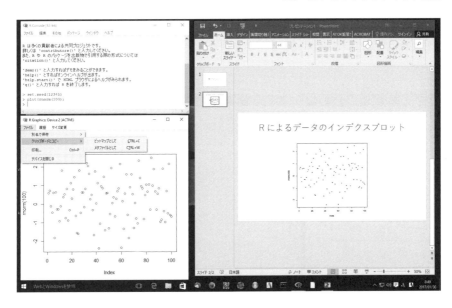

図 **B.3** Windows 環境で R を使って 100 個の標準正規乱数のインデックスプロットを行った結果をメタファイルとしてクリップボードへコピーし，Microsoft PowerPoint のスライドにペーストしたスクリーンショット．

次に，グラフィックスを画像ファイルとして保存する手順を以下に与える．

1. [R Graphics: Device] ウィンドウの [ファイル] メニューを選択する．
2. [別名で保存] を選択する．
3. [Metafile...], [Postscript...], [PDF...], [Png...] 等のメニューの中から適当な形式でファイルを保存する．

例えば，TeX 環境で文書を作成している場合は，PDF 形式や PNG 形式でファイルを保存したものを利用することができる．

B.3.2 R for macOS におけるグラフィック機能

macOS 環境[6]の R (R for macOS) において，グラフィックスをレポートなどにペーストする (貼り付ける) ための手順を以下に与える．

1. [Quartz] ウィンドウを選択する．
2. R の [編集] メニューから [コピー] というサブメニューを選択する．
3. レポートなどの文書の適切な箇所にペーストする．

次に，グラフィックスを PDF ファイルとして保存する手順を以下に与える．

1. [Quartz] ウィンドウを選択する．
2. R の [ファイル] メニューの [保存] を選択する．
3. ファイル名 (PDF 形式) を適切に与え，保存する．

図 B.4 は，macOS 環境で R を使って 100 個の標準正規乱数のインデックスプロットを行った結果を PDF ファイルとして保存したものを，LaTeX ファイルをコンパイルする際に読み込み，プレビューしたときのスクリーンショットである．

---

[6] macOS 環境で R のグラフィック機能を利用する際に，別途 macOS 用の X Window System である XQuartz が必要となる場合があることに注意しよう．なお，XQuartz のダウンロードやインストールに関しては https://www.xquartz.org/ を参照してほしい．

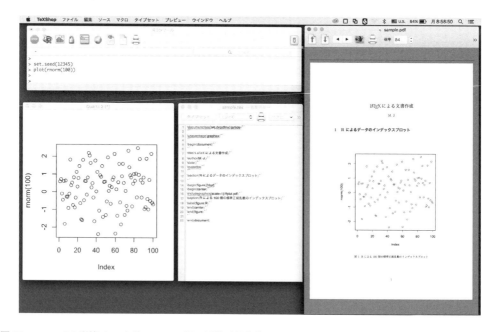

図 B.4 macOS 環境で R を使って 100 個の標準正規乱数のインデックスプロットを行った結果を PDF ファイルとして保存したものを，LaTeX ファイルをコンパイルする際に読み込み，プレビューしたスクリーンショット．

B.4 コマンド・ライン・エディタとキーバインディング

R には，コンソールにおいてコマンドを入力するときに**コマンド・ライン・エディタ** (command-line editor) とよばれる編集機能が用意されており，この機能を利用することによって，コマンドの入力における作業量を大幅に削減することができる．最も基本的な利用法は，矢印キー ($\rightarrow$, $\leftarrow$, $\uparrow$, $\downarrow$) を使用する．例えば，入力履歴を遡るときは上矢印キー $\uparrow$ を利用し，逆に遡った履歴を進めるときには下矢印キー $\downarrow$ を利用する．また，カーソルを左に移動するときには左矢印キー $\leftarrow$，右に移動するときには右矢印キー $\rightarrow$ を利用する．

また，環境によっては，いくつかの機能がキーに割り当てられている**キーバインディング** (key binding) が利用できる場合がある．以下に，主なキーバインディングのリストを与える[7]．

キー操作	挙　動
C-p	履歴を遡る
C-n	遡った履歴を進める
C-b	カーソルを左に移動
C-f	カーソルを右に移動
C-a	カーソルを行の先頭に移動
C-e	カーソルを行の末尾に移動
C-h	カーソルよりも前の 1 文字を削除 (バックスペース)
C-d	カーソル上の文字を削除
C-k	カーソルのある行を削除
C-l	画面の再表示

ここで，

$$\text{C-p} = \boxed{\text{Ctrl}} + \boxed{\text{p}} \quad (\text{コントロールキーを押しながら p をタイプする})$$

ということである．また，C-p は，^P などと表される場合もあるので注意してほしい．

---

[7] ここで与えられているキーバインディングは，Emacs エディタで採用されているものと酷似している．

B.5 目的別ショートカットの作成

R を利用するにあたっては，起動の度に作業場所を変更することが面倒になることがある．このような場合，Windows 環境下では作業目的に応じたフォルダを作成し，以下の手順で目的別の R の実行環境を設定することによって，利便性が向上する．

目的別ショートカット作成法

1. R のアイコン上にマウスを使ってポインタを移動させ，マウスの右ボタンをシングルクリックし，[コピー (C)] を選択する．
2. ショートカットを作成したいフォルダにポインタを移動させ，マウスの右ボタンをシングルクリックし，[ショートカットの張り付け (S)] を選択する．
3. 作成したショートカットのアイコン上でマウスの右ボタンをシングルクリックする．
4. ダイアログボックスが開くので，[プロパティ (R)] を選択し，[作業フォルダ (S):] メニューの項目を**空欄**にする．
5. ダイアログボックスの [OK] ボタンをクリックする．

以上の手順によって作成されたショートカットをダブルクリックすることによって R を起動すると，これ以後の結果や履歴のファイルは，そのフォルダに格納される．

B.6 R パッケージのインストール

R にはさまざまな関数やデータセットが標準的に提供されているが，さらに高機能・高性能な関数や多様なデータセットなどがパッケージ (package) という形態で CRAN サイトなどを通じて提供されている．ここでは，Excel ファイルからデータを R に読み込む機能を提供する readxl パッケージを R へインストールすることを具体例として与える．

まず，インターネットに接続した環境で，関数 options を使って以下のように最寄りの CRAN サイトを設定する[8]．

```
> options(repos="https://cran.ism.ac.jp")
```

なお，大学などの環境下ではプロキシーサーバに関する設定が必要な場合があることに注意しよう．プロキシー関連の設定は，関数 Sys.setenv で以下のように行う．

```
> Sys.setenv("http_proxy"="プロキシーサーバ名:ポート番号")
```

ここで，「プロキシーサーバー名」には適当なサーバ名を与え，「ポート番号」には通信に利用するポートの番号を指定する[9]．

次に，関数 install.packages を利用して，パッケージを以下のようにインストールする．

```
> install.packages("readxl")
```

以上の操作で，パッケージがインストールされる．

実際にこのパッケージを利用するためには，関数 library[10]を以下のように実行する必要がある．

```
> library(readxl)
```

---

[8] ここでは統計数理研究所 (Institute of Statistical Mathematics: ISM) の CRAN ミラーサイトを利用する．
[9] これらの情報は，読者が所属する組織の情報環境の部局や管理者に問い合わせることによって得ることができるであろう．
[10] より正確には，名前空間 (name space) にロードし，参照リスト (search list) に追加する機能を提供する．

なお，本書のすべてのスクリプトを実行するためには，以下のように入力することによって，パッケージを追加インストールする必要がある．

```
> install.packages("car")
> install.packages("ggplot2")
> install.packages("mvtnorm")
> install.packages("rgl")
> install.packages("scatterplot3d")
```

B.7 統合開発環境 RStudio

R に少し慣れてくると，以下のような作業を適宜行いながら利用していることに気づく．

- 命令をコンソールで入力，出力結果を読み取る．
- ヘルプを参照する．
- データなどのプロットをグラフィックスウィンドウに描画し，コピー・保存する．
- R スクリプトをファイルで管理する．
- データファイルを編集・管理する．
- 作業空間 (作業スペース) におけるオブジェクトを管理する．
- 作業履歴を参照・編集する．
- 各種のパッケージを管理する．
- 解析結果のレポートを作成する．

このような一連の作業全体を俯瞰しながら R を利用することができれば，その利便性の向上が期待される．RStudio は，まさにこのような要求に答えてくれるソフトウェアである[11]．図 B.5 は，macOS 用の RStudio のスクリーンショットである．

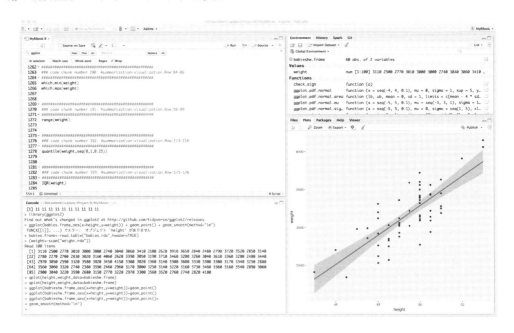

図 B.5　macOS 用の RStudio

RStudio はコンソールとプロット，オブジェクトリスト，履歴，ヘルプなどが**ペイン** (pane) に割り付けられており，これらの機能を俯瞰しながら R を利用することができるため，R を利用したデータ

---

11)　RStudio は R の**統合開発環境** (Integrated Development Environment: IDE) である．URL https://www.rstudio.com/ から Windows, macOS, Linux 用のインストーラをダウンロードすることができる．

解析やシミュレーション，パッケージ開発などに優れた環境を提供する[12]．また，RStudio を利用すれば Windows や macOS 等の OS 環境に依存しない操作性を得ることができるため，汎用的な利用が可能となる．

さらに，RStudio を利用することによる利点としては，**プロジェクト** (project) を作成することによって R の作業ディレクトリと作業空間を一括管理することができ，作業の効率化が図れることである．また，グラフィックス機能が充実しており，[Plots] ペインから [Export] メニューの [Copy to Clipboard...] を選択することによって，グラフィックスのサイズなどを細かく調整したものをコピー・アンド・ペーストすることができる[13]．

RStudio に関する詳細については，例えば，Grolemund (2014), 石田 (2016), Ren (2016), Lander (2017) を参照してほしい．

---

[12] 本書の執筆のためのコードの作成・実行・デバッグなどの作業は RStudio 上で行っている．

[13] プロットイメージをファイルとして保存することも可能である．例えば，[Export] メニューの [Save as PDF...] を選択することによって，PDF ファイルとして保存することができる．また，[Save as Image...] を選択することによって，PNG, JPEG, SVG, EPS などの多様な画像形式で保存することも可能である．

付録C　Rによる分布表の計算

統計学の書籍には，確率の計算や区間推定，検定の棄却域を求めるために，巻末に正規分布の上側確率や標本分布 (カイ自乗分布，ティー分布，エフ分布) の上側 $100\alpha\%$ 点に関する数表 (分布表) が付録として与えられているものがある．R には様々な確率分布に関する分位点や確率を計算する関数が標準的に用意されているため，これらの分布表そのものは本書では与えないが，その代替として，これらの値を R で求める方法を与える．

C.1　Rによる標準正規分布表の計算

C.1.1　標準正規分布の上側確率の計算

確率変数 Z が標準正規分布 $N(0,1)$ に従うとき，与えられた z の値に対して，上側確率

$$P(Z \geq z) = 1 - P(Z \leq z) = 1 - \Phi(z) = 1 - \int_{-\infty}^{z} \phi(x)\,dx$$

を計算する方法を以下に与える[1]．なお，$\phi(z), \Phi(z)$ は，それぞれ標準正規分布の密度関数と分布関数である．

$$\phi(z) = \frac{1}{\sqrt{2\pi}}e^{-\frac{z^2}{2}}, \quad \Phi(z) = \int_{-\infty}^{z} \phi(x)\,dx$$

例えば，$z=1$ のとき，

$$P(Z \geq 1) = 1 - P(Z \leq 1) = 1 - \Phi(1) = 0.1586553$$

を計算するためには，正規分布の分布関数 (確率) $\Phi(z)$ を計算する R 関数 pnorm を使って，

```
> 1-pnorm(1)

[1] 0.1586553
```

によって求めることができる．なお，より直接的な方法としては，関数 pnorm の引数 lower.tail[2] に FALSE を与えることによって上側確率を計算することができる．

```
> pnorm(1,lower.tail=FALSE)

[1] 0.1586553
```

C.1.2　標準正規分布の上側パーセント点の計算

与えられた α に対して，標準正規分布の

$$P(Z \geq z(\alpha)) = \alpha$$

を満たす点 $z(\alpha)$，すなわち，上側 $100\alpha\%$ 点を求める方法を与える[3]．

---

[1] ここで，標準正規分布は連続型確率分布であるため，$P(Z=z)=0$ に注意すると，$P(Z \geq z) = P(Z > z)$ となることに注意しよう．

[2] 下側の裾 (lower tail) を計算するかどうかを判断する引数であり，FALSE を与えることによって，下側の裾ではなく上側の裾の確率を計算することが可能となる．

[3] ここで，標準正規分布は連続型確率分布であるため，$P(Z=z(\alpha))=0$ に注意すると，$P(Z \geq z(\alpha)) = P(Z > z(\alpha))$ となることに注意しよう．

$$1-\alpha = 1 - P(Z \geq z(\alpha)) = P(Z \leq z(\alpha)) = \Phi(z(\alpha)) \quad \Longleftrightarrow \quad z(\alpha) = \Phi^{-1}(1-\alpha)$$

に注意すると，$z(\alpha)$ は標準正規分布の $100(1-\alpha)\%$ 分位点であることがわかる．ただし，Φ^{-1} は標準正規分布の分布関数の逆関数である．よって，正規分布の分位点を求める R 関数 qnorm が利用できて，例えば，$\alpha = 0.05$ のとき，以下のように入力することによって，上側 5% 点 $z(0.05) = 1.64485$ を求めることができる．

```
> qnorm(1-0.05)

[1] 1.644854
```

なお，この場合も引数 lower.tail を利用することができて，

```
> qnorm(0.05,lower.tail=FALSE)

[1] 1.644854
```

という入力によっても求めることができる．

C.2　R による標本分布に関する分布表の計算

推定・検定において棄却域を設定する際に，カイ自乗分布やティー分布，エフ分布等の標本分布[4]に関する上側 $100\alpha\%$ 点を求めることが必要となる．ここでは，R を用いてこれらの値を求める方法を与える．

C.2.1　カイ自乗分布の上側パーセント点の計算

確率変数 X が自由度 n のカイ自乗分布 χ_n^2 に従うとき，

$$\alpha = P(X \geq \chi_n^2(\alpha))$$

を満たす点 $\chi_n^2(\alpha)$，すなわち，上側 $100\alpha\%$ 点を求める方法を与える．標準正規分布の場合と同様に，$\chi_n^2(\alpha)$ はカイ自乗分布の $100(1-\alpha)\%$ 分位点であるので，カイ自乗分布の分位点を求める R 関数 qchisq を使って求めることができる．

例えば，自由度が 10 のカイ自乗分布の上側 5% 点 $\chi_{10}^2(0.05) = 18.30704$ は，

```
> qchisq(1-0.05,10)

[1] 18.30704
```

と入力することによって求めることができる．なお，引数 lower.tail を利用することによって，より直接的に，

```
> qchisq(0.05,10,lower.tail=FALSE)

[1] 18.30704
```

と求めることもできる．

C.2.2　ティー分布の上側パーセント点の計算

確率変数 T が自由度 n のティー分布 t_n に従うとき，上側 $100\alpha\%$ 点，すなわち，

$$\alpha = P(T \geq t_n(\alpha))$$

を満たす点 $t_n(\alpha)$ を求める．標準正規分布，カイ自乗分布の場合と同様に，$t_n(\alpha)$ はティー分布の $100(1-\alpha)\%$ 分位点であるので，R 関数 qt を使って求めることができる．

例えば，自由度が 10 のティー分布の上側 5% 点 $t_{10}(0.05) = 1.81246$ は

---

[4] ここで扱う標本分布はすべて非心度が 0 の場合，すなわち，中心カイ自乗分布，中心ティー分布，中心エフ分布であることに注意しよう．

```
> qt(1-0.05,10)

[1] 1.812461
```

と入力することによって求めることができる．なお，引数 lower.tail を利用することによって，より直接的に，

```
> qt(0.05,10,lower.tail=FALSE)

[1] 1.812461
```

と求めることもできる．

C.2.3 エフ分布の上側パーセント点の計算

確率変数 F が自由度 (m,n) のエフ分布 F_n^m に従うとき，上側 $100\alpha\%$ 点，すなわち，

$$\alpha = P(F \geq F_n^m(\alpha))$$

を満たす点 $F_n^m(\alpha)$ を求める．他の分布の場合と同様に，$F_n^m(\alpha)$ はエフ分布の $100(1-\alpha)\%$ 分位点であるので，R 関数 qf を使って求めることができる．

例えば，自由度が $(10,5)$ のエフ分布の上側 5% 点 $F_5^{10}(0.05) = 4.73506$ は

```
> qf(1-0.05,10,5)

[1] 4.735063
```

と入力することによって求めることができる．なお，引数 lower.tail を利用することによって，より直接的に，

```
> qf(0.05,10,5,lower.tail=FALSE)

[1] 4.735063
```

と求めることもできる．

付録D データ

ここでは，本書で扱ったデータの説明を与える[1]．

D.1 新生児の体重のデータ

以下は，新生児に関する体重 (g) のデータである．

3110	2500	2770	3010	3000	3000	2740	3040	3060	3410
3100	2620	3910	3650	2840	2480	2790	3720	3520	2850
3140	2780	2270	2700	2830	3020	3160	4060	2620	3390
3050	3190	3710	3460	3200	3260	3040	3610	3360	3280
2480	3440	2970	3050	2590	3320	3580	3820	3450	4150
3300	3020	3360	3140	3300	3600	3330	3300	3300	3170
3340	3250	2880	3560	3060	3320	2740	2380	3590	2460
2960	3170	3000	3250	3140	3220	3160	3730	3460	3360
3160	3540	2890	3060	2900	3040	3220	3590	2680	3150
2770	3220	2970	3300	3560	3520	2760	2740	2820	4180

このデータは，ファイル weight.rda (テキストファイル) に収録されている (出典：稲垣ら (2007), p.17)．

D.2 新生児の身長と体重のデータ

以下の表は，新生児に関する身長 (cm) と体重 (g) のデータである．

標本	身長	体重	標本	身長	体重	標本	身長	体重
1	46.0	2700	21	48.0	3200	41	49.5	3590
2	49.5	3220	22	50.5	2940	42	48.5	2830
3	50.0	3360	23	48.5	2850	43	48.0	3120
4	50.0	3500	24	50.5	3220	44	51.0	3190
5	49.0	3120	25	48.5	2750	45	50.0	3600
6	50.0	3160	26	49.0	3020	46	47.0	2980
7	53.0	4150	27	48.5	2570	47	50.0	3090
8	48.0	3310	28	48.5	3030	48	51.0	3630
9	49.0	2880	29	45.0	2410	49	53.0	4060
10	50.5	3090	30	51.0	3280	50	50.0	3720
11	49.5	3020	31	50.5	3140	51	50.0	3400
12	49.0	3360	32	49.0	3040	52	50.5	3430
13	50.0	3110	33	52.0	3910	53	51.0	3250
14	50.0	3560	34	50.0	2770	54	48.0	2760
15	47.5	2990	35	46.5	2340	55	50.0	3320
16	50.5	3440	36	50.0	3140	56	49.0	2930
17	48.0	2920	37	50.5	3560	57	50.0	3320
18	49.0	3060	38	50.0	3390	58	48.0	2620
19	49.0	3360	39	50.0	3420	59	47.5	2860
20	50.0	3400	40	51.0	3450	60	48.0	2530

このデータは，ファイル babieshw.csv (CSV ファイル) に収録されている．なお，ファイルでは「身長」は height，「体重」は weight とコーディングされている (出典：稲垣ら (2007), p.31)．

---
[1] データのファイルは，「本書の使い方」で述べた方法で入手可能である．

D.3 新生児に関する各種のデータ

以下の表は，新生児の体重 (g)，身長 (cm)，胸囲 (cm)，頭囲 (cm)，性別に関するデータである．

標本	体重	身長	胸囲	頭囲	性別	標本	体重	身長	胸囲	頭囲	性別
1	3170	49.5	33.5	34.0	女	51	2940	49.0	32.5	34.0	女
2	2610	45.0	30.5	31.5	男	52	3190	51.0	32.0	32.0	男
3	3020	48.5	32.5	32.5	男	53	2980	48.0	31.0	32.0	女
4	3020	49.0	31.0	32.5	男	54	3030	48.5	32.0	33.0	男
5	3330	50.0	34.0	35.0	男	55	3180	51.0	32.0	33.0	男
6	2180	46.0	28.0	32.0	男	56	3820	51.0	33.5	34.0	男
7	3140	50.0	32.0	31.5	女	57	3120	48.0	31.0	33.5	男
8	3420	50.0	33.0	35.0	男	58	3480	51.0	33.0	33.0	女
9	2580	47.0	30.5	32.5	女	59	3440	51.0	31.0	34.5	女
10	3360	49.5	32.0	33.0	男	60	3700	52.0	35.0	35.0	男
11	3300	51.5	33.0	32.0	男	61	3660	51.5	36.0	33.0	女
12	3550	51.0	31.5	35.0	男	62	3360	49.0	33.0	33.0	女
13	3050	50.0	31.0	34.5	男	63	2450	45.0	29.0	29.5	女
14	3400	50.0	33.0	32.0	女	64	3400	50.0	34.5	32.0	女
15	2700	46.0	31.5	31.0	女	65	2620	45.5	30.0	31.0	女
16	2620	48.0	32.0	31.0	女	66	2820	50.0	31.0	33.0	女
17	3140	48.0	32.0	33.0	男	67	3140	49.0	33.5	34.5	女
18	3340	51.0	33.0	33.0	男	68	3040	49.0	31.5	34.5	男
19	3050	48.0	32.5	33.5	女	69	2950	50.0	31.0	32.0	男
20	2860	49.0	32.0	34.0	女	70	2760	48.0	30.0	31.0	女
21	2980	49.5	32.0	33.0	女	71	2670	48.5	31.0	31.0	女
22	3470	48.0	34.0	34.0	男	72	3250	50.0	32.0	32.0	女
23	2570	48.5	30.0	33.0	女	73	3040	50.5	31.0	33.0	女
24	3000	50.0	31.5	33.0	女	74	3120	49.0	32.5	34.0	男
25	3200	51.0	32.0	33.0	男	75	2620	47.0	30.5	32.0	女
26	3160	49.5	33.0	33.0	女	76	3140	49.0	32.0	33.5	女
27	2960	48.5	33.0	32.0	女	77	3590	49.5	34.5	35.0	男
28	3530	51.0	32.5	35.0	女	78	3030	50.0	32.5	34.5	女
29	2910	46.5	31.5	35.0	男	79	3860	52.0	36.0	34.0	女
30	3060	47.0	34.0	32.0	男	80	3020	49.5	32.0	33.5	女
31	2850	48.0	30.5	31.5	女	81	2680	50.0	29.0	33.0	男
32	2640	49.0	31.0	32.0	男	82	3560	50.0	33.0	34.0	女
33	3180	50.0	32.5	34.5	男	83	2940	50.5	33.0	32.0	女
34	2880	49.0	31.5	32.0	女	84	3010	49.5	32.0	31.0	女
35	2400	47.0	27.0	29.5	男	85	2790	49.0	31.0	34.0	女
36	3430	50.5	32.5	35.0	男	86	3620	52.0	34.0	34.0	男
37	2540	48.0	30.0	32.0	男	87	3420	50.0	33.0	34.5	男
38	3110	50.0	33.0	34.5	男	88	3890	50.0	33.5	33.0	女
39	3600	50.5	36.0	36.0	男	89	3200	50.0	33.0	34.0	男
40	3050	50.0	31.0	34.0	女	90	3330	49.0	33.0	33.0	女
41	3070	51.0	31.5	34.5	男	91	3000	49.0	32.0	33.0	男
42	3380	50.5	32.5	32.0	女	92	3090	50.0	31.0	33.0	女
43	3280	50.5	34.0	35.0	男	93	2820	47.5	31.5	35.5	男
44	2860	47.5	32.0	32.5	女	94	3650	52.0	36.0	34.5	男
45	3590	52.0	35.0	32.5	男	95	2700	45.0	30.5	32.0	女
46	3140	51.0	31.5	33.5	女	96	3390	50.0	31.5	33.5	女
47	3160	49.5	31.5	32.0	女	97	3720	51.0	35.5	36.0	男
48	3720	50.0	33.5	33.5	男	98	3000	46.0	32.0	35.0	女
49	3040	51.0	30.0	35.0	男	99	3090	50.0	31.5	32.5	男
50	2610	48.5	28.0	30.5	男	100	3450	49.0	33.0	36.0	女

このデータは，ファイル babies.xlsx (Excel ファイル) と babies.rda (テキストファイル) に収録されている．なお，「体重」，「身長」，「胸囲」，「頭囲」，「性別 (男，女)」はそれぞれ，weight, height, chest, head, gender (male, female) にコーディングされている．

D.4 財務データ

以下の表は，2012年3月31日決算 (連結本決算) の東京証券取引所第一部上場企業に関する「売上高」(百万円)，「従業員数」(人)，「資産合計」(百万円)，「業種」(製造，非製造) である．

(日経メディアマーケティング株式会社から販売されている一般事業会社の財務データ (日経 NEEDS) をもとに構築された，学内向けデータベースサーバーから抽出した (詳細は，地道 (2010) を参照))．

標本	売上高	従業員数	資産合計	業種	標本	売上高	従業員数	資産合計	業種
1	77674	1540	121201	製造	51	1047731	16167	1809841	製造
2	682385	32595	720707	製造	52	223499	8331	223476	製造
3	80006	1443	138767	製造	53	35956	2916	38226	製造
4	251358	51406	306772	製造	54	125971	1098	126681	製造
5	171763	1554	204786	製造	55	39333	1322	34637	製造
6	395502	6700	497451	製造	56	407156	9180	819925	製造
7	22716	493	26437	製造	57	16311	369	18490	製造
8	30967	3058	40407	製造	58	200326	11995	300928	非製造
9	38745	658	28403	製造	59	51101	853	43262	非製造
10	1981763	44206	2320529	製造	60	12966	205	157638	非製造
11	159081	5036	175340	製造	61	75173	956	49088	非製造
12	144896	6160	191766	製造	62	21671	568	20669	非製造
13	509413	4951	298158	製造	63	116700	821	57352	非製造
14	46836	4839	45430	製造	64	236038	7202	153711	非製造
15	18476	194	12552	製造	65	43971	1398	87649	非製造
16	79113	1587	110721	製造	66	500929	4549	467075	非製造
17	51981	1706	62149	製造	67	724611	2275	3682299	非製造
18	36158	576	51113	製造	68	96484	245	53510	非製造
19	74847	3237	89697	製造	69	328004	2924	311917	非製造
20	56116	16340	70809	製造	70	230282	8835	725072	非製造
21	170817	2920	210766	製造	71	152362	3218	70622	非製造
22	4467574	173155	2945507	製造	72	1893055	21649	1201894	非製造
23	1303778	33267	1362139	製造	73	874659	1190	231406	非製造
24	34480	589	40970	製造	74	151426	136	46970	非製造
25	282381	5506	501181	製造	75	19566	905	65797	非製造
26	29934	1272	38325	製造	76	495118	6711	1385922	非製造
27	47184	741	38988	製造	77	132105	2713	90221	非製造
28	86372	3545	79659	製造	78	48641	1942	43444	非製造
29	101736	7694	94440	製造	79	118518	1392	142247	非製造
30	22971	1910	53122	製造	80	10481166	44805	9011823	非製造
31	379340	22304	534583	製造	81	273134	7872	181291	非製造
32	20102	652	17532	製造	82	34875	271	308964	非製造
33	14435	768	42256	製造	83	133489	677	82237	非製造
34	21679	912	19891	製造	84	634439	8252	1618850	非製造
35	100637	1741	132907	製造	85	81537	2335	29188	非製造
36	15555	73	13005	製造	86	163474	724	97810	非製造
37	285434	12265	278426	製造	87	138386	737	67687	非製造
38	96237	4844	107375	製造	88	227843	2573	154442	非製造
39	32905	673	34560	製造	89	360060	3939	619493	非製造
40	58058	2784	36525	製造	90	107344	3392	197338	非製造
41	44004	1532	51388	製造	91	67671	920	56460	非製造
42	320704	3779	356407	製造	92	117709	6762	116085	非製造
43	50055	720	38358	製造	93	30630	1858	21871	非製造
44	1454024	12868	1256303	製造	94	216838	3446	114682	非製造
45	40325	1493	44150	製造	95	15974	609	11729	非製造
46	141048	4464	219226	製造	96	17225	733	10447	非製造
47	492679	8062	430547	製造	97	217825	1084	67465	非製造
48	9104	458	13724	製造	98	50387	2505	64286	非製造
49	9854	327	6718	製造	99	89568	1295	228236	非製造
50	2820932	68887	3963987	製造	100	101879	2407	83815	非製造

このデータは，ファイル firms.rda (テキストファイル) に収録されている．なお，「売上高」，「従業員数」，「資産合計」，「業種 (製造，非製造)」はそれぞれ，sales, employees, assets, code (1, 2) にコーディングされている．

付録E　R関数

ここでは，本書で新しく作成・利用されたR関数のソースコードを与える[1]．

E.1　第5章で利用した関数

```
# 標本分散を求める関数
svar <- function(x) mean((x-mean(x))^2)

# 数値の符号を調べる関数
check.sign<-function(a)
{
  if(a>0)
  {
    cat(paste(a,"is positive."),"\n")
  } else if(a==0)
  {
    cat(paste(a,"is 0."),"\n")
  } else if(a<0)
  {
    cat(paste(a,"is negative."),"\n")
  }
}

# 数値ベクトルの要素の和を求める自作関数
summation<-function(x)
{
  n<-length(x)
  sumx<-0
  for(i in 1:n)
  {
    sumx<-sumx+x[i]
  }
  sumx
}
```

E.2　第6章で利用した関数

```
# 正規分布の密度関数を描く関数　（ggplot 使用）
ggplot.pdf.normal<-function(x=seq(-4,4,0.1),mu=0,sigma=1,xup=5,yup=1/2)
{
  require(ggplot2)
  num.mu<-length(mu)
```

---

[1]　ソースコードのファイルは，「本書の使い方」で述べた方法で入手可能である．

```
  num.sigma<-length(sigma)
  ggplot(data.frame(x=x),aes(x=x)) +
  coord_cartesian(xlim=c(-xup-0.1,xup+0.1), ylim=c(-0.01,yup)) +
    stat_function(fun = dnorm, args = list(mean=mu,sd=sigma))
}
# 平均を変化させた正規分布の密度関数を描く関数（ggplot 使用）
ggplot.pdf.normal.mu<-function(x=seq(-5,5,0.1),mu=seq(-3,3,1),
sigma=1,xup=5,yup=1/2)
{
  require(ggplot2)
  num.mu<-length(mu)
  p<- ggplot(data.frame(x=x),aes(x=x)) +
  coord_cartesian(xlim=c(-xup-0.1,xup+0.1), ylim=c(-0.01,yup))
  for(i in 1:num.mu)
  {
  p<-p+stat_function(fun = dnorm, args = list(mean=mu[i],sd=sigma))
  }
  p
}
# 標準偏差を変化させた正規分布の密度関数を描く関数（ggplot 使用）
ggplot.pdf.normal.sigma<-function(x=seq(-5,5,0.1),
mu=0,sigma=seq(1,5),xlow=-5,xup=5,yup=1/2)
{
  require(ggplot2)
  num.sigma<-length(sigma)
  p<- ggplot(data.frame(x=x),aes(x=x))+
  coord_cartesian(xlim=c(xlow-0.1,xup+0.1), ylim=c(-0.01,yup))
  for(i in 1:num.sigma)
  {
  p<-p+stat_function(fun = dnorm, args = list(mean=mu,sd=sigma[i]))
  }
  p
}
# 正規分布の密度関数の一部の領域を強調させる図を描く関数（ggplot 使用）
ggplot.pdf.normal.area <- function(lb, ub, mean = 0, sd = 1,
limits = c(mean - 4 * sd, mean + mean+4 * sd))
{
  require(ggplot2)
  x <- seq(limits[1], limits[2], length.out = 100)
  xmin <- max(lb, limits[1])
  xmax <- min(ub, limits[2])
  areax <- seq(xmin, xmax, length.out = 100)
  area <- data.frame(x = areax, ymin = 0,
                     ymax = dnorm(areax, mean = mean, sd = sd))
  ggplot() +
  geom_line(data.frame(x = x, y = dnorm(x, mean = mean, sd = sd)),
            mapping = aes(x = x, y = y)) +
   geom_ribbon(data = area,
```

```
                    mapping = aes(x = x, ymin = ymin, ymax = ymax)) +
    scale_x_continuous(limits = limits) +
    ylim(0,0.5)
}
# ベルヌイ分布の確率関数と分布関数を描く関数
plot.pmf.Bernoulli<-function(x=c(0,1),p)
{
  plot(x,dbinom(x,size=1,prob=p),
       type="h",ylim=c(0,1),xlab="x",ylab="p(x)")
  points(x,dbinom(x,size=1,prob=p),pch=19)
}
plot.cdf.Bernoulli<-function(x=seq(0,1),p)
{
  plot(c(x[1]-1,x,x[2]+1),pbinom(c(x[1]-1,x,x[2]+1),size=1,prob=p),
       type="s",ylim=c(0,1),xlab="x",ylab="F(x)")
  points(x,pbinom(x,size=1,prob=p),pch=19)
  points(x,pbinom(x-1,size=1,prob=p),pch=21)
}
# 2項分布の確率関数と分布関数を描く関数
plot.pmf.binomial<-function(n,p,yup=1)
{
  x<-seq(0,n)
  plot(x,dbinom(x,size=n,prob=p),
       type="h",ylim=c(0,yup),xlab="x",ylab="p(x)")
  points(x,dbinom(x,size=n,prob=p),pch=19)
}
plot.cdf.binomial<-function(n,p)
{
  x<-seq(0,n)
  plot(c(-1,x,n+1),pbinom(c(-1,x,n+1),size=n,prob=p),
       type="s",ylim=c(0,1),xlab="x",ylab="F(x)")
  points(x,pbinom(x,size=n,prob=p),pch=19)
  points(x,pbinom(x-1,size=n,prob=p),pch=21)
}
# ポアソン分布の確率関数と分布関数を描く関数
plot.pmf.Poisson<-function(x=0:10,lambda=1,yup=1)
{
  plot(x,dpois(x,lambda=lambda),
       type="h",ylim=c(0,yup),xlab="x",ylab="p(x)")
  points(x,dpois(x,lambda=lambda),pch=19)
}
plot.cdf.Poisson<-function(x=0:10,lambda=1,yup=1)
{
  plot(c(-1,x),ppois(c(-1,x),lambda),
       type="s",ylim=c(0,yup),xlab="x",ylab="F(x)")
  points(x,ppois(x,lambda),pch=19)
  points(x,ppois(x-1,lambda),pch=21)
}
```

E.3 第 7 章で利用した関数

```
# 2 変量正規分布の密度関数，累積分布関数，等高線を描く関数
plot.pdf.bvnorm<-function(x = seq(-3, 3, length=101), y=x,
mu=c(0,0),sigma=diag(2),theta=0)
{
  require(mvtnorm)
  g<-function(a,b) dmvnorm(x=cbind(a,b),mean=mu,sigma=sigma)
  z<-outer(x,y,g)
  persp(x,y,z,theta=theta)
}
plot.cdf.bvnorm<-function(x = seq(-3, 3, length=101), y=x,
mu=c(0,0),sigma=diag(2),theta=0)
{
  require(mvtnorm)
  n<-length(x)
  p<-length(mu)
  z<-matrix(0,n,n)
  for(i in 1:n) {
    for(j in 1:n)
    {
      z[i,j]<-pmvnorm(c(x[i],y[j]),lower=-Inf,mean=mu,sigma=sigma)
    }
  }
  persp(x,y,z,theta=theta)
}
plot.contour.bvnorm<-function(x = seq(-3, 3, length=101), y=x,
mu=c(0,0),sigma=diag(2))
{
  require(mvtnorm)
  g<-function(a,b) dmvnorm(x=cbind(a,b),mean=mu,sigma=sigma)
  z<-outer(x,y,g)
  contour(x,y,z,asp=1)
}
# 3 項分布の同時確率関数
plot.pmf.trinom<-function(n, p, q, angle=50)
{
  require(scatterplot3d)
  x = seq(0,n)
  z<-matrix(0,n+1,n+1)
  for(i in 1:(n+1)) {
    y<-seq(0,n-x[i])
    for(j in 1:(n-x[i]+1))
    {
      z[i,j]<-dmultinom(c(x[i],y[j],n-x[i]-y[j]), size=n,prob=c(p,q,1-p-q))
    }
  }
  prob.matrix<-cbind(rep(x,each=(n+1)),rep(x,n+1),as.vector(z))
```

```
  scatterplot3d(prob.matrix[prob.matrix[,3]!=0,],
  type="h",box=FALSE,pch=16,xlab="x",ylab="y",zlab="p(x,y)",angle=angle)
}
```

E.4 第8章で利用した関数

```
# 正規乱数にもとづく標本平均に関するシミュレーションを実行する関数
sim.normal.mean<-function(n=10,N=100,mu=0,sigma=1,seed=12345)
{
  set.seed(seed)
  X<-matrix(rnorm(n*N,mu,sigma),N,n)
  vec.mean<-apply(X,1,mean)
  list(rn=X,vec.mean=vec.mean,n=n,N=N,mu=mu,sigma=sigma)
}
# 正規乱数にもとづく標本平均に関するシミュレーション結果のヒストグラムを描く関数
plot.sim.normal.mean<-function(obj)
{
  n<-obj$n
  N<-obj$N
  mu<-obj$mu
  sigma<-obj$sigma
  hist(obj$vec.mean,freq=FALSE,
  xlim=c(mu-4*sigma/sqrt(10),mu+4*sigma/sqrt(10)),
  ylim=c(0,sqrt(10000)/(sqrt(2*pi)*sigma)),
  main=paste("(n,N)=(",n,",",N,")"))
  x<-seq(mu-4*sigma/sqrt(n),mu+4*sigma/sqrt(n),0.01)
  lines(x,dnorm(x,mu,sigma/sqrt(n)))
  abline(v=mu,lwd=2,col=2)
}
# 一様乱数にもとづく標本平均に関するシミュレーションを実行する関数
sim.uniform.mean<-function(n=10,N=100,a=0,b=1,seed=12345)
{
  set.seed(seed)
  X<-matrix(runif(n*N,a,b),N,n)
  vec.mean<-apply(X,1,mean)
  list(rn=X,vec.mean=vec.mean,n=n,N=N,a=a,b=b)
}
# 一様乱数にもとづく標本平均に関するシミュレーション結果のヒストグラムを描く関数
plot.sim.uniform.mean<-function(obj)
{
  n<-obj$n
  N<-obj$N
  a<-obj$a
  b<-obj$b
  mu<-(a+b)/2
  sigma<-sqrt((a+b)^(2)/12)
  hist(obj$vec.mean,freq=FALSE,
       xlim=c(mu-4*sigma/sqrt(10),mu+4*sigma/sqrt(10)),
```

```
        ylim=c(0,sqrt(10000)/(sqrt(2*pi)*sigma)),
        main=paste("(n,N)=(",n,",",N,")"))
  x<-seq(mu-4*sigma/sqrt(n),mu+4*sigma/sqrt(n),0.001)
  lines(x,dnorm(x,mu,sigma/sqrt(n)))
  abline(v=mu,lwd=2,col=2)
}
# 複数の自由度に対するカイ自乗分布の密度関数を描く関数
plot.pdf.chisq<-function(x,df)
{
  n<-length(df)
  plot(x,dchisq(x,df[1]),type="n",xlab="",ylab="",ylim=c(0,1.2))
  for(i in seq(n)) lines(x,dchisq(x,df[i]))
}
# 複数の自由度に対するティー分布の密度関数を描く関数
plot.pdf.t<-function(x,df)
{
  n<-length(df)
  plot(x,dt(x,df[1]),type="n",xlab="",ylab="",ylim=c(0,0.5))
  for(i in seq(n)) lines(x,dt(x,df[i]))
  lines(x,dnorm(x))
}
# 複数の自由度対に対するエフ分布の密度関数を描く関数
plot.pdf.F<-function(x,df1,df2)
{
  n<-length(df1)
  plot(x,df(x,df1[1],df2[1]),type="n",xlab="",ylab="",ylim=c(0,1))
  for(i in seq(n)) lines(x,df(x,df1[i],df2[i]))
}
```

E.5 第 9 章で利用した関数

```
# データの共分散を求める関数
scov<-function(x,y) mean((x-mean(x))*(y-mean(y)))
```

E.6 第 10 章で利用した関数

```
# 母平均の区間推定に関するシミュレーションを実行する関数
sim.confint.mean<-function(n,N,mu=0,sigma=1,alpha=0.05)
{
  X<-matrix(rnorm(n*N,mu,sigma),N,n)
  xbar<-apply(X,1,mean)
  L.bound<-xbar-qnorm(1-alpha/2)*sigma/sqrt(n)
  U.bound<-xbar+qnorm(1-alpha/2)*sigma/sqrt(n)
  hit<-rep(0,N)
  for(i in 1:N) hit[i]<-if(mu>=L.bound[i]&&mu<=U.bound[i]) 1 else 0
  cont.rate<-100*sum(hit)/N
  list(mu=mu,sigma=sigma,alpha=alpha,n=n,N=N,
       data=X,xbar=xbar,L.bound=L.bound,U.bound=U.bound,
```

```
           hit=hit,cont.rate=cont.rate)
}
# 母平均の区間推定に関するシミュレーション結果を描く関数
plot.confint.mean<-function(obj)
{
  mu<-obj$mu
  sigma<-obj$sigma
  alpha<-obj$alpha
  n<-obj$n
  N<-obj$N
  xbar<-obj$xbar
  L.bound<-obj$L.bound
  U.bound<-obj$U.bound
  cont.rate<-obj$cont.rate
  plot(xbar,ylim=c(min(L.bound),max(U.bound)),
  pch=16,xlab="sim.num.",ylab="confidence interval")
  for(i in 1:N)
  {
    points(i,L.bound[i],pch="--")
    points(i,U.bound[i],pch="--")
    lines(c(i,i),c(L.bound[i],U.bound[i]))
  }
  abline(h=mu,lwd=2)
  title(main=
          "Interval Estimation: Population Mean",
           sub=paste(
          "mu=",mu,",",
          "sigma=",sigma,",",
          "n=",n,",",
          "N=",N,",",
          "conf.coef.=",100*(1-alpha),"%,",
          "contain rate=",cont.rate,"%"
        ))
}
# 母分散の区間推定を行う関数
var.interval<-function(x,alpha=0.05)
{
  u2<-var(x)
  n<-length(x)
  df<-n-1
  sigma2L<-(n-1)*u2/qchisq(1-alpha/2,df)
  sigma2U<-(n-1)*u2/qchisq(alpha/2,df)
  list(n=n,df=df,alpha=alpha,u2=u2,conf.interval=c(sigma2L,sigma2U))
}
```

E.7 第11章で利用した関数

```r
# 母分散の検定を行う関数
one.var.test<-function(x, sigma2,
                       alternative = c("two.sided", "less", "greater"),
                       alpha = 0.05)
{
  n<-length(x)
  df<-n-1
  u2<-var(x)
  statistic <- df*u2/sigma2
  if(alternative == "two.sided")
  {
    critical.value<-c(qchisq(alpha/2,df),qchisq(1-alpha/2,df))
    PVAL<-pchisq(statistic, df, lower.tail = FALSE)
    PVAL <- 2*min(PVAL,1-PVAL)
  }
  else if(alternative == "less")
  {
    critical.value<-qchisq(alpha,df)
    PVAL <- pchisq(statistic, df)
  }
  else if(alternative == "greater")
    {
      critical.value<-qchisq(1-alpha,df)
      PVAL <- pchisq(statistic, df, lower.tail = FALSE)
    }
    list(u2=u2, n=n,
         statistic = statistic, df = df,
               critical.value=critical.value,
         p.value = as.numeric(PVAL),
         alternative = alternative,
         sigma2 = sigma2, alpha=alpha)
}
# 正規近似を用いた母比率の検定を行う関数
prop.norm.app.test<-function(x, n, p,
                       alternative = c("two.sided", "less", "greater"),
                       alpha = 0.05)
{
  statistic <- sqrt(n)*(x/n-p)/sqrt(p*(1-p))
  if(alternative == "two.sided")
  {
    critical.value<-c(qnorm(alpha/2),qnorm(1-alpha/2))
    PVAL<-2*pnorm(-abs(statistic))
  }
  else if(alternative == "less")
  {
    critical.value<-qnorm(alpha)
```

```
    PVAL <- pnorm(statistic)
  }
  else if(alternative == "greater")
  {
    critical.value<-qnorm(1-alpha)
    PVAL <- pnorm(statistic, lower.tail = FALSE)
  }
  list(x=x,n=n,
       statistic = statistic,
            critical.value=critical.value,
       p.value = as.numeric(PVAL),
       alternative = alternative,
       p=p, phat=x/n, alpha=alpha)
}
```

E.8 第13章で利用した関数

```
# 単回帰モデルにおける誤差平方和の2次曲面を描く関数
plot.quadratic<-function(x,y,theta=30,phi=30,expand=0.5)
{
   n<-length(x)
   cf<-confint(lm(y~x))
   beta0<-seq(cf[1,1],cf[1,2],length.out = 50)
   beta1<-seq(cf[2,1],cf[2,2],length.out = 50)
   Q <- function(beta0,beta1,x,y,n)
    {
    sx<-sum(x);sy<-sum(y)
    sx2<-sum(x^2);sy2<-sum(y^2)
    sxy<-sum(x*y)
    n*beta0^2+sx2*beta1^2-2*sy*beta0-2*sxy*beta1+2*sx*beta0*beta1+sy2
    }
   Delta <- outer(beta0, beta1, Q,x,y,n)
    persp(beta0, beta1, Delta,
    theta = theta, phi = phi, expand=expand,
    ticktype="detailed",col = "lightblue")
   }
# 残差のインデックスプロットを行う関数
plot.resid.index<-function(obj)
{
  r<-resid(obj)
  sigma<-summary(obj)$sigma
  plot(r,ylim=c(-3*sigma,3*sigma),ylab="residuals")
  abline(h=0)
  for(i in 1:3) abline(h=c(-i,i)*sigma,lty=2)
}
```

参 考 文 献

[1] Becker, R. A. and J. M. Chambers: Design of the S system for data analysis, *Communications of the ACM*, Vol. **27**, No. 5 (1984) pp. 486-495.

[2] Becker, R. A., J. M. Chambers and A. R. Wilks: *The New S Language: A Programming Environment for Data Analysis and Graphics* (Wadsworth & Brooks/Cole, 1988)
(邦訳：渋谷政昭, 柴田里程 共訳：『S 言語 I, II：データ解析とグラフィックスのためのプログラミング環境』(共立出版, 1991))

[3] Chambers, J. M.: *Programming with Data: A Guide to the S Language* (Springer-Verlag, 1998)
(邦訳：垂水共之，水田正弘，山本義郎，越智義道，森裕一 共訳：『データによるプログラミング：データ解析言語 S における新しいプログラミング』(森北出版, 2002))

[4] Chambers, J. M.: *Software for Data Analysis: Programming with R* (Springer-Verlag, 2008)

[5] Chambers, J. M. and T.J. Hastie: *Statistical Models in S* (Chapman and Hall/CRC, 1991)
(邦訳：柴田里程 訳：『S と統計モデル：データ科学の新しい波』(共立出版, 1994))

[6] Crawley, M. J.: *The R Book, Second Edition* (Wiley, 2012)

[7] Everitt, B. S. and T. Hothorn: *A Handbook of Statistical Analyses Using R, Second Edition* (Chapman and Hall, 2009)
(邦訳：大門貴志, 吉川俊博, 手良向 聡 共訳：『R による統計解析ハンドブック』(メディカル・パブリケーションズ, 2010))

[8] Fox, J. and S. Weisberg: *An R Companion to Applied Regression, Second Edition* (Sage Publications, 2011)

[9] 舟尾暢男：『The R Tips：データ解析環境 R の基本技・グラフィックス活用集 第 3 版』(オーム社, 2016)

[10] 伏見正則, 逆瀬川 浩孝：『R で学ぶ統計解析』(朝倉書店, 2012)

[11] Grolemund, G.: *Hands-On Programming with R* (O'Reilly Media, Inc., 2014)
(邦訳：大橋真也 監訳, 長尾高弘 訳：『RStudio ではじめる R プログラミング入門』(オライリー・ジャパン, 2015))

[12] Ihaka, R.: R: Past and future history, In *Proceedings of Interface '98* (1998) http://www.stat.auckland.ac.nz/ihaka/downloads/Interface98.pdf

[13] 稲垣宣生：『数理統計学 (改訂版)』(裳華房, 2003)

[14] 稲垣宣生, 吉田光雄, 山根芳知, 地道正行：『データ科学の数理 統計学講義』(裳華房, 2007)

[15] 石田基広：『R 言語逆引きハンドブック (改訂 3 版)』(シーアンドアール研究所, 2016)

[16] 地道正行：『財務データベースサーバの構築 (初版)』(関西学院大学レポジトリ, 2010) https://kwansei.repo.nii.ac.jp/, ISBN: 9784990553005.

[17] Kabacoff, R.: *R in Action: Data Analysis and Graphics with R, Second Edition* (Manning Pubns Co., 2015)

[18] 熊谷悦生, 舟尾暢男：『R で学ぶデータマイニング I：データ解析編』(オーム社, 2008)

[19] 熊谷悦生, 舟尾暢男：『R で学ぶデータマイニング II：シミュレーション編』(オーム社, 2008)

[20] Lander, J. P.: *R for Everyone: Advanced Analytics and Graphics, Second Edition* (Addison Wesley, 2017)
(初版邦訳：高柳慎一, 牧山幸史, 簑田高志 共訳『みんなの R：データ分析と統計解析の新しい教科書』(マイナビ, 2015))

[21] Ligges, U.: *Programmieren mit R* (Springer-Verlag, 2004)
(邦訳：石田基広 訳：『R の基礎とプログラミング技法』(丸善出版, 2012))

[22] Matloff, N.: *The Art of R Programming: A Tour of Statistical Software Design* (No Starch Pr., 2011)
(邦訳：大橋真也, 木下哲也 共訳:『アート・オブ・R プログラミング』(オライリージャパン, 2012))
[23] 間瀬 茂:『R プログラミングマニュアル：R バージョン 3 対応』(新・数理工学ライブラリ, 情報工学=2, 数理工学社, 2014)
[24] Mazza, R.: *Introduction to Information Visualization* (Springer-Verlag, 2009)
(邦訳：中本 浩 訳:『情報を見える形にする技術』(ボーンデジタル, 2011))
[25] 本橋永至:『R で学ぶ統計データ分析：マーケティングデータを分析しながら正しい理論と分析力を身につける』(オーム社, 2015)
[26] R Development Core Team: *An Introduction to R* (2017), https://www.r-project.org/, R Foundation for Statistical Computing, Vienna, Austria, ISBN 3-900051-10-0.
[27] R Development Core Team: *R Data Import/Export* (2017), https://www.r-project.org/, R Foundation for Statistical Computing, Vienna, Austria, ISBN 3-900051-10-0.
[28] Ren, K.: *Learning R Programming* (Packt Publishing, 2016)
(邦訳：湯谷啓明, 松村杏子, 市川太祐 共訳, 株式会社ホクソエム 監訳:『R プログラミング本格入門：達人データサイエンティストへの道』(共立出版, 2017))
[29] デビッド・ザルツブルグ (竹内惠行, 熊谷悦生 共訳):『統計学を拓いた異才たち：経験則から科学へ進展した一世紀』(日本経済新聞社, 2006)
[30] 柴田里程:『データ分析とデータサイエンス』(近代科学社, 2015)
[31] 渋谷政昭, 柴田里程:『S によるデータ解析』(共立出版, 1992)
[32] Spector, P.: *Data Manipulation with R* (Springer-Verlag, 2008)
(邦訳：石田基広 訳:『R データ自由自在』(丸善出版, 2012))
[33] 竹村彰通:『統計 第 2 版』(共立出版, 2007)
[34] Tukey, J. W.: *Exploratory Data Analysis* (Addison-Wesley Publishing Co., 1977)
[35] Venables, W. N. and B. D. Ripley: *Modern Applied Statistics with S*, Fourth Edition. (Springer-Verlag, 2002)
(邦訳：伊藤幹夫, 戸瀬信之, 大津泰介, 中東雅樹 共訳:『S-PLUS による統計解析 第 2 版』(丸善出版, 2012))
[36] 吉田朋広:『数理統計学』(朝倉書店, 2006)
[37] 四辻哲章:『計算機シミュレーションのための確率分布乱数生成法』(プレイアデス出版, 2010)
[38] Wickham, H.: *Advanced R* (Chapman & Hall/CRC., 2014)
(邦訳：石田基広, 市川太祐, 高柳慎一, 福島真太朗 共訳:『R 言語徹底解説』(共立出版, 2016))
[39] Wickham, H.: *ggplot2: Elegant Graphics for Data Analysis, Second Edition* (Springer-Verlag, 2016)
(初版邦訳：石田基広, 石田和枝 共訳:『グラフィックスのための R プログラミング』(丸善出版, 2012))
[40] Wickham, H. and G. Grolemund: *R for Data Science: Import, Tidy, Transform, Visualize, and Model Data* (O'Reilly Media, Inc., 2016)
(邦訳：大橋真也 監修, 黒川利明 訳:『R ではじめるデータサイエンス』(O'Reilly Media, Inc., 2017))
[41] Wilkinson, L.: *The Grammar of Graphics, Second Edition* (Springer-Verlag, 2005)

演習問題略解

第 1 章

Q1.1, 1.2 省略

第 2 章

Q2.1 1:100, 100:1, 1:100+100:1 など
seq(1,30,3), seq(1,10)^3, seq(1,10,length=20) など

Q2.2 (1) seq(1,30,3)　(2) seq(1,10)^3　(3) seq(1,10,length=20)

Q2.3 省略

Q2.4 以下のスクリプトを順次実行すればよい．

```
X<-cbind(rep(1,5),seq(-2,2))
y<-matrix(c(1,2,1,2,1))
crossprod(X) # (1)
solve(crossprod(X)) # (2)
solve(crossprod(X))%*%t(X)%*%y  # (3)
P<-X%*%solve(crossprod(X))%*%t(X); P # (4)
Q<-(diag(5)-P); Q # (4)
t(P); t(Q) # (5)
P%*%P; Q%*%Q # (6)
sum(diag(P)); sum(diag(Q)) # (7)
t(P%*%y)%*%(diag(5)-P)%*%y # (8)
```

第 3 章

Q3.1 ファイルを作業ディレクトリに保存後，以下のスクリプトを実行すればよい．

```
firms.frame<-read.table("firms.rda",header=T)
```

Q3.2 設問 (1)〜(4) で与えられる操作のとおり実行すればよい．なお，(5) については，class 関数をそれぞれの方法で読み込んだオブジェクトに適用して比較すればよい．

Q3.3 省略

第 4 章

Q4.1 以下のスクリプトを実行すればよい．

```
plot(weight~height,babies.frame)
library(ggplot2)
ggplot(babies.frame,aes(x=height,y=weight))+
geom_point()
```

Q4.2 以下のスクリプトを実行すればよい．

```
plot(sales~employees,firms.frame)
ggplot(firms.frame,aes(x=employees,y=sales))+
geom_point()
```

Q4.3 省略

第 5 章

Q5.1 分散は，データからその平均を引いたものの2乗の平均であるため．

Q5.2 以下のように定義する．

```
mad<-function(x) mean(abs(x-mean(x)))
```

Q5.3 以下のように定義する．

```
gmean<-function(x) exp(mean(log(x)))
hmean<-function(x) 1/mean(1/x)
```

Q5.4 (1), (2) 以下のように定義する．

```
moment<-function(x,k) mean((x-mean(x))^k) # (1)
skewness<-function(x) moment(x,3)/(moment(x,2))^(3/2) # (2)
kurtosis<-function(x) moment(x,4)/moment(x,2)^2 # (2)
```

(3) 以下のように入力することによって求まる．

```
skewness(weight)
kurtosis(weight)
```

この結果から，新生児の体重は正規分布に従っていることが肯定される．

Q5.5 以下のように定義すればよい．

```
Fibonacci<-function(n=0)
{
  if(n==0){
    n
  } else if(n==1){
    a<-c(0,1)
    a
  } else {
    a<-c(0,1)
    for(i in 2:n){
      a<-c(a,a[i]+a[i-1])
    }
    a
  }
}
```

Q5.6～5.10 省略

第 6 章

Q6.1 (1), (2), (3) については，以下のように求めることができる．

```
pnorm(1)-pnorm(-1) # (1)
pnorm(2)-pnorm(-2) # (2)
pnorm(3)-pnorm(-3) # (3)
```

(4) 省略

Q6.2 $N(0,1)$ の場合は，以下のスクリプトによって描くことができる．

```
set.seed(12345)
hist(rnorm(10000),freq=F)
lines(seq(-3,3,0.1),dnorm(seq(-3,3,0.1)))
```

Q6.3 $E_X(1)$ の場合は，以下のスクリプトによって描くことができる．

```
set.seed(12345)
hist(rexp(10000),freq=F,ylim=c(0,1))
lines(seq(0,3,0.1),dexp(seq(0,3,0.1)))
```

Q6.4 省略

Q6.5 以下のように入力することによって確かめることができる．

```
1-pbinom(2-1,10,1/2); pbeta(1/2,2,10-2+1) # (1)
1-pbinom(2-1,10,1/5); pbeta(1/5,2,10-2+1) # (2)
1-pbinom(50-1,100,1/2); pbeta(1/2,50,100-50+1) # (3)
1-pbinom(50-1,100,1/5); pbeta(1/5,50,100-50+1) # (4)
```

第 7 章

Q7.1 以下のスクリプトを入力することによって確かめることができる．

```
set.seed(12345)
hist(rnorm(10000,0,3)+rnorm(10000,5,4))
```

Q7.2, 7.3 省略

第 8 章

Q8.1 以下のような関数を作成する．

```
plot.sim.chisq<-function(x=seq(0.01,10,0.01),
N=100,n=1,seed=12345)
{
  set.seed(seed)
  rn<-matrix(rnorm(N*n)^2,N,n)
  stat<-apply(rn,1,sum)
  if(n==1)
  {
    dens<-dchisq(x,n)
    dmax<-max(dens)
```

```
        hist(stat,freq=FALSE,xlim=range(x),ylim=c(0,dmax),
            main=c("Histogram of Chisq Random Number:
            (n,N)=",paste("(",n,",",N,")")))
        lines(x,dens)
    } else
    dens<-dchisq(x,n)
    dmax<-max(dens)
    hist(stat,freq=FALSE,xlim=range(x),ylim=c(0,dmax),
        main=c("Histogram of Chisq Random Number:
        (n,N)=",paste("(",n,",",N,")")))
    lines(x,dens)
}
```

この関数を以下のように実行することによって，題意を満たすグラフィックスを描くことができる．

```
plot.sim.chisq()
plot.sim.chisq(x=seq(0.01,15,0.01),n=3)
plot.sim.chisq(x=seq(0.01,30,0.01),n=10)
plot.sim.chisq(x=seq(0.01,30,0.01),n=10,N=1000)
```

Q8.2, 8.3 省略

第 9 章

Q9.1 以下のスクリプトを実行することによって確認できる．

```
svar(weight)
mean(weight^2)-mean(weight)^2
```

Q9.2 以下のスクリプトを実行することによって，各種のグラフィックスを描くことができる．

```
library(ggplot2)
ggplot(babies.frame,aes(x=weight))+
geom_histogram(bins=10)
ggplot(babies.frame,aes(x="weight",y=weight))+
geom_boxplot()
qq.babies<-data.frame(qqnorm(babies.frame$weight,plot=F))
ggplot(qq.babies, aes(x=x, y=y)) +
  geom_point() +
  geom_abline(intercept=mean(y),slope=sd(y)) +
  labs(x="theoretical",y="sample")
```

Q9.3 以下のスクリプトを実行することによって，グラフィックスを描くことができる．

```
library(ggplot2)
library(GGally)
ggpairs(babies.frame,mapping=aes(color=gender))
```

Q9.4 以下のスクリプトを実行することによって，sales は右に歪んだ分布であると考えられる．

```
summary(firms.frame$sales)
hist(firms.frame$sales)
boxplot(firms.frame$sales)
```

```
qqnorm(firms.frame$sales);qqline(firms.frame$sales)
```

Q9.5 以下のスクリプトを実行することによって，sales, employees, assets のそれぞれが右に歪んだ分布であり，さらに，これらのすべてのペアも原点付近に集中して分布しており，やはり歪んでいることがわかる．

```
summary(firms.frame)
plot(firms.frame)
```

Q9.6 省略

第 10 章

Q10.1 以下のスクリプトを実行することによって，母平均と母分散の信頼区間を得ることができる．

```
t.test(babies.frame$chest)$conf.int
var.interval(babies.frame$chest)$conf.interval
```

Q10.2 以下のような関数を作成する．

```
prop.interval.simple<-function(x,alpha=0.05)
{
  m<-mean(x)
  n<-length(x)
  propL<-m-qnorm(1-alpha/2)*sqrt(m*(1-m))/sqrt(n)
  propU<-m+qnorm(1-alpha/2)*sqrt(m*(1-m))/sqrt(n)
  list(n=n,alpha=alpha,m=m,conf.interval=c(propL,propU))
}
```

この関数を以下のように実行することによって，男子の出生率の信頼区間を求めることができる．

```
babies.gender<-as.numeric(babies.frame$gender=="male")
prop.interval.simple(babies.gender)$conf.interval
```

Q10.3 関数 binom.test を以下のように実行することによって，男子の出生率の点推定と信頼区間を求めることができる．

```
binom.test(sum(babies.gender),n=100)
```

第 11 章

Q11.1 以下のスクリプトを実行することによって，検定を行うことができる．

```
with(babies.frame,
t.test(height[gender=="male"],mu=50.2,
alternative="two.sided"))
```

この結果から，有意水準 $\alpha = 0.05$ で新生児（男子）の身長の平均は変化したといえる．

Q11.2 以下のスクリプトを実行することによって，検定を行うことができる．

```
with(babies.frame,
one.var.test(height[gender=="female"],sigma2=2^2,
alternative="two.sided"))
```

この結果から，有意水準 $\alpha = 0.05$ で新生児（女子）の身長の分散は変化したといえる．

Q11.3 以下のスクリプトを実行することによって，検定を行うことができる．

```
prop.test(sum(firms.code),length(firms.code),p=1/2,
correct=FALSE,alternative = "greater")
```

この結果から，有意水準 $\alpha = 0.05$ で製造業の比率は 1/2 であるという仮説は棄却できない．

第 12 章

Q12.1 (1) 以下のスクリプトを実行することによって描くことができる．

```
boxplot(weight~gender,babies.frame)
```

(2) 検定の結果として，すでに等分散性であることがわかっているので，以下のスクリプトを実行することによって検定を行う．

```
t.test(weight~gender,babies.frame,
var.equal=TRUE,alternative="less")
```

この結果として，有意水準 $\alpha = 0.05$ で女子の平均体重の方が男子よりも軽いといえる．

Q12.2 (1) 以下のスクリプトを実行することによって描くことができる．

```
boxplot(head~gender,babies.frame)
```

(2) 以下のスクリプトを実行することによって検定を行う．

```
var.test(head~gender,babies.frame)
```

この結果として，有意水準 $\alpha = 0.05$ で男子と女子の頭囲の分散は異なるといえる．

(3) (2) の検定の結果として等分散性が棄却されているので，以下のスクリプトを実行することによって，ウェルチの検定を行う．

```
t.test(head~gender,babies.frame,var.equal=TRUE)
```

この結果として，有意水準 $\alpha = 0.05$ で女子と男子の頭囲の平均は異なるといえる．

Q12.3 (1) $n = n_1 + n_2$ に注意すると，

$$\overline{z} = \frac{n_1 \overline{x} + n_2 \overline{y}}{n} = \frac{n_1 \overline{x} + n_2 \overline{y}}{n_1 + n_2}$$

$$s^2 = \frac{(n_1-1)u_1^2}{n_1+n_2} + \frac{(n_2-1)u_2^2}{n_1+n_2} + \frac{n_1 n_2}{(n_1+n_2)^2}(\overline{x}-\overline{y})^2$$

$$u^2 = \frac{(n_1-1)u_1^2}{n_1+n_2-1} + \frac{(n_2-1)u_2^2}{n_1+n_2-1} + \frac{n_1 n_2}{(n_1+n_2)(n_1+n_2-1)}(\overline{x}-\overline{y})^2$$

で与えられる．

(2) 省略

(3) 以下のような関数によって与えられる．

```
restore<-function(n1,n2,xb,yb,u12,u22)
{
  n<-n1+n2
  m<-(n1*xb+n2*yb)/n
  s2<-((n1-1)*u12+(n2-1)*u22)/n+n1*n2*(xb-yb)^2/n^2
  s<-sqrt(s2)
  u2<-n*s2/(n-1)
  u<-sqrt(u2)
  list(n1=n1,n2=n2,xb=xb,yb=yb,u12=u12,u22=u22,
      n=n,m=m,s2=s2,s=s,u2=u2,u=u)
```

```
}
```

Q12.4 (1) 省略

(2) Q12.3 の (3) で定義された関数 restore を以下のように実行することによって，設問に対する結果を得る．

```
restore(1875,1981,2980,3050,380^2,400^2)
```

第 13 章

Q13.1 (1) 省略

(2) 以下のスクリプトを実行することによって比較できる．

```
solve(t(X)%*%X)%*%t(X)%*%y
babies.lm<-lm(weight~height,babies.frame)
coef(babies.lm)
```

(3) 以下のスクリプトを実行することによって，射影行列，回帰ベクトル，残差ベクトルが計算できる．

```
P<-X%*%solve(t(X)%*%X)%*%t(X)
yhat<-P%*%y
e<-y-yhat
```

この結果から，以下のように入力することによって，回帰ベクトルと残差ベクトルを比較することができる．

```
as.vector(yhat)
fitted(babies.lm)
as.vector(e)
resid(babies.lm)
```

(4) 以下のスクリプトを実行することによって比較できる．

```
t(e)%*%e/(100-2)
summary(babies.lm)$sigma^2
```

Q13.2 (1) 以下のスクリプトを実行することによって，重回帰分析を実行できる．

```
summary(lm(weight~height+chest+head,babies.frame))
```

(2) 以下のスクリプトを実行することによって，回帰診断を実行できる．

```
plot(lm(weight~height+chest+head,babies.frame))
```

Q13.3 (1) 以下のスクリプトを実行することによって，重回帰分析を実行できる．

```
summary(lm(sales~employees+assets,firms.frame))
```

(2) 以下のスクリプトを実行することによって，回帰診断を実行できる．

```
plot(lm(sales~employees+assets,firms.frame))
```

Q13.4 省略

索　引

ア
i.i.d　87, 89
当てはめ値　166
R 関数　12
R コード　11
R 式　11
R スクリプト　11
R プロンプト　7

イ
位置　107
一様最強力検定　141
一様分布　54
一致推定量　125
一致性　125
因子　30
インデックスプロット　17, 181
隠蔽　84

ウ
ウェルチの検定　159

エ
演算子　3, 10
　　算術——　11
　　等差数列——　14
　　特殊——　11
　　比較——　11
　　否定——　19
　　付値——　15
　　論理——　11

オ
応答変数　163
オッズ　76
オーバープロット　74
オブジェクト　3, 9
　　幾何学的——　33
　　行列——　21
オブジェクト指向プログラミング　3

——言語　3

カ
回帰　163
　　——係数　163
　　——診断　180
　　——によって説明される
　　　平方和　174, 191
　　線形——　163
階級　109
階段関数　46
カイ自乗分布　96
ガウス分布　48
拡張子　8
確率　44, 199
　　——関数　46
　　——収束　92
　　——測度　199
　　——素分関数　46
　　——分布　45
　　——変数　44
　　——密度関数　46
　　——下側　45
　　条件付き——　199
下限　47
　　信頼——　126
過誤　140
可視化　2, 106
可測空間　199
型　13
片側仮説　139
片側検定　140
加法定理　199
関数　3, 12
　　——型プログラミング言語　12
　　R——　12
　　階段——　46
　　確率——　46
　　確率素分——　46
　　確率密度——　46
周辺確率——　66
周辺分布——　65

周辺密度——　66, 78
総称——　17
多変量同時分布——　77
同時確率——　66
同時確率素分——　66
同時密度——　65
2 変量同時分布——　64
分位点——　47
分布——　45
　　ベータ——　99
　　累積分布——　45
慣性モーメント　108
観測　28, 44
　　——数　28
ガンマ関数　96
ガンマ分布　62

キ
偽　19
幾何学的オブジェクト　33
棄却　140
　　——域　141
キーバインディング　206
帰無仮説　139
Q-Q プロット　112
強度　60
共分散　67, 113
　　不偏——　113
行列オブジェクト　21
寄与率　174

ク
区間推定　126
区切り文字　26
クラス　17
グラフィック環境　32
グラフィック機能　204

ケ
形状母数　62
結果　44, 197
結合法則　197
欠損値　24

決定係数　174
　　自由度調整済み――　175
検出力　140
検定　139
　　――統計量　140
　　ウェルチの――　159
　　片側――　140
　　両側――　140

コ

交換法則　197
交差積行列　22
行動　123
誤差　163
　　――分散　169
　　――分布　48
　　標準――　171
5点要約値　106
コマンド・ライン・エディタ
　　206
固有値　23

サ

最小自乗推定値　165
最小自乗推定量　169, 186
最小自乗法　164
最小値　106
再生性　70
最大値　106
再定義　16
作業空間　8
作業スペース　8
作業ディレクトリ　8
左右対称　107
3項分布　75
残差　166
　　――平方和　174
3シグマ限界　181
算術演算子　11
散布図　34, 114
　　――行列　118
　　対――　118

シ

σ-集合体　198
試行　44, 197
事象　44, 199
　　――族　197

指数分布　55
四則演算　10
下側確率　45
下側パーセント点　47
実験　44
実数　13
実装　2
四分位点　54
四分位範囲　108
射影行列　22
弱一致性　125
尺度母数　62
重回帰分析　182
重回帰モデル　182
重心　107
重相関係数　173
従属変数　163
自由度　96
　　――調整済み決定係数
　　175
周辺確率関数　66
周辺分布関数　65
周辺密度関数　66, 78
順序統計量　107
条件付き確率　199
乗法定理　199
真　19
審美的属性　34
信頼下限　126
信頼区間　126
信頼係数　126
信頼限界　126
信頼上限　126
信頼水準　126

ス

推測　44
推定　123
　　――値　123
　　――量　123
　　区間――　126
　　点――　126
　　統計的――　123
数値　13
　　――的　124
　　――ベクトル　27
裾　52
スタージェスの公式　109

セ

正規2標本問題　150
正規分布　48
　　多変量――　81
　　2変量――　69
　　標準――　48
正規方程式　165
正規母集団　89
　　多変量――　103
整数　13
成分　16
設計　2
説明変数　163
全確率の公式　200
漸近正規性　125
漸近的　94
漸近分散　125
線形回帰　163
線形関係　114
線形予測子　164
尖度　41

ソ

相関係数　68, 114
　　――行列　80, 117
　　重――　173
総称関数　17
総平方和　174
属性　13

タ

第1種の過誤　140
第2種の過誤　140
第1四分位点　106
第3四分位点　106
対角行列　22
対称行列　22
対数　13
　　――正規分布　62, 63
大数の法則　92
代入　15
対立仮説　139
対話的　4
多項分布　76, 84
多次元確率ベクトル　77
多変量確率変数　77, 103
多変量正規分布　81

多変量正規母集団　103
多変量データ　28, 103
　　――行列　103
多変量同時分布関数　77
多変量離散型確率変数　79
多変量連続型確率変数　78
単一　139
単回帰分析　163
単回帰モデル　163
探索的データ解析　2, 106
単純仮説　139
単峰　109

チ

中央値　106
中心極限定理　94
調査　44

ツ

対散布図　118

テ

ディスパッチ　17
ティー値　173
ティー統計量　100, 173
データ構造　27
データフレーム　28
デフォルト　8
点推定　126
転置　22
　　――行列　21

ト

統計グラフィックス　106
統計的仮説検定　139
統計的推定　123
統計モデリング　2
統計量　90, 123
　　検定――　140
　　順序――　107
　　ティ――　100, 173
統合開発環境　208
等高線　71
等差数列演算子　14
同時確率関数　66
同時確率素分関数　66
同時確率分布　64
同時密度関数　65

特殊演算子　11
特性値　106
独立　65, 199
独立変数　163
度数　109
ド・モルガンの法則　197

ナ

長さ　13, 16
名前　15

ニ

2項分布　58
2次元確率ベクトル　64
2標本問題　150
　　正規――　150
2変量確率変数　64
2変量正規分布　69
2変量同時分布関数　64
2変量離散型確率変数　66
2変量連続型確率変数　65
任意個の引数　37

ハ

排反　200
箱髭図　110
パーセント分位点　47
パッケージ　4
パラメータ　90
範囲　108

ヒ

比較演算子　11
引数　13, 37
　　任意個の――　37
ヒストグラム　18, 109
歪み　107
ピー値　144
否定演算子　19
ビネット　4
百分位点　108
標準化　48
標準誤差　171
標準正規分布　48
標準偏差　47, 109
標本　89
　　――回帰直線　166
　　――回帰平面　184

　　――の大きさ　89
　　――分散　38, 90
　　――分布　91
　　――平均　90
　　無作為――　89
拡がり　108
ビン　109

フ

複合仮説　139
複数　139
複素数　13
付値　15
　　――演算子　15
不定形　25
不偏共分散　113
不偏推定量　125
不偏性　98, 125
不偏分散　38, 90
　　――共分散行列　116
プロジェクト　209
分位点　108
　　――関数　47
分割符　8
分散　108
　　――共分散行列　67
　　――公式　47
　　――分析表　191
　　共――　67, 113
　　誤差――　169
　　漸近――　125
　　標本――　90
　　母――　90, 123
分配法則　197
分布　45
　　――関数　45
　　――収束　125
　　――法則　45
　　一様――　54
　　カイ自乗――　96
　　ガウス――　48
　　ガンマ――　62
　　確率――　45
　　誤差――　48
　　3項――　75
　　指数――　55
　　正規――　48
　　対数正規――　62, 63

多項—— 76, 84
2 項—— 58
標本—— 91
ベータ—— 62, 63
ベルヌイ—— 57
ポアソン—— 60

ヘ

平均 24
　　—— 値 106
　　—— 平方和 191
　　—— ベクトル 67
ベイズの定理 200
平方和の分解 97, 174
ペイン 208
べき乗 10
ベクトル 13
　　数値—— 27
　　多次元確率—— 77
　　2 次元確率—— 64
　　文字—— 18
　　論理—— 19
ベータ関数 99
ベータ分布 62, 63
ベルヌイ試行 57
ベルヌイ分布 57
偏差 108
　　標準—— 47, 109
変数 15
変動要因 191
変量 28, 45
　　—— 数 28

ホ

ポアソン分布 60
母回帰直線 164
母集団 44, 197
　　—— 分布 89
　　正規—— 89
母数 90, 123
　　—— 付け 63
　　形状—— 62
　　尺度—— 62
ボックスプロット 110
母比率 123
母分散 90, 123
母平均 90, 123

ミ

密度関数 46

ム

無限大 24
無限和 198
無作為標本 89

メ

名義尺度 116
メソッド 17

モ

文字ベクトル 18
文字列 13, 18
モデル式 168
モーメント 108
慣性—— 108
モンテカルロ法 92

ユ

有意水準 140
有効性 125

ヨ

要約 2, 17, 106
　　—— 値 106
　　5 点—— 106
予測値 166
予約語 10

ラ

ライブラリ 4

リ

両側仮説 140
両側検定 140
理論的 124

ル

累積分布関数 45

ロ

論理演算子 11
論理値 13
論理ベクトル 19

ワ

歪度 41
割合 62

著者略歴

地　道　正　行
（じ　みち　まさ　ゆき）

1964年　兵庫県出身
神戸商科大学商経学部管理科学科卒業
大阪大学大学院基礎工学研究科数理系専攻修士課程修了
現在　関西学院大学商学部教授
博士（学術）
主な著書：『データ科学の数理　統計学講義』（共著，裳華房，2007）
　　　　　Shrinkage Regression Estimators and Their Feasibilities
　　　　　（Kwansei Gakuin University Press, 2016）

データサイエンスの基礎　Rによる統計学独習

2018年10月25日　第1版1刷発行

検印省略	著作者	地　道　正　行
	発行者	吉　野　和　浩
定価はカバーに表示してあります．	発行所	東京都千代田区四番町8-1 電話　03-3262-9166（代） 郵便番号　102-0081 株式会社　裳　華　房
	印刷所	三美印刷株式会社
	製本所	株式会社　松岳社

社団法人
自然科学書協会会員

JCOPY　〈(社)出版者著作権管理機構　委託出版物〉
本書の無断複写は著作権法上での例外を除き禁じられています．複写される場合は，そのつど事前に，(社)出版者著作権管理機構（電話03-3513-6969，FAX03-3513-6979，e-mail: info@jcopy.or.jp）の許諾を得てください．

ISBN 978-4-7853-1578-8

© 地道正行，2018　　Printed in Japan

データ科学の数理 統計学講義

稲垣宣生・吉田光雄・山根芳知・地道正行 共著

Ａ５判／２色刷／１７６頁／定価（本体2100円＋税）

統計学の授業では，「確率変数と確率分布」と「推定と検定」を講義の最終目標とする先生が多いが，基礎項目の解説に時間が割かれ，最終目標が手薄となる状況が多い．それを何とかしたいという想いから生まれたのが本書である．
専門課程において式に基づく統計手法が求められる分野に進む大学初年級の読者向けに，確率の初歩から２標本問題の初歩までを，高校や大学で学ぶ微積の初歩を学んでいれば理解できるように解説した半期用教科書・参考書である．

【主要目次】
1. 統計学と確率
2. データ処理
3. 確率変数と確率分布
4. 多変量確率変数
5. 母集団と標本
6. 推　定
7. 検　定
8. ２標本問題

統計学入門

稲垣宣生・山根芳知・吉田光雄 共著　　Ａ５判／１９６頁／定価（本体2200円＋税）

統計学に関する十分な内容を含み，実用性を重視した入門書である．
データ処理を通して母集団と標本の関係を捉え，豊富な例題や数値例により推定と検定を丁寧に説明し，最後に統計解析として回帰分析を論じた．また，統計的方法や概念については豊富な例題や数値例によって説明し，数式の使用は必要最小限にとどめた．
題材を取捨選択することによって，半期用の教科書としても利用できる．

【主要目次】
1. 統計学と確率
2. データ処理
3. 確率変数と確率分布
4. 母集団と標本
5. 推　定
6. 検　定
7. 回帰分析

統計学の基礎

栗栖 忠・濱田年男・稲垣宣生 共著　　Ａ５判／２００頁／定価（本体2200円＋税）

本書は，統計学が重視されている中で，基本的な内容を半年で講義するための統計学の基礎的な教科書となることを意図して書かれたものであり，各分野で統計的手法を必要とする読者のための入門書である．
各種検定までの基礎を丁寧に解説し，続いて学ぶ専門的統計学への橋渡しになるようにし，単なる教養的知識に終わらぬようにレベルを保っている．また，理解を深めるための例には，特定の分野に偏らないものを選んだ．

【主要目次】
1. 確率
2. データの整理
3. 確率変数と確率分布
4. 多次元分布
5. 母集団とその標本
6. 正規標本とその関連分布
7. 推定
8. 検定　9. いろいろな検定

経済・経営のための 統計教室

小林道正 著　　Ａ５判／２色刷／１８８頁／定価（本体2100円＋税）

本書は，大学に入学して間もない経済学・経営学などを専攻する学生や，社会で働き始めたビジネスパーソン等が，統計学を学び始める・学び直すための入門書である．例題や問題では，あえて同じデータを繰り返し用いることで，同じデータでも「何を読み解くか」「どのように分析するか」によって，導かれる結果が異なってくることを実感できるようにした．そして，単純な分析から次第に高度な分析へと進化していく様子がわかるように書かれている．

【主要目次】
1. 確率の考え方
2. 確率変数とは何か
3. データの構造を理解する
4. 標本の分布を知る
5. 統計的推定の考え方
6. 統計的検定の考え方
7. 相関分析とは何か
8. 回帰分析とは何か

裳華房ホームページ　https://www.shokabo.co.jp/